普通高等教育土建学科专业"十一五"规划教材
全国高职高专教育土建类专业教学指导委员会规划推荐教材

工程力学与水工结构

（给水排水工程技术专业适用）

本教材编审委员会组织编写

马景善　主　编

罗向荣　南振江　副主编

王秀兰　主　审

中国建筑工业出版社

图书在版编目（CIP）数据

工程力学与水工结构/马景善主编. —北京：中国建
筑工业出版社，2005（2024.1重印）
普通高等教育土建学科专业"十一五"规划教材. 全
国高职高专教育土建类专业教学指导委员会规划推荐教
材. 给水排水工程技术专业适用
ISBN 978-7-112-06966-8

Ⅰ. 工… Ⅱ. 马… Ⅲ. ①工程力学-高等学校：
技术学校-教材②水工结构-高等学校：技术学校-教材
Ⅳ. ①TB12②TV3

中国版本图书馆 CIP 数据核字（2005）第 066963 号

普通高等教育土建学科专业"十一五"规划教材
全国高职高专教育土建类专业教学指导委员会规划推荐教材

工程力学与水工结构

（给水排水工程技术专业适用）

本教材编审委员会组织编写

马景善　主　编

罗向荣　南振江　副主编

王秀兰　主　审

*

中国建筑工业出版社出版、发行（北京西郊百万庄）
各地新华书店、建筑书店经销
建工社（河北）印刷有限公司印刷

*

开本：787×1092 毫米　1/16　印张：18¼　字数：446 千字
2005 年 7 月第一版　2024 年 1 月第七次印刷
定价：**25.00** 元
ISBN 978-7-112-06966-8
（12920）

版权所有　翻印必究

本书是根据高等职业教育的特点、通过课程整合而形成的一本综合性教材。其内容体系分为工程力学基础、钢筋混凝土结构、砌体结构、水池结构施工图、钢筋混凝土施工技术和钢筋混凝土施工质量控制六个模块，共分 12 章。

　　本书内容丰富、知识面宽、综合性大，既有理论又有实践、重点突出技术应用。可作为高等职业教育给水排水工程技术、水工业技术、环境保护工程技术三个专业教学用书，也可作为土建工程从业人员的参考用书。

*　　　*　　　*

责任编辑：齐庆梅　牛　松

责任设计：崔兰萍

责任校对：王雪竹　孙　爽

本教材编审委员会名单

主　任：张　健

副主任：刘春泽　贺俊杰

委　员：陈思仿　范柳先　孙景芝　刘　玲　蔡可键

　　　　蒋志良　贾永康　王青山　谷　峡　陶竹君

　　　　谢炜平　张　奎　吕宏德　边喜龙

序　言

全国高职高专教育土建类专业教学指导委员会建筑设备类专业指导分委员会（原名高等学校土建学科教学指导委员会高等职业教育专业委员会水暖电类专业指导小组）是建设部受教育部委托，并由建设部聘任和管理的专家机构。其主要工作任务是，研究建筑设备类高职高专教育的专业发展方向、专业设置和教育教学改革，按照以能力为本位的教学指导思想，围绕职业岗位范围、知识结构、能力结构、业务规格和素质要求，组织制定并及时修订各专业培养目标、专业教育标准和专业培养方案；组织编写主干课程的教学大纲，以指导全国高职高专院校规范建筑设备类专业办学，达到专业基本标准要求；研究建筑设备类高职高专教材建设，组织教材编审工作；制定专业教育评估标准，协调配合专业教育评估工作的开展；组织开展教学研究活动，构建理论与实践紧密结合的教学内容体系，构筑"校企合作、产学研结合"的人才培养模式，为我国建设事业的健康发展提供智力支持。

在建设部人事教育司和全国高职高专教育土建类专业教学指导委员会的领导下，2002年以来，全国高职高专教育土建类专业教学指导委员会建筑设备类专业指导分委员会的工作取得了多项成果，编制了建筑设备类高职高专教育指导性专业目录；制定了"供热通风与空调工程技术"、"建筑电气工程技术"、"给水排水工程技术"等专业的教育标准、人才培养方案、主干课程教学大纲、教材编审原则，深入研究了建筑设备类专业人才培养模式。

为适应高职高专教育人才培养模式，使毕业生成为具备本专业必需的文化基础、专业理论知识和专业技能、能胜任建筑设备类专业设计、施工、监理、运行及物业设施管理的高等技术应用性人才，全国高职高专教育土建类专业教学指导委员会建筑设备类专业指导分委员会，在总结近几年高职高专教育教学改革与实践经验的基础上，通过开发新课程，整合原有课程，更新课程内容，构建了新的课程体系，并于2004年启动了"供热通风与空调工程技术"、"建筑电气工程技术"、"给水排水工程技术"三个专业主干课程的教材编写工作。

这套教材的编写坚持贯彻以全面素质为基础，以能力为本位，以实用为主导的指导思想。注意反映国内外最新技术和研究成果，突出高等职业教育的特点，并及时与我国最新技术标准和行业规范相结合，充分体现其先进性、创新性、适用性。它是我国近年来工程技术应用研究和教学工作实践的科学总结，本套教材的使用将会进一步推动建筑设备类专业的建设与发展。

"供热通风与空调工程技术"、"建筑电气工程技术"、"给水排水工程技术"三个专业教材的编写工作得到了教育部、建设部相关部门的支持，在全国高职高专教育土建类专业教学指导委员会的领导下，聘请全国高职高专院校本专业享有盛誉、多年从事"供热通风与空调工程技术"、"建筑电气工程技术"、"给水排水工程技术"专业教学、科研、设计的副教授以上的专家担任主编和主审，同时吸收工程一线具有丰富实践经验的高级工程师及优秀中青年教师参加编写。可以说，该系列教材的出版凝聚了全国各高职高专院校"供热通风与空调工程技术"、"建筑电气工程技术"、"给水排水工程技术"三个专业同行的心血，也是他们多年来教学工作的结晶和精诚协作的体现。

各门教材的主编和主审在教材编写过程中认真负责，工作严谨，值此教材出版之际，全国高职高专教育土建类专业教学指导委员会建筑设备类专业指导分委员会谨向他们致以崇高的敬意。此外，对大力支持这套教材出版的中国建筑工业出版社表示衷心的感谢，向在编写、审稿、出版过程中给予关心和帮助的单位和同仁致以诚挚的谢意。衷心希望"供热通风与空调工程技术"、"建筑电气工程技术"、"给水排水工程技术"这三个专业教材的面世，能够受到各高职高专院校和从事本专业工程技术人员的欢迎，能够对高职高专教学改革以及高职高专教育的发展起到积极的推动作用。

全国高职高专教育土建类专业教学指导委员会
建筑设备类专业指导分委员会
2004 年 9 月

前　　言

　　《工程力学与水工结构》是给水排水工程技术、水工业技术、环境保护工程技术三个专业，通过课程整合而形成的一门综合性课程。课程体系分为工程力学基础、钢筋混凝土结构、砌体结构、水池结构施工图、钢筋混凝土施工技术和钢筋混凝土施工质量控制六个模块，共分12章。

　　本教材是按高等职业教育特点，依据国家标准、规范、行业标准、规程和国家标准图集以及课程教学大纲要求编写。教材内容丰富、知识面宽、综合性大，既有理论又有实践、重点突出技术应用。本书可作为上述三个专业《工程力学与水工结构》课程教材，也可作为土建工程从业人员参考用书。

　　本教材由黑龙江建筑职业技术学院教师编写。绪论及第一、十、十二章由马景善编写，第二、三章由于英编写，第四、五、六章由罗向荣编写，第七、八、九章由南振江编写，第十一章由马景善、王永发编写。全书由马景善担任主编，罗向荣、南振江担任副主编。

　　本书由黑龙江建筑职业技术学院王秀兰主审。

　　教材在编写过程中得到了黑龙江建筑职业技术学院王凤君院长、市政工程技术系主任谷峡教授的大力支持，在本书出版之际表示衷心感谢。

　　本教材虽经准备与讨论、审查与修改，但毕竟是第一次对课程进行整合，由于编者水平有限，难免有不足之处。恳请读者和业内人士提出宝贵意见，以便进一步修改完善。

目　　录

绪　　论

一、课程体系与任务

工程力学与水工结构是通过课程整合而形成的一门综合性课程。课程体系分为工程力学基础、钢筋混凝土结构、砌体结构、水池结构施工图、钢筋混凝土施工技术和钢筋混凝土施工质量控制六个模块。

课程的主要任务：

1. 工程力学基础

主要任务是为水工结构承载力与施工技术应用，打下坚实的基础，这个基础归纳为三力一变，即外力（荷载、约束反力）的平衡、内力的分布规律（弯矩图、剪力图）、应变的概念、应力的计算方法及分布。

2. 钢筋混凝土结构

主要任务是钢筋混凝土材料的力学性能、结构构件（梁、板、柱）的承载力、水池结构设计、构造要求等，是结构施工图、钢筋混凝土施工与质量控制的理论依据。

3. 砌体结构

主要任务是砌体材料技术性能、砌体构件的承载力、构造要求等。

4. 水池结构施工图

主要任务是熟悉结构施工图常用代号和钢筋、预埋件的表示方法；掌握看图的方法和步骤。

5. 钢筋混凝土施工技术

主要任务是熟悉模板设计、钢筋的下料、混凝土配合比设计；掌握模板、钢筋、混凝土施工工艺和技术。

6. 钢筋混凝土施工质量控制

主要任务是了解施工阶段质量控制内容；熟悉施工质量控制的依据，影响工程质量的因素；掌握钢筋混凝土施工质量控制的方法。

二、课程的研究对象

工程力学与水工结构是以构筑物为研究对象。例如水池、泵站等。

结构是工程术语，是指承受荷载而起骨架作用的部分。例如住宅中的墙、柱、梁、楼板等构成的整体称为结构；水池中的池底、池壁、池顶构成的整体也是结构。结构构件是指组成结构的单个物体。例如梁、板、柱、墙等全是结构构件，有时简称构件。因此，研究构筑物必须先研究结构构件。

结构构件是由工程材料加工制作而成，并具有一定特征的物体。工程材料一般分为单一性材料，例如钢材、木材、塑料、砖、石等；复合性材料，例如钢筋混凝土、砌体、塑钢等。在材料方面主要研究钢筋、混凝土、砖、砌块、砂浆的力学与技术性能。因此，研究结构构件必须先研究工程材料。

对工程材料、结构构件、构筑物的研究成果最终将体现在图纸上。将图纸上的成果变换成物质形态必须进行施工。因此，还必须对施工技术进行研究。

三、课程研究的内容

水工结构主要采用钢筋混凝土结构，是混凝土结构中的一种。混凝土结构是以混凝土为主制成的结构，包括素混凝土结构、钢筋混凝土结构和预应力混凝土结构等。素混凝土结构是由无筋或不配置受力钢筋的混凝土制成的结构。由于混凝土抗压能力远大于混凝土抗拉能力，一般混凝土抗拉强度约为抗压强度的 1/10 左右。当荷载作用于受弯构件时受弯构件截面将产生内力，内力又产生应力与应变，应力与应变将截面分为受拉区、受压区。由于混凝土抗拉强度低，荷载较小时将导致受弯构件在受拉侧开裂，使之折断，如图1（a）所示。而受压侧的材料性能没有得到充分利用，即不合理又不经济，而且破坏是突然发生的脆性断裂，这在工程上是不允许的。因此，素混凝土不能作为承载构件。

钢筋混凝土结构是由配置受力的普通钢筋，钢筋网或钢筋骨架的混凝土制成的结构。这种结构是将混凝土和钢筋这两种性能不同的材料结合起来共同工作，如图1（b）所示。对受弯构件，压力主要由混凝土来承担，拉力由钢筋来承担，互相取长补短，是很好的承载材料。

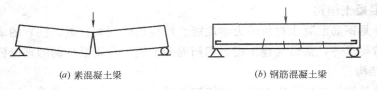

(a) 素混凝土梁　　　　　　　　　　(b) 钢筋混凝土梁

图1　简支梁

预应力混凝土结构是由配置受力的预应力钢筋，通过张拉或其他方法建立预加应力的混凝土制成的结构。从而起到提高承载力，抵抗变形和裂缝的作用。

工程中，材料抵抗破坏的能力称为强度，例如水泥的强度、钢筋的强度等。结构构件抵抗破坏的能力通过内力来反映，称为承载力；结构构件抵抗变形的能力称为刚度；对于受压的结构构件存在着稳定性，稳定性是指构件保持直线状态的平衡能力。

工程中的结构或构件应满足设计规定的某一功能要求，即安全性，适用性和耐久性。当结构或构件超过某一特定状态就不满足功能要求时，则此特定状态称为该功能的极限状态。极限状态分为两类，一是承载能力极限状态，二是正常使用极限状态。结构构件应根据承载力极限状态及正常使用极限状态的要求，分别对承载力及稳定，变形、抗裂及裂缝宽度进行计算和验算。

构筑物的施工是一项复杂的过程，为了便于组织施工和验收，我们将工程施工划分为若干分部工程和分项工程，模板工程、钢筋工程和混凝土工程都属于分项工程。搞施工首先必须看懂结构施工图，否则无法施工；其次是施工技术方案和施工程序，例如楼板工程是采用组合模板施工还是采用大模施工方案，混凝土工程采用商品混凝土还是现场配制混凝土，都是施工前应确定的施工方案，否则无法确定人员及资源配置；最后按程序施工。

在施工过程中必须对其质量进行控制，尤其是钢筋混凝土工程属于隐蔽工程尤为重要。质量控制是质量管理体系标准的一个质量术语。其含义是质量管理的一部分，是致力于满足质量要求的一系列相关活动。例如在施工过程质量控制中首先对进场材料如钢筋、水泥、骨料、外加剂等进行质量控制，其次还要对模板、钢筋、混凝土分项工程施工的质量进行控制。

工程力学与水工结构内容可分为三力一变、按承载力极限状态及正常使用极限状态的要求对水工结构承载力及稳定，变形、抗裂及裂缝宽度进行计算和验算。按施工图进行模板、钢筋、混凝土分项工程施工与质量控制。

四、学习课程的意义

1. 运用知识的能力

本课程涉及很多知识，例如运用平衡方程解决荷载作用下结构构件的平衡问题的知识；画剪力图、弯矩图的知识；钢筋混凝土结构构件配筋的知识以及所配钢筋下料长度计算知识等。

在学习过程中学会运用所学的知识分析问题解决问题。例如在工程中经常遇到结构构件吊装问题，当用绳索两点吊装构件时规定绳索与水平面所成的夹角应大于等于45°，为什么不成30°呢，运用平衡方程的知识，求解对比当45°时绳索的受力小于30°时绳索的受力较为安全；又例如对称配筋的构件（混凝土桩，柱子），当两点吊装时合理的吊点位置为什么如图2（a）所示那样呢？若一点吊如图2（b）所示，吊点的位置又在哪呢？若非对称配筋又如何吊装呢？这些工程实际问题运用所学的知识可以解决。

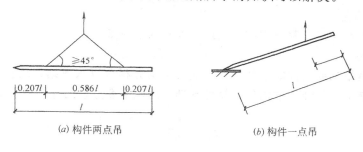

(a) 构件两点吊　　　　　　　　(b) 构件一点吊

图2　构件吊装

2. 培养职业能力

高等职业教育培养的是技术应用型人才，是在生产第一线或施工现场将规划、设计、决策变换成物质形态的施工员、建造师。

本课程着重培养懂钢筋混凝土结构设计、懂钢筋混凝土施工质量控制；会看钢筋混凝土结构施工图、会进行砂浆配合比设计；掌握模板的选用、模板的设计、钢筋的代换、下料长度的计算、混凝土配合比设计等职业技能。

第一篇 工 程 力 学 基 础

第一章 静 力 学 基 础

在建筑工程中，静力学主要研究结构或构件在荷载作用下的平衡规律。

平衡是指物体相对地球处于静止或作匀速直线运动的状态。工程中的平衡一般是指结构或构件相对地面处于静止。

本章重点研究下列问题：

1. 受力分析

受力分析是一项综合性的分析，即研究对象分析、荷载分析、约束与约束反力分析。

2. 荷载的简化

简化的目的是确定荷载作用在结构或构件时的平衡条件。

3. 平衡方程

平衡方程是结构或构件的平衡规律，应用平衡方程可以求解结构或构件上的未知力。未知力的确定是下一步结构或构件计算的基础，因此平衡方程的应用是本章的主要目的。

第一节 荷 载

一、荷载的概念

荷载是建筑结构术语，是直接作用在结构上的力集（包括集中力和分布力）。结构上的作用是指能使结构产生效应（结构或构件的内力、应力、位移、应变、裂缝等）的各种原因的总称。

作用分为直接作用和间接作用，直接作用所指的是荷载，间接作用所指的是温度变化、材料的收缩和徐变、地基变形、地面运动等现象，这类作用不是直接以力集的形式出现的作用，但所产生的效应与荷载相同，因此结构的作用是广义的作用。

本书按《建筑结构荷载规范》仅限于对直接作用的研究。

二、荷载的分类

1. 结构上的荷载按作用性质可分为下列三类

（1）永久荷载

在结构使用期间，其值不随时间变化，或其变化与平均值相比可以忽略不计，或其变化是单调的并能趋于限值的荷载。例如结构自重、土压力、预应力。

（2）可变荷载

在结构使用期间，其值随时间变化，且其变化与平均值相比不可以忽略不计的荷载。

例如楼面活荷载、池顶活荷载、风荷载、雪荷载等。

（3）偶然荷载

在结构使用期间不一定出现，一旦出现，其值很大且持续时间很短的荷载。例如爆炸力、撞击力等。

2. 结构上的荷载按作用的范围可分为下列四类

（1）集中荷载

荷载的作用范围与结构构件的尺寸相比很小时，将其简化成集中荷载。荷载集中作用于一点称为集中荷载。集中荷载的表示方法如图1-1所示。

集中荷载的表示方法实质是反映力的三要素，即力的大小、方向、作用点。集中荷载的大小用符号 F 来表达，集中荷载的单位为 N 或 kN，方向用线段加箭头表示，作用点如图1-1所示的 A 点。对于两个以上的集中荷载作用的情况为了研究问题方便称为力系。

（2）分布线荷载

分布线荷载分为均布线荷载和非均布线荷载两种。

1）均布线荷载。在分布长度上各点荷载的大小相同，均布线荷载的表示方法如图1-2所示。用 q 表示均布线荷载的大小，单位用 N/m 或 kN/m。

2）非均布线荷载。在分布长度上各点荷载的大小不同，主要指按线性分布的情况。按线性分布的非均布线荷载的表示方法如图1-3所示。

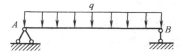

图 1-2　均布线荷载的表示方法

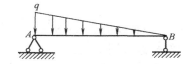

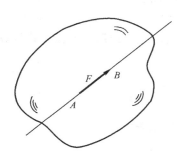

图 1-1　集中荷载的表示方法

图 1-3　非均布线荷载的表示方法

（3）分布面荷载

荷载作用在结构构件的面积上。分布面荷载分为均布面荷载和非均布面荷载两种。均布面荷载的表示方法如图1-4（a）所示。用 q' 表示均布面荷载的大小，单位用 N/m² 或

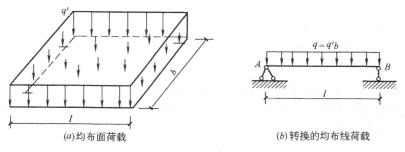

(a)均布面荷载　　　　　　(b)转换的均布线荷载

图 1-4　分布面荷载的表示方法

5

kN/m^2。在单向板计算时需要把均布面荷载转换成均布线荷载，即把一个方向的尺寸聚集到一条线上。若把 b 方向的尺寸聚集到 L 方向上转换成的均布线荷载，如图 1-4 (b) 所示。

(4) 体积荷载

体积荷载是指重力，由常用材料和构件的自重计算确定。部分常用材料和构件的自重查《建筑结构荷载规范》（GB 50009—2001）附录一。

三、荷载计算

1. 体积荷载的计算

当已知构件材料和构件尺寸时，按下式计算构件体积荷载：

$$W = \gamma V \quad 或 \quad W = \gamma Al \tag{1-1}$$

式中　W——构件体积荷载，kN；

　　　γ——构件的材料自重，kN/m^3；

　　　V——构件的体积，m^3；

　　　A——构件的截面面积，m^2；

　　　l——构件的长度，m。

【例 1-1】 钢筋混凝土构件截面尺寸 $b \times h = 250mm \times 500mm$，构件长 $l = 6m$，试计算构件体积荷载。

【解】 由构件材料查表取　$\gamma = 25kN/m^3$

构件体积荷载　$W = \gamma Al = 25 \times 0.25 \times 0.5 \times 6 = 18.75kN$

2. 构件均布线荷载的计算

在梁、板构件中，构件自重所产生的荷载则简化为均布线荷载，并按下式计算均布线荷载：

$$q = \frac{W}{l} \quad 或 \quad q = \gamma A \tag{1-2}$$

式中　q——均布线荷载，kN/m；

其他符号意义同上式。

【例 1-2】 接上题，试计算沿构件长度分布的均布线荷载。

【解】 $q = \gamma A = 25 \times 0.25 \times 0.5 = 3.125kN/m$

3. 集中荷载的计算

当作用在构件的均布线荷载已知时，可用其集中荷载来代替，并按下式计算集中荷载的大小：

$$F = ql \tag{1-3}$$

式中　F——集中荷载，kN；

　　　q——均布线荷载，kN/m；

　　　l——均布线荷载的分布长度，m。

集中荷载的作用位置为均布线荷载分布长度的 1/2 处，如图 1-5 所示。

当作用在构件上的非均布线荷载已知时，可用其集中荷载来代替，分布线荷载为三角形时按下式计算集中荷载的大小：

$$F = \frac{1}{2}ql \tag{1-4}$$

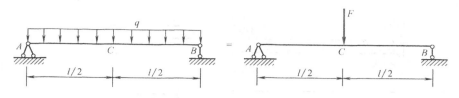

图 1-5　集中荷载的作用位置（一）

集中荷载的作用位置距最大集度点为三角形荷载分布长度的 1/3 处，如图 1-6 所示。

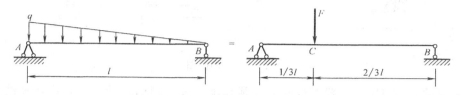

图 1-6　集中荷载的作用位置（二）

当线荷载分布为梯形时，可把梯形分解成一个矩形和一个三角形，按图 1-5 和图 1-6 叠加解决，如图 1-7 所示。

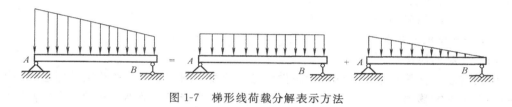

图 1-7　梯形线荷载分解表示方法

第二节　结构构件的简化

一、结构构件的简化内容

实际结构是很复杂的，不能完全按实际情况进行力学计算，必须先对结构进行简化，用简化模型来代替真实结构，并把简化模型称作计算简图。计算简图即保留了原结构的基本和主要特征；又便于计算。

结构构件简化有下列内容：

（1）结构构件的简化；

（2）支座的简化；

（3）节点的简化；

（4）荷载的简化。

二、梁的简化

在构件中截面尺寸的高与宽均较小，而长度相对较大的构件称为梁。梁主要承受竖向荷载，属于受弯构件。

现以梁的实例如图 1-8（a）所示，说明其简化过程。

（1）取梁的轴线代替梁。在计算简图中是一条黑实线。

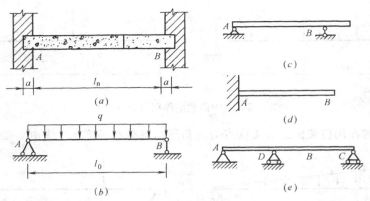

图 1-8　梁的简图

（2）梁的计算跨度，一般不是梁的实际长度，按下列两式计算，并取计算结果的较小值。

$$l_0 = l_n + a$$
$$l_0 = 1.05 l_n \tag{1-5}$$

式中　l_0——梁的计算跨度；

l_n——梁的净跨度；

a——梁的支承长度。

（3）支座的简化：

梁的支座简化是根据梁被约束的条件而进行简化。图中墙对梁的约束条件是限制了梁的一端上下不能移动、水平不能移动，但可以认为梁绕墙产生微小的转动。这样就把梁的一端简化成固定铰支座；梁的另一端考虑了梁的水平胀缩，则简化成可动铰支座。

（4）荷载的简化：

把梁自重简化为沿梁轴线垂直向下的均布线荷载；把作用在梁上面积很小的分布荷载简化为集中荷载；把属于作用在梁上的均布线荷载（可变荷载）按梁所承担的面积简化为均布线荷载。

梁的实例只考虑自重时计算简图如图 1-8（b）所示。在结构中该梁称为简支梁。

若简支梁的一端或两端有外出部分形成悬臂，称为外伸梁，如图 1-8（c）所示。当梁的一端在墙内，另一端自由时，把墙内的一端看成固定端。固定端限制了梁上下不能移动、水平不能移动，同时还不能转动，则称为悬臂梁，如图 1-8（d）所示。

对于大于两个支座以上的梁称为连续梁，如图 1-8（e）所示。

三、板的简化

板是平面尺寸的长度与宽度均较大而厚度较小的构件。板主要是承受垂直于板面的荷载，属于受弯构件。

根据板的约束条件分为单向板和双向板两种。

1. 单向板

例如地沟上的盖板就属于单向板，其简化结果除计算跨度取值不同外，其他与梁相同。

板的计算跨度按下列两式计算，并取其较小值。

$$l_0 = l_n + a$$

$$l_0 = l_n + h \qquad\qquad (1\text{-}6)$$

式中　l_0——计算跨度；

　　　l_n——净跨度；

　　　a——支承长度；

　　　h——板的截面厚度。

2. 双向板

例如矩形水池的池壁就属于双向板，根据池壁与池壁的约束，池壁与池底的约束，池壁与池顶的约束，简化为下列三种：

（1）三边固定一边自由如图 1-9（a）所示。

（2）三边固定一边铰支如图 1-9（b）所示。

（3）四边固定如图 1-9（c）所示。

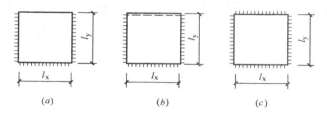

图 1-9　双向板的简图

四、柱的简化

在结构构件中，截面尺寸的宽度与厚度较小而高度相对较大的构件，称为柱。柱主要承受竖向荷载，属于受压构件。

根据柱的约束条件将其简化为下列四种：

（1）两端铰支柱　例如屋架的受压竖杆。简图如图 1-10（a）所示。

（2）一端固定一端自由的柱　例如单层工业厂房的独立柱。简图如图 1-10（b）所示。

（3）一端固定一端铰支柱　例如单层工业厂房排架柱。简图如图 1-10（d）所示。

（4）两端固定的柱　例如水池中的支柱。简图如图 1-10（c）所示。

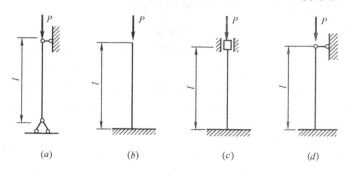

图 1-10　柱的简图

五、节点简化

结构中构件的相交点称为节点。按节点的约束形式分为铰节点与刚节点两种。

1. 铰节点

铰节点的约束条件是限制构件的相交点不能移动，但允许构件绕相交点转动。例如钢屋架的构件相交点，如图 1-11（a）所示，符合铰节点的约束条件，因此可将实际节点简化为铰节点。简图如图 1-11（b）所示。

2. 刚节点

刚节点的约束条件是限制构件的相交点不能移动也不能转动。

例如钢筋混凝土结构中梁与柱的相交点，如图 1-12（a）所示，符合刚节点的约束条件，因此可将实际节点简化为刚节点。简图如图 1-12（b）所示。

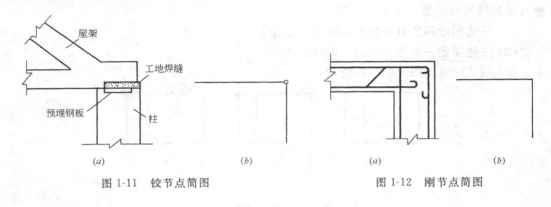

图 1-11　铰节点简图　　　　　　　图 1-12　刚节点简图

第三节　受　力　分　析

一、约束与约束反力

由结构构件的简化可知，各构件都受到某些物体的限制，是不能任意运动的非自由物体。这些阻碍物体运动的限制物称为物体的约束。约束是物体与物体之间相互作用而形成的，因此，约束物体时必然有反力的存在，这种力称为约束反力。约束反力一般用集中荷载的形成表示，大小是事先未知，方向与约束所能限制的物体的运动或运动趋势的方向相反，作用在被约束物体上。约束反力的确定与正确表示在受力分析中非常重要。

现以工程中最常见的五种约束为例分析其约束反力。

1. 柔体约束

柔体是指绳、皮带、链条等物体。这些物体具有共同的特征：只能承受拉力，即限制物体沿柔体中心线受拉方向运动。其约束反力的方位沿着柔体中心线，指向是箭头背离被约束物体。柔体的约束反力用 T 表示。如图 1-13 所示。

T_A 即为重物的约束反力作用在重物上，同时柔体也受到力 T_A' 的作用，使柔体受拉。T_A 与 T_A' 就是约束与物体之间产生的作用力与反作用力，这两个力大小相等方向相反，分别作用在不同的物体上。这种两个物体之间的作用特征称为作用力与反作用力定理。在受力分析中广泛应用。

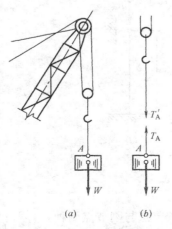

图 1-13　柔体约束及约束反力

2. 光滑接触面约束

物体与物体光滑（不计摩擦）接触时，这种约束只限于物体沿接触面指向光滑面方向的运动，其约束反力方位在公法线上，箭头指向被约束物体。如图 1-14 所示。

3．固定铰支座和铰节点

这种约束类型只限制物体在平面内的相对移动，但允许物体绕铰点转动。其约束反力通常用两个相互垂直且通过铰心的分力 X、Y 来代替。固定铰支座的约束反力称为支座反力，如图 1-15 所示。

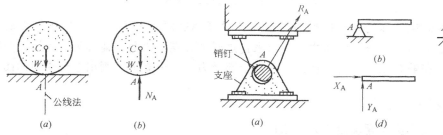

图 1-14　光滑接触面约束及约束反力　　图 1-15　固定铰支座约束及约束反力

铰节点的约束反力，如图 1-16 所示。

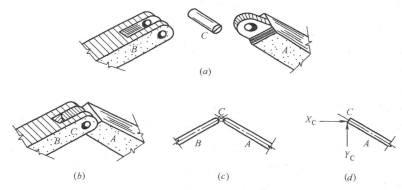

图 1-16　铰节点约束及约束反力

4．可动铰支座

这种支座只限制构件垂直于支承面方向的移动，而不限制物体沿支承面方向的移动和绕铰点转动。其约束反力只有一个，用 R 来代替。如图 1-17 所示。

5．固定端支座

这种支座是在固定铰支座的基础上又限制了转动，其约束反力有三个，在两个支座反力上又增加了一个阻止转动的支座反力偶，用 m 来代替。如图 1-18 所示。

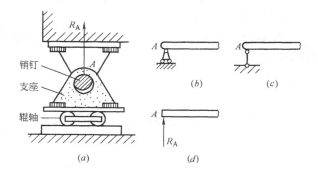

图 1-17　可动铰支座约束及约束反力

二、受力分析

1．受力图

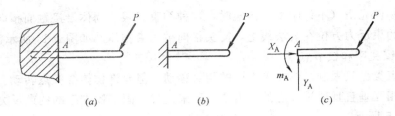

(a)   *(b)*   *(c)*

图 1-18   固定端支座约束及约束反力

　　在工程中解决物体的平衡问题时，首先针对要解决的问题确定哪个物体作为研究对象，然后把研究对象从众多物体中分离出来，这时被分离出来的物体称为分离体。分离体上作用已知的荷载和未知的约束反力，即为全部受力。在分离体上画出全部受力的图形称作受力图。

　　2. 受力分析方法

　　（1）根据要解决问题确定研究对象；

　　（2）画研究对象的分离体；

　　（3）将作用在研究对象上的荷载画在分离体上；

　　（4）按分离体所受的约束类型画出约束反力。

　　3. 受力分析

　　【例 1-3】 已知重为 G 的球置于光滑的斜面上，并用绳系住，如图 1-19（*a*）所示。试画出球的受力图。

　　【解】 由题意确定研究对象为球；把球分离画图；作用在球上的荷载是球的重力 G，作用在球心铅垂向下；球受到两种约束类型的约束，绳对球的约束反力 T_A，作用在接触点 A，沿绳子的中心线且为拉力；光滑斜面对球的约束反力 N_B，作用在切点 B，沿着公法线并指向球心。球的受力图如图 1-19（*b*）所示。

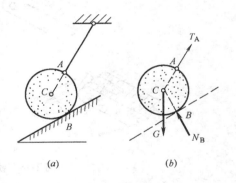

(a)   *(b)*

图 1-19   例 1-3 图

　　【例 1-4】 简支梁如图 1-20（*a*）所示。已知力 F 作用，梁的自重不计，试画简支梁 AB 的受力图。

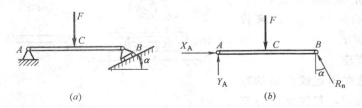

(a)   *(b)*

图 1-20   例 1-4 图

　　【解】 由题意取梁为研究对象；把梁 AB 去掉约束，分离画图；梁受力 F 作用在 C 点；A 端为固定铰支座，支座反力 X_A、Y_A 两个，大小未知指向假设；B 端为可动铰支座，支座反力 R_B，大小未知指向假设。简支梁受力如图 1-20（*b*）所示。

【例 1-5】 如图 1-21（a）所示，钢架由构件 AB、BC 构成，A、B、C 三处均为铰节点，构件自重不计，试画 AB、BC 及整体的受力图。

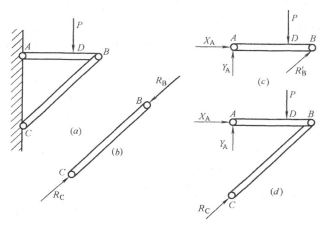

图 1-21 例 1-5 图

【解】 先取 BC 为研究对象。按约束类型 B、C 为铰节点，各端受两个约束反力，对其合成各端只受一个力。BC 构件在钢架中是平衡构件，分离后在约束反力作用下还应平衡，由于构件只受二力作用，其二力平衡条件是这两个力大小相等，方向相反，作用线相同。这样 BC 构件的约束反力须符合二力平衡条件，R_B、R_C 大小相等，方位是 BC 构件的轴线，指向假设。BC 构件受力，如图 1-21（b）所示。在受力分析中把两端铰节点中间不受力的构件称为二力构件。二力构件的约束反力必须符合二力平衡条件。

再取 AB 为研究对象。AB 构件不符合二力构件条件，A 端铰节点约束反力两个，B 端约束反力 R_B' 与 BC 构件 B 端约束反力 R_B 为作用力与反作用力，大小相等方向相反，AB 构件受力如图 1-21（c）所示。

最后取整体为研究对象。铰节点 B 没有分离开不能画出约束反力，整体 A 端铰节点的约束反力同 AB 构件 A 端约束反力，整体 C 端铰节点约束反力同 BC 构件 C 端铰节点约束反力，整体受力如图 1-21（d）所示。

第四节 力、力矩和力偶矩的计算

一、力的投影计算

1. 力的投影计算公式

如图 1-22 所示。力 F 作用于物体的 A 点，大小用线段 AB 表示，方向与水平轴夹角为 α，力 F 在 x、y 轴上的分力分别用 F_x、F_y 表示。力 F 在 x 轴上的投影是将力 F 的两端点 A 和 B 分别向坐标轴 x 作垂线，两垂足间线段 ab，即是力 F 投在 x 轴上投影的大小，并加上正负号称为力 F 在 x 轴上的投影，用 X 表示。同样线段 $a'b'$ 加上正负号称为力 F 在 y 轴上的投影，用 Y 表示。由图可知力 F 在 x、y 轴上投影的大小等于力 F 的分力 F_x、F_y 的大小。

力的投影计算公式：

$$X=\pm F\cos\alpha$$
$$Y=\pm F\sin\alpha \tag{1-7}$$

正负号的规定是根据力投影后箭头的指向和坐标轴的指向一致时取正号，反之取负号。计算力的投影时用力与坐标轴所夹的锐角。

【例 1-6】 如图 1-23 所示，已知 $F_1=F_2=F_3=F_4=100\mathrm{N}$，各力的方向如图，试分别求各力在 x 轴和 y 轴上的投影。

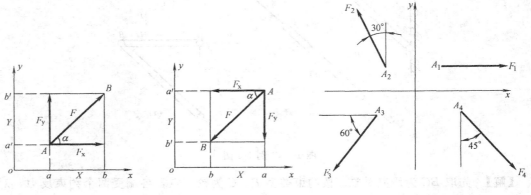

图 1-22　力的投影示意图　　　　　图 1-23　例 1-6 图

【解】 根据力的投影计算公式，列表计算见表 1-1。

力的投影计算表　　　　　　　　　　　　　　表 1-1

力	力在 x 轴上的投影	力在 y 轴上的投影
F_1	$100\times\cos0°=100\mathrm{N}$	$100\times\sin0°=0$
F_2	$-100\times\sin30°=-50\mathrm{N}$	$100\times\cos30°=50\sqrt{3}=86.6\mathrm{N}$
F_3	$-100\times\cos60°=-50\mathrm{N}$	$-100\times\sin60°=-50\sqrt{3}=-86.6\mathrm{N}$
F_4	$100\times\sin45°=50\sqrt{2}=70.7\mathrm{N}$	$-100\times\cos45°=-50\sqrt{2}=-70.7\mathrm{N}$

若力 F 在坐标轴 x 和 y 上的投影 X、Y 已知，则由图中的几何关系可用下式计算力 F 的大小和方向。

$$F=\sqrt{X^2+Y^2}$$
$$\tan\alpha=\frac{|Y|}{|X|} \tag{1-8}$$

2. 合力投影定理

合力投影定理建立了作用在一点上的力系，其合力在坐标轴上的投影与各分力在同一轴上的投影之间的关系。用 R_x 代表合力在 x 轴上的投影、用 R_y 代表合力在 y 轴上的投影。

合力投影定理：力系的合力在任一轴上的投影，等于力系中各力在同一轴上的投影的代数和，即：

$$R_x=X_1+X_2+\cdots+X_n=\sum X$$
$$R_y=Y_1+Y_2+\cdots+Y_n=\sum Y \tag{1-9}$$

合力 R 的大小：$R=\sqrt{R_x^2+R_y^2}=\sqrt{(\sum X)^2+(\sum Y)^2}$ $\qquad$ (1-10)

14

二、力矩计算

1. 力矩计算公式

力对物体的作用能使物体产生移动和转动两种效应。力对物体的转动效应用力矩度量，如图 1-24 所示。

O 点称为矩心，矩心到力 F 作用线的垂直距离 d 称为力臂，把力 F 与力臂 d 的乘积再加上正负号表示力 F 使物体绕 O 点转动的效应，称为力对点的矩，简称力矩，用 $M_0(F)$ 或 M_0 表示。即

$$M_0(F) = \pm Fd \qquad (1-11)$$

正负号的规定是力使物体绕矩心作逆时针方向转动时力矩为正，反之为负。

力矩的单位是牛顿米（N·m）或千牛顿米（kN·m）。

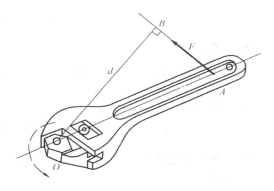

图 1-24 力矩示意图

力矩的特殊情况：

（1）当力的大小等于零或者力的作用线通过矩心时，力矩等于零。

（2）力沿作用线移动时，它对某一点的力矩不变。

2. 合力矩定理

合力矩定理建立了作用在一点上的力系，其合力对某一点的力矩与各分力对同一点的力矩之间的关系。用 $M_0(R)$ 表示合力矩。

合力矩定理：力系的合力对任一点的矩，等于各分力对同一点力矩的代数和。即

$$M_0(R) = M_0(F_1) + M_0(F_2) + \cdots + M_0(F_n) = \sum M_0(F) \qquad (1-12)$$

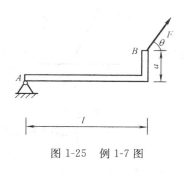

图 1-25 例 1-7 图

在实际应用中往往把斜向的力看成合力，然后将合力投影成两个分力，其合力矩就等于投影后两个分力对同一点的力矩的代数和。下面举例说明：

【例 1-7】 如图 1-25 所示，已知 $F = 20kN$、$l = 4m$，$a = 1m$，$\theta = 60°$，试计算斜向力对 A 点的力矩。

【解】 如果用力矩计算公式直接计算，力臂的确定将用到几何知识较为复杂。若用合力矩定理计算则把力 F 看成合力，将其在作用点 B 处投影为 F_x、F_y 两个分力，A 点力矩计算如下：

由定理
$$\sum M_A(F) = \sum M_A(F_x) + \sum M_A(F_y)$$
$$= -F_x a + F_y l = -Fa\cos 60° + FL\sin 60°$$
$$= -20 \times 1 \times 0.5 + 20 \times 4 \times 0.866 = 59.28kN \cdot m$$

【例 1-8】 如图 1-26 所示，已知 $q = 20kN/m$、$l = 6m$，试分别求分布线荷载对 A 点和 B 点的力矩。

【解】 由荷载计算，分布线荷载为三角形时集中荷载 $F = \dfrac{1}{2}ql$。F 也可看成是分布线荷载为三角形时的合力。根据合力矩定理，分布线荷载对 A 点和 B 点的力矩分别为：

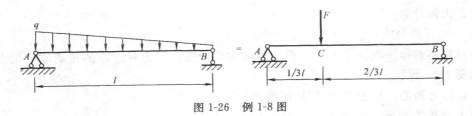

图 1-26　例 1-8 图

对 A 点力矩

$$M_A(q) = -F \times \frac{1}{3}l = -\frac{1}{2} \times 20 \times 6 \times \frac{1}{3} \times 6 = -120 \text{kN} \cdot \text{m}$$

对 B 点力矩

$$M_B(q) = F \times \frac{2}{3}l = \frac{1}{2} \times 20 \times 6 \times \frac{2}{3} \times 6 = 240 \text{kN} \cdot \text{m}$$

三、力偶矩的计算

1. 力偶

大小相等、方向相反且不共线的两个平行力称为力偶。用 (F, F')（或带箭头的弧线）表示。力偶的作用只使物体产生转动，例如汽车驾驶转动方向盘时两手作用在方向盘上的力就构成了力偶。

2. 力偶矩

力偶矩是用来度量力偶使物体产生转动效应大小的量值。如图 1-27 所示。

力偶的两个力作用线间的垂直距离称为力偶臂，用 d 表示。力偶所在的平面，称为力偶作用面，其力偶矩的大小等于力 F 与力偶臂 d 的乘积，用 $m(F, F')$ 或 m 表示，即

$$m(F, F') = m = \pm Fd \qquad (1-13)$$

式中正负号的规定及力偶矩单位与力矩相同。

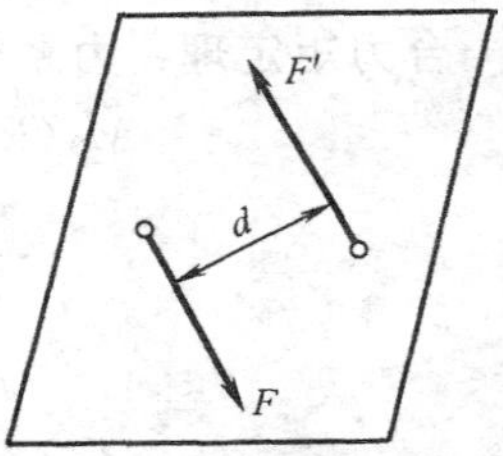

3. 力偶的特征

（1）力偶不能简化成一个合力，因此力偶只能和力偶平衡。

图 1-27　力偶矩示意图

（2）力偶在任意坐标轴上的投影为零。

（3）力偶对其作用面内任意一点的矩恒等于力偶矩，而与矩心的位置无关。

（4）在同一平面内的两个力偶，如果它们的力偶矩大小相等，力偶的转向相同，则这两个力偶是等效的。

力偶的特征在后继平衡条件的确定及求解平衡问题时有着重要的应用。

第五节　平面汇交力系的平衡方程及应用

一、平面汇交力系的简化

在研究物体平衡问题时，力系的作用线都在同一平面内且汇交一点称为平面交力系。例如工程中两点吊装构件时，吊钩与绳索所受的各力构成汇交于吊钩与绳索接触点处的平面汇交力系，如图 1-28 所示，平面汇交力系的简化其目的是确定力系对物体作用效应从而找到平衡条件。

根据合力投影定理把汇交力系中的各力向 x 和 y 轴上投影计算出 R_x 和 R_y，其合力大小按下式计算

$$R=\sqrt{R_x^2+R_y^2}=\sqrt{(\sum X)^2+(\sum Y)^2}$$

由上式可知平面汇交力系简化的最终结果是一个合力，合力作用在汇交点上，使物体产生移动效应。

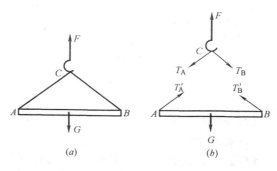

图 1-28　平面汇交力系示意图

二、平面汇交力系的平衡方程

由简化可知是一个合力代替了力系的作用，依据二力平衡条件要使该物体平衡必须在合力作用点处加上一个与其大小相等方向相反的力，由此得到平面汇交力系的平衡条件是平面汇交力系的合力等于零。即：

$$R=\sqrt{(\sum X)^2+(\sum Y)^2}=0$$

要满足合力等于零的条件必须是下式等于零。即：

$$\sum X=0$$
$$\sum Y=0 \tag{1-14}$$

上式称为平面汇交力系的平衡方程。其适用条件是研究对象受平面汇交力系作用，并处于平衡状态，未知力小于等于 2。

三、平衡方程应用

【例 1-9】　如图 1-29 所示，吊装构件为钢筋混凝土梁，其截面尺寸 $b\times h=250\mathrm{mm}\times500\mathrm{mm}$，长 $l=6\mathrm{m}$，试求绳拉力的大小。（混凝土自重 $\gamma=24\mathrm{kN/m^3}$）

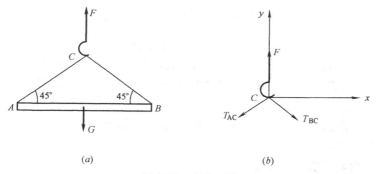

图 1-29　例 1-9 图

【解】　（1）确定研究对象：

本题有两个研究对象可供选取，一是选梁，二是选绳与吊钩的汇交点 C 为研究对象。

（2）受力分析：

受力图，如图 1-29 所示。未知力 T_{AC}、T_{BC}，由整体二力平衡条件 $F=G$。

（3）建立直角坐标系。如图 1-29 所示。

（4）列平衡方程求未知力。

由　　　　　　　　$\sum X=0$　　　$-T_{AC}\cos\alpha+T_{BC}\cos\alpha=0$ 　　　　　　(1)

得　　　　　　　　　　　　　　$T_{AC}=T_{BC}$ 　　　　　　　　　　　　(2)

由　　　　　　　　　　　$\sum Y=0$　　　　$-T_{AC}\sin\alpha-T_{BC}\sin\alpha+F=0$ 　　　　　　　　　　(3)

将（2）式代入（3）式得

$$T_{BC}=\frac{F}{2\sin\alpha}=24\times0.25\times0.5\times6/(2\times0.707)=12.73\text{kN} \qquad (4)$$

将（4）式代入（2）式得

$$T_{AC}=T_{BC}=12.73\text{kN}$$

【例 1-10】　　如图 1-30（a）所示，已知 $F=100\text{kN}$，试求 AB 杆和 BC 杆受力的大小。（杆的自重不计）

【解】　　取铰点 B 为研究对象，受力图如图 1-30（b）所示。

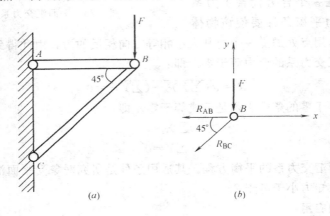

图 1-30　例 1-10 图

由　　　　　　　　　　　$\sum Y=0$　　　　$-R_{BC}\sin45°-F=0$

得　　　　　　$R_{BC}=-\dfrac{F}{\sin45°}=-\dfrac{100}{0.707}=-141.4\text{kN}$ （↗）

由　　　　　　　　　　　$\sum X=0$　　　　$-R_{AB}-R_{BC}\cos45°=0$

得　　　　　　$R_{AB}=-R_{BC}\cos45°=141.4\times0.707=100\text{kN}$ （←）

R_{BC} 得负号表示实际的方向与假设的方向相反，同时也表示构件受压。

第六节　平面任意力系的平衡方程及应用

一、平面力偶系的简化及平衡条件

在物体的同一平面内作用有两个以上力偶时，这群力偶就称为平面力偶系。

1. 平面力偶系简化

由于力偶的特性只使物体产生转动，物体在力偶系作用下其作用效应就是各力偶转动效应的叠加，用合力偶矩 M 代替作用。合力偶矩的大小等于各分力偶矩的代数和。即：

$$M=m_1+m_2+\cdots+m_n=\sum m \qquad (1-15)$$

转向由代数和得到的正负号确定。

2. 平面力偶系的平衡条件

当力偶系中各力偶对物体的转动效应相互抵消时，物体就处于平衡状态，这时的合力偶矩为零。因此，平面力偶系平衡条件是：力偶系中所有各力偶矩的代数和等于零。即：

$$\sum m = 0 \qquad\qquad\qquad (1\text{-}16)$$

二、平面任意力系的简化

平面任意力系的简化依据:

1. 加减平衡力系定理

在受力物体上加上或减去一个平衡力系,不改变原力系对物体的作用效果。此定理为力的平移定理建立了理论基础。

2. 力的平移定理

作用于物体上的力,可以平移到同一物体上的任意一点,但必须同时附加一个力偶矩,其力偶矩大小等于力对任意点的矩,转向是力绕该点的转向。

平面一般力系的简化过程,如图 1-31 所示。

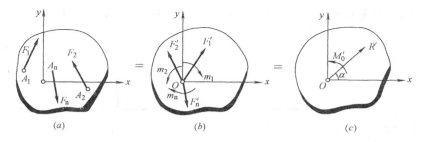

图 1-31   平面一般力系简化过程图

图 1-31 (a) 是平面一般力系;图 1-31 (b) 取简化点 O,利用力的平移定理把各力平移到 O 点,这时得到作用在物体上的力系是平面汇交力系和平面力偶系;图 1-31 (c) 是将平面汇交力系和平面力偶系作进一步简化得到一个合力和一个合力偶矩。平面一般力系简化的最终结果一般是作用在简化点上的合力和合力偶矩。

三、平面一般力系的平衡方程

由简化结果,要使平面任意力系平衡,必须同时满足简化后的汇交力系平衡和力偶系平衡。平衡条件是:

$$R = 0$$
$$M = 0 \qquad\qquad\qquad (1\text{-}17)$$

上式称为平面任意力系的平衡条件。

再由平衡条件可以确定平面任意力系的平衡方程,即:

$$\sum X = 0$$
$$\sum Y = 0 \qquad\qquad\qquad (1\text{-}18)$$
$$\sum M_0(F) = 0$$

式中前两方程为投影平衡方程,表达力系中所有各力在两个坐标轴上投影的代数和分别等于零;后一个方程为取矩平衡方程,表达力系中所有各力对任一点的力矩代数和等于零。这组平衡方程称为平面任意力系的基本形式。其适用条件是研究对象受平面任意力系作用,并处于平衡状态,未知力小于等于3。

平面任意力系的平衡方程还有其他两种形式,即:

二力矩式 $\qquad\qquad\qquad\qquad \sum X = 0$

$$\sum M_A(F)=0 \tag{1-19}$$
$$\sum M_B(F)=0$$

其适用条件是 A、B 两取矩点连线不能与 X 垂直。

三力矩式

$$\sum M_A(F)=0$$
$$\sum M_B(F)=0 \tag{1-20}$$
$$\sum M_C(F)=0$$

其适用条件是 A、B、C 三点不能共线。

平面任意力系以上三种不同形式的平衡方程组在解决问题时按计算简便原则选用。

四、平衡方程应用

【例 1-11】 简支梁如图 1-32（a）所示。已知 $F=24\text{kN}$，梁自重不计，试求支座反力。

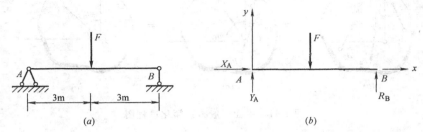

图 1-32　例 1-11 图

【解】 取梁 AB 为研究对象，其受力图、坐标系如图 1-32（b）所示，梁上所受的荷载和支座反力构成了平面任意力系未知力 3 个，用平衡方程的基本形式可解。

由
$$\sum X=0 \qquad X_A=0$$
由
$$\sum M_A(F)=0 \quad R_B\times6-F\times3=0$$
得
$$R_B=\frac{F}{2}=\frac{24}{2}=12\text{kN}（\uparrow）$$
由
$$\sum Y=0 \quad Y_A+R_B-F=0$$
得
$$Y_A=F-R_B=24-12=12\text{kN}（\uparrow）$$

【例 1-12】 简支梁如图 1-33（a）所示，已知梁自重产生的均布线荷载 $q=4\text{kN/m}$，梁长 $l=6\text{m}$，试求梁的支座反力。

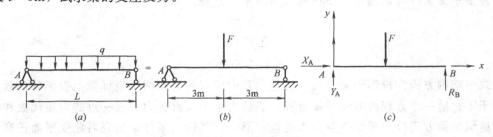

图 1-33　例 1-12 图

【解】 由荷载的计算可知均布线荷载的合力 $F=ql$。合力的作用点在均布线荷载分布长度 L 的 $1/2$ 处，其对梁的作用可看成如图 1-33（b）所示。

取梁 AB 为研究对象，受力图、坐标系如图 1-33 （c）所示。

由 $$\sum X = 0 \qquad X_A = 0$$

由 $$\sum M_A(F) = 0 \qquad R_B l - ql\frac{l}{2} = 0$$

得 $$R_B = \frac{1}{2}ql = \frac{1}{2} \times 4 \times 6 = 12 \text{kN} \quad (\uparrow)$$

由 $$\sum Y = 0 \qquad Y_A + R_B - ql = 0$$

得 $$Y_A = ql - R_B = 4 \times 6 - 12 = 12 \text{kN} \quad (\uparrow)$$

【例 1-13】 刚架受力情况如图 1-34 （a）所示，试计算刚架的支座反力。

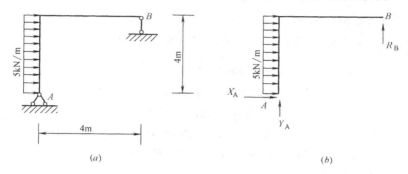

图 1-34　例 1-13 图

【解】 取刚架为研究对象，受力图、坐标系如图 1-34 （b）所示。

由 $$\sum X = 0 \qquad X_A + 5 \times 4 = 0$$

得 $$X_A = -20 \text{kN} \quad (\leftarrow)$$

由 $$\sum M_A(F) = 0 \qquad R_B \times 4 - 5 \times 4 \times 4 \times \frac{1}{2} = 0$$

得 $$R_B = \frac{40}{4} = 10 \text{kN} \quad (\uparrow)$$

由 $$\sum Y = 0 \qquad Y_A + R_B = 0$$

得 $$Y_A = -R_B = -10 \text{kN} \quad (\downarrow)$$

【例 1-14】 吊架如图 1-35 （a）所示，已知 $F = 20 \text{kN}$，试计算 A、C 两处的支座反力。

【解】 取构件 AD 为研究对象，受力图如图 1-35 （b）所示。BC 为二力杆，C 点处的支座反力与 R_B 相同，用 R_C 代替 R_B。

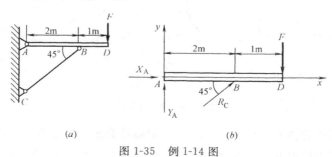

图 1-35　例 1-14 图

(1) 用平衡方程的基本形式

由
$$\sum M_A(F)=0$$
$$R_C\sin45°\times2+R_C\cos45°\times0-F\times3=0$$

得
$$R_C=\frac{3\times F}{2\sin45°}=\frac{3\times20}{2\times0.707}=42.43\text{kN}\ (\nearrow)$$

由
$$\sum X=0\quad X_A+R_C\cos45°=0$$

得
$$X_A=-R_C\cos45°=-42.43\times0.707=-30\text{kN}\ (\leftarrow)$$

由
$$\sum Y=0\quad Y_A-F+R_C\sin45°=0$$

得
$$Y_A=F-R_C\sin45°=20-42.43\times0.707=-10\text{kN}\ (\downarrow)$$

(2) 用平衡方程的二力矩式

由
$$\sum M_A(F)=0\quad R_C\sin45°\times2+R_C\cos45°\times0-F\times3=0$$

得
$$R_C=\frac{3\times F}{2\sin45°}=\frac{3\times20}{2\times0.707}=42.43\text{kN}\ (\nearrow)$$

由
$$\sum M_B(F)=0\quad-Y_A\times2-F\times1=0$$

得
$$Y_A=-10\text{kN}\ (\downarrow)$$

由
$$\sum X=0\quad X_A+R_C\cos45°=0$$

得
$$X_A=-R_C\cos45°=-42.43\times0.707=-30\text{kN}\ (\leftarrow)$$

(3) 用平衡方程的三力矩式

由
$$\sum M_A(F)=0\quad R_C\sin45°\times2+R_C\cos45°\times0-F\times3=0$$

得
$$R_C=\frac{3\times F}{2\sin45°}=\frac{3\times20}{2\times0.707}=42.43\text{kN}\ (\nearrow)$$

由
$$\sum M_B(F)=0\quad-Y_A\times2-F\times1=0$$

得
$$Y_A=-10\text{kN}\ (\downarrow)$$

由
$$\sum M_C(F)=0\quad-X_A\times2-F\times3=0$$

得
$$X_A=-30\text{kN}\ (\leftarrow)$$

【例 1-15】 结构如图 1-36 （a）所示，已知 $P_1=16$kN，$P_2=20$kN，$m=8$kN·m，梁自重不计，试求支座 A、C 及铰 B 的约束反力。

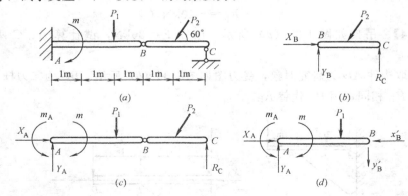

图 1-36　例 1-15 图

【解】 本题属于物体系统的平衡问题。若取整体为研究对象有 4 个未知力不能全部求解，若以单个物体为研究对象可列 3 个独立的平衡方程，2 个物体能列 6 个独立方程，可解 6 个未知力。本题所求问题正好 6 个未知量，2 个物体问题可解。

结论：物体系统的平衡问题若每个物体受平面任意力系作用可求解 $3n$ 个未知量（n 为物体个数）。

首先取 BC 简支梁为研究对象，求支座 C 及铰 B 的约束反力，受力如图 1-36（b）所示。

由 $\qquad\qquad\qquad\qquad \sum X=0 \quad X_B-P_2\cos60°=0$

得 $\qquad\qquad\qquad\qquad X_B=P_2\cos60°=20\times0.5=10\text{kN}（\rightarrow）$

由 $\qquad\qquad\qquad\qquad \sum M_B(F)=0 \quad R_C\times2-P_2\sin60°\times1=0$

得 $\qquad\qquad R_C=\dfrac{P_2\sin60°}{2}=\dfrac{20\times0.866}{2}=8.66\text{kN}（\uparrow）$

由 $\qquad\qquad\qquad\qquad \sum Y=0 \quad Y_B+R_C-P_2\sin60°=0$

得 $\qquad\qquad Y_B=P_2\sin60°-R_C=20\times0.866-8.66=8.66\text{kN}（\uparrow）$

再取悬臂梁 AB 为研究对象求支座 A 的约束反力，依据作用力与反作用力和约束类型，受力如图 1-36（d）所示。

由 $\qquad\qquad\qquad\qquad \sum X=0 \quad X_A-X_B'=0$

得 $\qquad\qquad\qquad\qquad X_A=X_B'=10\text{kN}（\rightarrow）$

由 $\qquad\qquad\qquad\qquad \sum Y=0 \quad Y_A-P_1-Y_B'=0$

得 $\qquad\qquad Y_A=P_1+Y_B'=16+8.66=24.66\text{kN}（\uparrow）$

由 $\qquad\qquad\qquad \sum M_A(F)=0 \quad m_A-m-P_1\times2-Y_B'\times3=0$

得 $\qquad m_A=m+P_1\times2+Y_B'\times3=8+16\times2+8.66=65.98\text{kN}\cdot\text{m}$

也可取整体为研究对象求支座 A 的约束反力，受力如图 1-36（c）所示。

由 $\qquad\qquad\qquad\qquad \sum X=0 \quad X_A-P_2\cos60°=0$

得 $\qquad\qquad\qquad X_A=P_2\cos60°=20\times0.5=10\text{kN}（\rightarrow）$

由 $\qquad\qquad\qquad \sum Y=0 \quad Y_A+R_C-P_1-P_2\sin60°=0$

得 $\qquad\qquad Y_A=-R_C+P_1+P_2\sin60°=24.66\text{kN}（\uparrow）$

由 $\qquad \sum M_A(F)=0 \quad m_A-m-P_1\times2-P_2\sin60°\times4+R_C\times5=0$

得 $\qquad m_A=m+P_1\times2+P_2\sin60°\times4-R_C\times5=65.98\text{kN}\cdot\text{m}$

思 考 题

1. 静力学基础主要研究的内容是什么？

2. 在工程中荷载指的是什么？荷载按作用的性质分为几类？

3. 荷载按作用的范围分为几类？如何把均布面荷载转换成均布线荷载？

4. 结构构件指的是什么？

5. 工程中常见的约束类型一般为几种，约束反力的数量，方向如何？

6. 什么是受力图？如何画受力图？

7. 二力平衡条件与作用力与反作用力定理的内容是什么？二者有什么区别？

8. 什么叫二力构件？分析二力构件受力时与构件的形状有无关系？

9. 什么是合力投影定理？

10. 什么是合力矩定理？

11. 在何种情况下力矩为零？

12. 平面任意力系的平衡方程有几个，最多能解几个未知量？

习　题

1-1　如图 1-37 所示，所有的接触面均为光滑接触面，自重不计，试画出下列物体受力图。

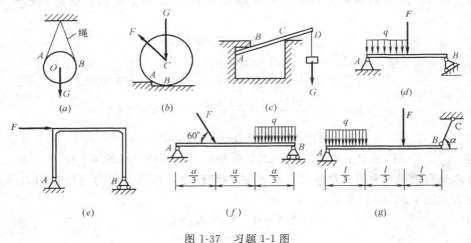

图 1-37　习题 1-1 图

1-2　如图 1-38 所示，已知 $W=100\mathrm{kN}$，试计算构件 AB、AC 所受的力。

1-3　简易起重机如图 1-39 所示，重物 $W=100\mathrm{kN}$，构件、滑轮、钢丝绳自重不计，摩擦不计，试计算构件 AB、AC 所受的力。

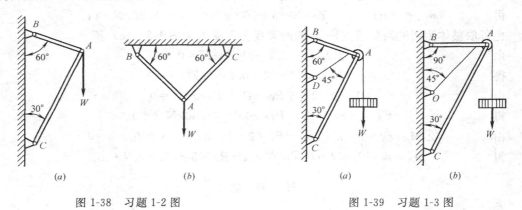

图 1-38　习题 1-2 图　　　　　　　　图 1-39　习题 1-3 图

1-4　如图 1-40 所示，试计算 F 对 O 点的力矩。

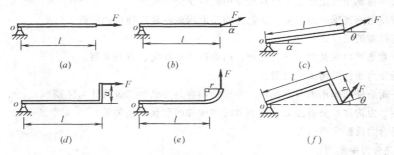

图 1-40　习题 1-4 图

1-5 如图 1-41 所示，试计算梁上分布线荷载对 B 点的力矩。

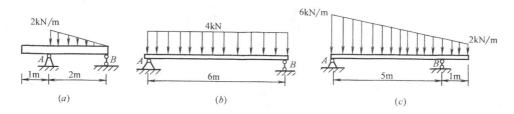

图 1-41 习题 1-5 图

1-6 如图 1-42 所示，试计算各梁的支座反力。

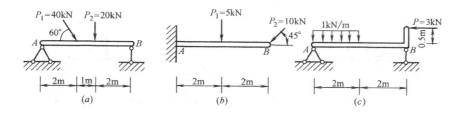

图 1-42 习题 1-6 图

1-7 如图 1-43 所示，试计算各梁的支座反力。

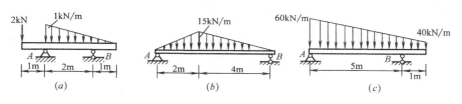

图 1-43 习题 1-7 图

1-8 如图 1-44 所示，试计算刚架的支座反力。

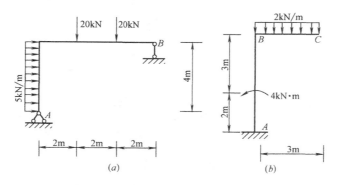

图 1-44 习题 1-8 图

1-9 如图 1-45 所示，AB 构件重 7.5kN，重心在构件的中点。已知 $P=8$kN，$AD=AC=4.5$m，$BC=2$m，滑轮尺寸不计。试计算绳的拉力 T 和支座 A 的反力。

1-10 如图 1-46 所示，试计算多跨静定梁的支座反力。

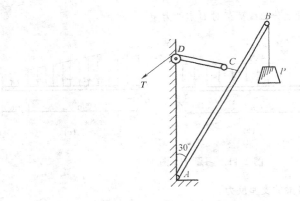

图 1-45　习题 1-9 图

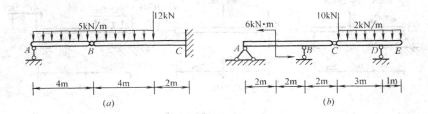

图 1-46　习题 1-10 图

第二章 静定结构内力

第一节 概 述

一、构件变形的基本形式

1. 构件几何特点

构件的几何特点可由横截面和轴线来描述。横截面是与构件长方向垂直的截面，而轴线是各截面形心的连线（图 2-1）。各截面相同、且轴线为直线的构件，称为等截面直构件。

2. 构件变形的基本形式

构件在不同形式的外力作用下，将发生不同形式的变形。但构件变形的基本形式有以下四种：

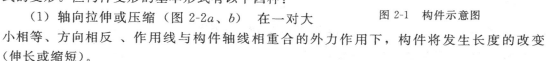

图 2-1 构件示意图

（1）轴向拉伸或压缩（图 2-2a、b） 在一对大小相等、方向相反 、作用线与构件轴线相重合的外力作用下，构件将发生长度的改变（伸长或缩短）。

（2）剪切（图 2-2c） 在一对相距很近、大小相等、方向相反的横向外力作用下，构件的横截面将沿外力方向发生错动。

（3）扭转（图 2-2d） 在一对大小相等、方向相反、位于垂直于构件轴线的两平面内的力偶作用下，构件的任意两横截面将绕轴线发生相对转动。

（4）弯曲（图 2-2e） 在一对大小相等、方向相反、位于构件的纵向平面内的力偶作用下，构件的轴线由直线弯成曲线。

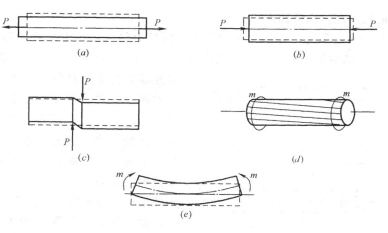

图 2-2 构件变形的基本形式

工程实际中的构件，可能同时承受不同形式的外力而发生复杂的变形，但都可以看作是上述基本变形的组合。由两种或两种以上基本变形组成的复杂变形称为组合变形。

二、内力、截面法

1. 内力的概念

构件在外力作用下产生变形，从而构件内部各部分之间就产生相互作用力，这种由外力引起的构件内部之间的相互作用力，称为内力。

2. 截面法

研究构件内力常用的方法是截面法。截面法是假想用一平面将构件在需求内力的截面处截开，将构件分为两部分（图 2-3a）；取其中一部分作为研究对象，此时，截面上的内力被显示出来，变成研究对象上的外力（图 2-3b）；再由平衡条件求出内力。

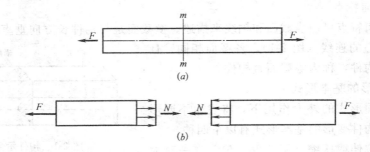

图 2-3　截面法求内力示意图

截面法可归纳为如下三个步骤：

（1）截开　用一假想平面将构件在所求内力截面外截开，分为两部分；

（2）代替　取出其中任一部分为研究对象，以内力代替弃掉部分对所取部分的作用，画出受力图；

（3）平衡　列出研究对象上的静力平衡方程，求解内力。

第二节　轴心拉（压）构件的内力及内力图

一、轴心拉（压）构件的内力——轴力

如图 2-4（a）所示为一等截面直构件受轴向外力作用，产生拉伸变形。现用截面法分析 m-m 截面上的内力。用假想的横截面将构件在 m-m 截面处截开分为左、右两部分，

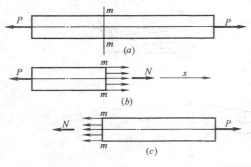

图 2-4　截面法求轴力

取左部分为研究对象，如图 2-4（b）所示，左右两段构件在横截面上相互作用的内力是一个分布力系，其合力为 N。由于整个构件是处于平衡状态，所以左段构件也应保持平衡，由平衡条件 $\sum X = 0$ 可知，m-m 横截面上分布内力的合力 N 必然是一个与构件轴相重合的内力，且 N=P，其指向背离截面。同理，若取右段为研究对象，如图 2-4（c）所示，可得出相同的结果。

对于轴心压构件，也可通过上述方法求得其任一横截面上的内力 N，但其指向为指向截面。

将作用线与构件轴线相重合的内力称为轴力，用符号 N 表示。背离截面的轴力称为拉力，而指向截面的轴力称为压力。

轴力的正负号规定：拉力为正号，压力为负号。在求轴力时，通常将轴力假设为拉力方向，这样由平衡条件求出结果的正负号，就可直接代表轴力本身的正负号。

轴力的单位为 N 或 kN。

二、轴心拉（压）构件的轴力图

当构件受到多于两个轴向外力的作用时，在构件的不同横截面上轴力将不相同。表明沿杆长各个横截面轴力变化规律的图形称为轴力图。以平行于构件轴线的横坐标轴 x 表示各横截面位置，以垂直于构件轴线的纵坐标 N 表示各横截面上轴力的大小，将各截面的轴力按一定比例在坐标系中找出并连线，就得到轴力图。画轴力图时，将正的轴力画在上方，负的轴力画在下方。

【例 2-1】 一构件受轴向外力作用如图 2-5（a）所示。试求各段杆的轴力，并画出轴力图。

【解】（1）用截面法求各段杆轴力。

AB 段 取 1—1 截面左部分构件为研究对象，其受力如图 2-5（b）所示，由平衡条件

$$\sum X = 0 \qquad N_1 - 6 = 0$$

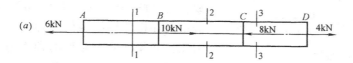

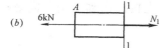

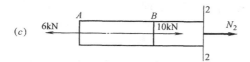

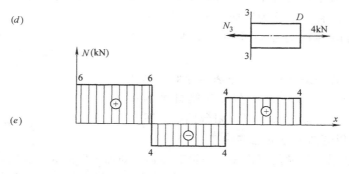

图 2-5 例 2-1 图

得 $\qquad$ $N_1 = 6\text{kN}$（拉）

BC 段　取 2—2 截面左部分构件为研究对象，其受力如图 2-5（c）所示，由平衡条件

$$\sum X = 0 \qquad N_2 + 10 - 6 = 0$$

得 $\qquad$ $N_2 = -4\text{kN}$（压）

CD 段　取 3—3 截面右部分构件为研究对象，其受力如图 2-5（d）所示，由平衡条件

$$\sum X = 0 \qquad 4 - N_3 = 0$$

得 $\qquad$ $N_3 = 4\text{kN}$（拉）

（2）画轴力图。

根据各段构件轴力大小及其正负号画出轴力图，如图 2-5（e）所示。

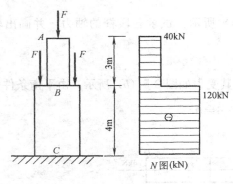

图 2-6　柱轴力图

值得注意的是：（1）在采用截面法之前，外力不能沿其作用线移动。因为将外力移动后就改变了构件的变形性质，内力也就随之改变。（2）轴力图应与受力图各截面对齐。当构件水平放置时，正值应画在与构件轴线平行的横坐标轴的上方，而负值则画在下方，并必须标出正号或负号，如图 2-5（e）所示；当构件竖直放置时（图 2-6 所示，$F = 40\text{kN}$），正、负值可分别画在构件轴线两侧并标出正号或负号。轴力图上必须标明横截面的轴力值、图名及其单位，还应适当地画一些垂直于横坐标轴的纵坐标线。当熟练时，可以不画各段构件的受力图，直接画出轴力图，横坐标轴 x 和纵坐标轴 N 也可以省略不画，如图 2-6 所示。

第三节　受弯构件的内力及内力图

一、梁的平面弯曲

当构件受到垂直于轴线的外力作用或在纵向平面内受到力偶作用时（图 2-7），轴线由直线弯成曲线，这种变形称为弯曲变形。工程中以弯曲变形为主的构件称为受弯构件，受弯构件指梁、板。

弯曲变形是工程中最常见的一种基本变形。例如房屋建筑中的楼面梁，受到楼面荷载和梁自重的作用，将发生弯曲变形（图 2-8a、b），阳台挑梁（图 2-8c、d）等，都是以弯曲变形为主的构件。

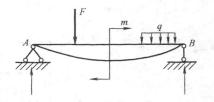

图 2-7　弯曲变形的受力形式

工程中常见的梁，其横截面往往有一根对称轴，如图 2-9 所示，这根对称轴与梁轴所组成的平面，称为纵向对称平面（图 2-10）。如果作用在梁上的外力（包括荷载和支座反

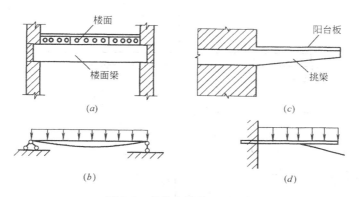

图 2-8　弯曲变形的工程实例

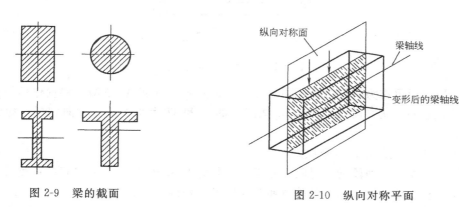

图 2-9　梁的截面　　　　　　　图 2-10　纵向对称平面

力）和外力偶都位于纵向对称平面内，梁变形后，轴线将在此纵向对称平面内弯曲。这种梁的弯曲平面与外力作用平面相重合的弯曲，称为平面弯曲。平面弯曲是一种最简单，也是最常见的弯曲变形，本章将主要讨论等截面直梁的平面弯曲问题。

二、梁的内力——剪力和弯矩

1. 剪力和弯矩

图 2-11（a）所示为一简支梁，荷载 F 和支座反力 R_A、R_B 是作用在梁的纵向对称平面内的平衡力系。现用截面法分析任一截面 $m\text{-}m$ 上的内力。假想将梁沿 $m\text{-}m$ 截面分为两段，现取左段为研究对象，从图 2-11（b）可见，因有座支反力 R_A 作用，为使左段满足 $\sum Y=0$，截面 $m\text{-}m$ 上必然有与 R_A 等值、平行且反向的内力 V 存在，这个作用于截面上，且平行于截面侧边的内力 V，称为剪力；同时，因 R_A 对截面 $m\text{-}m$ 的形心 O 点有一个力矩 $R_A \cdot x$ 的作用，为满足 $\sum M_0=0$，截面 $m\text{-}m$ 上也必然有一个与力矩 $R_A \cdot x$ 大小相等且转向相反的内力偶矩 M 存在，这个作用于纵向对称平面上的内力偶矩 M，称为弯矩。由此可见，梁发生弯曲时，横截面上同时存在着两个内力素，即剪力和弯矩。

剪力的常用单位为 N 或 kN，弯矩的常用单位为 N·m 或 kN·m。

剪力和弯矩的大小，可由左段梁的静力平衡方程求得，即

$$\sum Y=0，R_A-V=0，\text{得 } V=R_A$$

$$\sum M_0=0，R_A \cdot x-M=0，\text{得 } M=R_A \cdot x$$

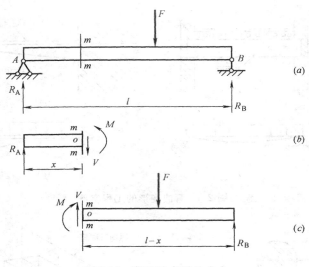

图 2-11 截面法求梁的内力

如果取右段梁作为研究对象，同样可求得截面 m-m 上的 V 和 M，根据作用与反作用力的关系，它们与从右段梁求出 m-m 截面上的 V 和 M 大小相等，方向相反，如图 2-11（c）所示。

2. 剪力和弯矩的正、负号规定

为了使从左、右两段梁求得同一截面上的剪力 V 和弯矩 M 具有相同的正负号，并考虑到土建工程上的习惯要求，对剪力和弯矩的正负号特作如下规定：

（1）剪力的正负号　使梁段有顺时针转动趋势的剪力为正（图 2-12a）；反之，为负（图 2-12b）。

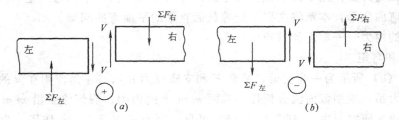

图 2-12　剪力的正负号

（2）弯矩的正负号　使梁段产生下侧受拉的弯矩为正（图 2-13a）；反之，为负（图 2-13b）。

3. 用截面法计算指定截面上的剪力和弯矩

用截面法求指定截面上的剪力和弯矩的步骤如下：

（1）计算支座反力；

（2）用假想的截面在需求内力处将梁截成两段，取其中任一段为研究对象；

（3）画出研究对象的受力图（截面上的 V 和 M 都先假设为正的方向）；

（4）建立平衡方程，解出内力。

下面举例说明用截面法计算指定截面上的剪力和弯矩。

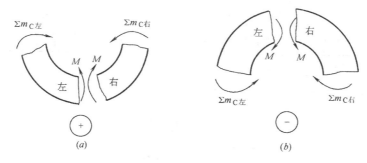

图 2-13 弯矩的正负号

【例 2-2】 简支梁如图 2-14 (a) 所示。已知 $F_1=30\mathrm{kN}$，$F_2=30\mathrm{kN}$，试求截面 1—1 上的剪力和弯矩。

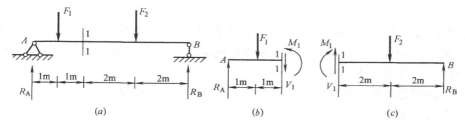

图 2-14 例 2-2 图

【解】（1）求支座反力，考虑梁的整体平衡。

$$\sum M_B=0 \qquad F_1\times5+F_2\times2-R_A\times6=0$$
$$\sum M_A=0 \qquad -F_1\times1-F_2\times4+R_B\times6=0$$

得 $\qquad R_A=35\mathrm{kN}（\uparrow），R_B=25\mathrm{kN}（\uparrow）$

校核 $\qquad \sum Y=R_A+R_B-F_1-F_2=35+25-30-30=0$

（2）求截面 1—1 上的内力。

在截面 1—1 处将梁截开，取左段梁为研究对象，画出其受力，内力 V_1 和 M_1 均先假设为正的方向（图 2-14b），列平衡方程

$$\sum Y=0 \qquad R_A-F_1-V=0$$
$$\sum M_1=0 \qquad -R_A\times2+F_1\times1+M_1=0$$

得 $\qquad V_1=R_A-F_1=35-30=5\mathrm{kN}$

$$M_1=R_A\times2-F_1\times1=35\times2-30\times1=40\mathrm{kN}\cdot\mathrm{m}$$

求得 V_1 和 M_1 均为正值，表示截面 1—1 上内力的实际方向与假定的方向相同；按内力的符号规定，剪力、弯矩都是正的。所以，画受力图时一定要先假设内力为正的方向，由平衡方程求得结果的正负号，就能直接代表内力本身的正负。

如取 1—1 截面右段梁为研究对象（图 2-14c），可得出同样的结果。

【例 2-3】 一悬臂梁，其尺寸及梁上荷载如图 2-15 (a) 所示，求截面 1—1 上的剪力和弯矩。

【解】 对于悬臂梁不需求支座反力，可取右段梁为研究对象，其受力图如图 2-15 (b) 所示。

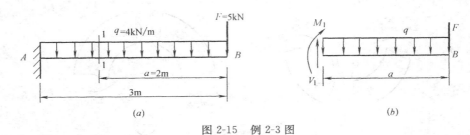

图 2-15 例 2-3 图

由
$$\sum Y=0 \qquad V_1-qa-F=0$$

$$\sum M_1=0 \qquad -M_1-qa\cdot\frac{a}{2}-Fa=0$$

得
$$V_1=qa+F=4\times2+5=13\text{kN}$$

$$M_1=-\frac{qa^2}{2}-Fa=-\frac{4\times2^2}{2}-5\times2=-18\text{kN}\cdot\text{m}$$

求得 V_1 为正值，表示 V_1 的实际方向与假定的方向相同；M_1 为负值，表示 M_1 的实际方向与假定的方向相反。所以，按梁内力的符号规定，1—1 截面上的剪力为正，弯矩为负。

4. 简便法计算剪力和弯矩

通过上述题目，可以总结出直接根据外力计算梁内力的规律。

（1）剪力的规律。

计算剪力是对截面左（或右）段梁建立投影方程，经过移项后可得

$$V=\sum Y_左 \quad 或 \quad V=\sum Y_右$$

上两式说明：梁内任一横截面上的剪力在数值上等于该截面一侧所有外力在垂直于轴线方向投影的代数和。若外力对所求截面产生顺时针方向转动趋势时，等式右方取正号（参见图 2-12a）；反之，取负号（参见图 2-12b）。此规律可记为"顺转剪力正"。

（2）求弯矩的规律。

计算弯矩是对截面左（或右）段梁建立力矩方程，经过移项后可得

$$M=\sum M_{C左} \quad 或 \quad M=\sum M_{C右}$$

上两式说明：梁内任一横截面上的弯矩在数值上等于该截面一侧所有外力（包括力偶）对该截面形心力矩的代数和。将所求截面固定，若外力矩使所考虑的梁段产生下凸弯曲变形时（即上部受压，下部受拉），等式右方取正号（参见图 2-13a）；反之，取负号（参见图 2-13b）。此规律可记为"下凸弯矩正"。

利用上述规律直接由外力求梁内力的方法称为简便法。用简便法求内力可以省去画受力图和列平衡方程从而简化计算过程。现举例说明。

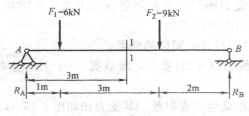

图 2-16 例 2-4 图

【例 2-4】 用简便法求图 2-16 所示简支梁 1—1 截面上的剪力和弯矩。

【解】 （1）求支座反力。由梁的整体平衡求得

$$R_A=8\text{kN}（\uparrow），\quad R_B=7\text{kN}（\uparrow）$$

（2）计算 1—1 截面上的内力。

由 1—1 截面以左部分的外力来计算内力，根据"顺转剪力正"和"下凸弯矩正"得

$$V_1 = R_A - F_1 = 8 - 6 = 2\text{kN}$$

$$M_1 = R_A \times 3 - F_1 \times 2 = 8 \times 3 - 6 \times 2 = 12\text{kN} \cdot \text{m}$$

三、梁的剪力图和弯矩图

为了计算梁的强度和刚度问题，除了要计算指定截面的剪力和弯矩外，还必须知道剪力和弯矩沿梁轴线的变化规律，从而找到梁内剪力和弯矩的最大值以及它们所在的截面位置。

1. 剪力方程和弯矩方程

从上节的讨论可以看出，梁内各截面上的剪力和弯矩一般随截面的位置而变化。若横截面的位置用沿梁轴线的坐标 x 来表示，则各横截面上的剪力和弯矩都可以表示为坐标 x 的函数，即

$$V = V(x),\ M = M(x)$$

以上两个函数式表示梁内剪力和弯矩沿梁轴线的变化规律，分别称为剪力方程和弯矩方程。

2. 剪力图和弯矩图

为了形象地表示剪力和弯矩沿梁轴线的变化规律，可以根据剪力方程和弯矩方程分别绘制剪力图和弯矩图。以沿梁轴线的横坐标 x 表示梁横截面的位置，以纵坐标表示相应横截面上的剪力或弯矩，在土建工程中，习惯上把正剪力画在 x 轴上方，负剪力画在 x 轴下方；而把弯矩图画在梁受拉的一侧，即正弯矩画在 x 轴下方，负弯矩画在 x 轴上方。如图 2-17 所示。

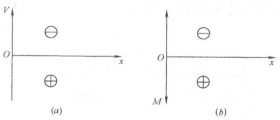

图 2-17　画剪力图和弯矩图的规定

【例 2-5】　简支梁受均布荷载作用如图 2-18（a）所示，试画出梁的剪力图和弯矩图。

【解】　（1）求支座反力。

因对称关系，可得

$$R_A = R_B = \frac{1}{2}ql \quad (\uparrow)$$

（2）列剪力方程和弯矩方程。

取距 A 点为 x 处的任意截面，将梁假想截开，考虑左段平衡，可得

$$V(x) = R_A - qx = \frac{1}{2}ql - qx \qquad (0 < x < l) \tag{1}$$

$$M(x) = R_A x - \frac{1}{2}qx^2 = \frac{1}{2}qlx - \frac{1}{2}qx^2 \qquad (0 \leqslant x \leqslant l) \tag{2}$$

（3）画剪力图和弯矩图。

由式（1）可见，$V(x)$ 是 x 的一次函数，即剪力方程为一直线方程，剪力图是一条斜直线。

当 $x=0$ 时 $V_{A右}=\dfrac{ql}{2}$

  $x=l$ 时 $V_{B左}=-\dfrac{ql}{2}$

根据这两个截面的剪力值，画出剪力图，如图 2-18（b）所示。

由式（2）知，$M(x)$ 是 x 的二次函数，说明弯矩图是一条二次抛物线，应至少计算三个截面的弯矩值，才可描绘出曲线的大致形状。

当 $x=0$ 时， $M_A=0$

  $x=\dfrac{l}{2}$ 时， $M_C=\dfrac{ql^2}{8}$

  $x=l$ 时， $M_B=0$

根据以上计算结果，画出弯矩图，如图 2-18（c）所示。

从剪力图和弯矩图中可知，受均布荷载作用的简支梁，其剪力图为斜直线，弯矩图为二次抛物线；最大剪力发生在两端支座处，值为 $|V|_{max}=\dfrac{1}{2}ql$；而最大弯矩发生在剪力为零的跨中截面上，其值为 $|M|_{max}=\dfrac{1}{8}ql^2$。

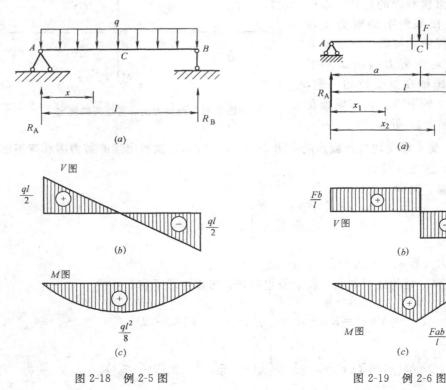

图 2-18 例 2-5 图   图 2-19 例 2-6 图

结论：在均布荷载作用的梁段，剪力图为斜直线，弯矩图为二次抛物线。在剪力等于零的截面上弯矩有极值。

【例 2-6】 简支梁受集中力作用如图 2-19（a）所示，试画出梁的剪力图和弯矩图。

【解】 （1）求支座反力。

由梁的整体平衡条件

$$\sum M_B = 0，R_A = \frac{Fb}{l}（\uparrow）$$

$$\sum M_A = 0，R_B = \frac{Fa}{l}（\uparrow）$$

校核：

$$\sum Y = R_A + R_B - F = \frac{Fb}{l} + \frac{Fa}{l} - F = 0$$

计算无误。

（2）列剪力方程和弯矩方程。

梁在 C 处有集中力作用，故 AC 段和 CB 段的剪力方程和弯矩方程不相同，要分段列出。

AC 段：在距 A 端为 x_1 的任意截面处将梁假想截开，并考虑左段梁平衡，列出剪力方程和弯矩方程为

$$Q(x_1) = R_A = \frac{Fb}{l} \qquad (0 < x_1 < a) \tag{1}$$

$$M(x_1) = R_A x_1 = \frac{Fb}{l} x_1 \qquad (0 \leqslant x_1 \leqslant a) \tag{2}$$

CB 段：在距 A 端为 x_2 的任意截面处假想截开，并考虑左段的平衡，列出剪力方程和弯矩方程为

$$V(x_2) = R_A - F = \frac{Fb}{l} - F = -\frac{Fa}{l} \qquad (a < x_2 < l) \tag{3}$$

$$M(x_2) = R_A x_2 - F(x_2 - a) = \frac{Fa}{l}(l - x_2) \qquad (a \leqslant x_2 \leqslant l) \tag{4}$$

（3）画剪力图和弯矩图。

根据剪力方程和弯矩方程画剪力图和弯矩图。

V 图：AC 段剪力方程 $V(x_1)$ 为常数，其剪力值为 $\frac{Fb}{l}$，剪力图是一条平行于 x 轴的直线，且在 x 轴上方。CB 段剪力方程 $V(x_2)$ 也为常数，其剪力值为 $-\frac{Fa}{l}$，剪力图也是一条平行于 x 轴的直线，但在 x 轴下方。画出全梁的剪力图，如图 2-19（b）所示。

M 图：AC 段弯矩 $M(x_1)$ 是 x_1 的一次函数，弯矩图是一条斜直线，只要计算两个截面的弯矩值，就可以画出弯矩图。

当 $x_1 = 0$ 时 $\qquad\qquad\qquad\qquad$ $M_A = 0$

$\quad x_1 = a$ 时 $\qquad\qquad\qquad\qquad$ $M_C = \frac{Fab}{l}$

根据计算结果，可画出 AC 段弯矩图。

CB 段弯矩 $M(x_2)$ 也是 x_2 的一次函数，弯矩图仍是一条斜直线。

当 $x_2=a$ 时 $\qquad\qquad\qquad\qquad M_C=\dfrac{Fab}{l}$

$\qquad x_2=l$ 时 $\qquad\qquad\qquad\qquad M_B=0$

由上面两个弯矩值，画出 CB 段弯矩图。整梁的弯矩图如图 2-19（c）所示。

从剪力图和弯矩图中可见，简支梁受集中荷载作用，当 $a>b$ 时，$|V|_{max}=\dfrac{Fa}{l}$，发生在 BC 段的任意截面上；$|M|_{max}=\dfrac{Fab}{l}$，发生在集中力作用处的截面上。若集中力作用在梁的跨中，则最大弯矩发生在梁的跨中截面上，即 $M_{max}=\dfrac{Fl}{4}$。

结论：在无荷载梁段剪力图为平行线，弯矩图为斜直线。在集中力作用处，左右截面上的剪力图发生突变，其突变值等于该集中力的大小，突变方向与该集中力的方向一致；而弯矩图出现转折，即出现尖点，尖点方向与该集中力方向一致。

【例 2-7】 如图 2-20（a）所示简支梁受集中力偶作用，试画出梁的剪力图和弯矩图。

【解】 （1）求支座反力。

由整梁平衡得

$$\sum M_B=0,\qquad R_A=\frac{m}{l}\ (\uparrow)$$

$$\sum M_A=0,\qquad R_B=-\frac{m}{l}\ (\downarrow)$$

校核： $\sum Y=R_A+R_B=\dfrac{m}{l}-\dfrac{m}{l}=0$

计算无误。

（2）列剪力方程和弯矩方程。

在梁的 C 截面的集中力偶 m 作用，分两段列出剪力方程和弯矩方程。

AC 段：在 A 端为 x_1 的截面处假想将梁截开，考虑左段梁平衡，列出剪力方程和弯矩方程为

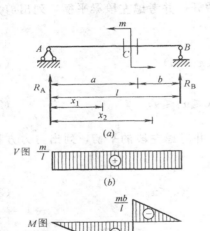

图 2-20 例 2-7 图

$$V(x_1)=R_A=\frac{m}{l}\qquad (0<x_1\leq a) \tag{1}$$

$$M(x_1)=R_A x_1=\frac{m}{l}x_1\qquad (0\leq x_1<a) \tag{2}$$

CB 段：在 A 端为 x_2 的截面处假想将梁截开，考虑左段梁平衡，列出剪力方程和弯矩方程为

$$V(x_2)=R_A=\frac{m}{l}\qquad (a\leq x_2<l) \tag{3}$$

$$M(x_2) = R_A x_2 - m = -\frac{m}{l}(l - x_2) \qquad (a < x_2 \leqslant l) \qquad\qquad (4)$$

（3）画剪力图和弯矩图。

V 图：由式（1）、式（3）可知，梁在 AC 段和 CB 段剪力都是常数，其值为 $\frac{m}{l}$，故剪力是一条在 x 轴上方且平行于 x 轴的直线。画出剪力图如图 2-20（b）所示。

M 图：由式（2）、式（4）可知，梁在 AC 段和 CB 段内弯矩都是 x 的一次函数，故弯矩图是两段斜直线。

AC 段：

当 $x_1 = 0$ 时，$\qquad\qquad\qquad\qquad M_A = 0$

$\quad x_1 = a$ 时，$\qquad\qquad\qquad\qquad M_{C左} = \dfrac{ma}{l}$

CB 段：

当 $x_2 = a$ 时，$\qquad\qquad\qquad\qquad M_{C右} = -\dfrac{mb}{l}$

$\quad x_2 = l$ 时，$\qquad\qquad\qquad\qquad M_B = 0$

画出弯矩图如图 2-20（c）所示。

由内力图可见，简支梁只受一个力偶作用时，剪力图为同一条平行线，而弯矩图是两段平行的斜直线，在集中力偶处左右截面上的弯矩发生了突变。

结论：梁在集中力偶作用处，左右截面上的剪力无变化，而弯矩出现突变，其突变值等于该集中力偶矩。

3. 荷载集度、剪力和弯矩之间的微分关系

上一节从直观上总结出剪力图、弯矩图的一些规律和特点。现进一步讨论剪力图、弯矩图与荷载集度之间的关系。

如图 2-21（a）所示，梁上作用有任意的分布荷载 $q(x)$，设 $q(x)$ 以向上为正。取 A 为坐标原点，x 轴以向右为正。现取分布荷载作用下的一微段 dx 来研究（图 2-21b）。

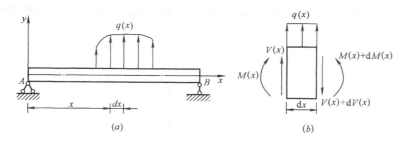

图 2-21　微分关系

由于微段的长度 dx 非常小，因此，在微段上作用的分布荷载 $q(x)$ 可以认为是均布的。微段左侧横截面上的剪力是 $V(x)$、弯矩是 $M(x)$；微段右侧截面上的剪力是 $V(x) + dV(x)$、弯矩是 $M(x) + dM(x)$，并设它们都为正值。考虑微段的平衡，由

$$\sum Y = 0 \qquad V(x) + q(x)dx - [V(x) + dV(x)] = 0$$

得
$$\frac{\mathrm{d}V(x)}{\mathrm{d}x}=q(x) \tag{2-1}$$

结论一：梁上任意一横载面上的剪力对 x 的一阶导数等于作用在该截面处的分布荷载集度。这一微分关系的几何意义是，剪力图上某点切线的斜率等于相应截面处的分布荷载集度。

再由
$$\sum M_\mathrm{c}=0 \qquad -M(x)-Q(x)\mathrm{d}x-q(x)\mathrm{d}x\frac{\mathrm{d}x}{2}+[M(x)+\mathrm{d}M(x)]=0$$

上式中，C 点为右侧横截面的形心，经过整理，并略去二阶微量 $q(x)\dfrac{\mathrm{d}x^2}{2}$ 后，

得
$$\frac{\mathrm{d}M(x)}{\mathrm{d}x}=V(x) \tag{2-2}$$

结论二：梁上任一横截面上的弯矩对 x 的一阶导数等于该截面上的剪力。这一微分关系的几何意义是，弯矩图上某点切线的斜率等于相应截面上剪力。

将式（2-2）两边求导，可得

$$\frac{\mathrm{d}^2 M(x)}{\mathrm{d}x^2}=q(x) \tag{2-3}$$

结论三：梁上任一横截面上的弯矩对 x 的二阶导数等于该截面处的分布荷载集度。这一微分关系的几何意义是，弯矩图上某点的曲率等于相应截面处的荷载集度，即由分布荷载集度的正负可以确定弯矩图的凹凸方向。

利用弯矩、剪力与荷载集度之间的微分关系及其几何意义，可总结出下列一些规律，以用来校核或绘制梁的剪力图和弯矩图。

（1）在无荷载梁段，即 $q(x)=0$ 时：

由式（2-1）可知，$V(x)$ 是常数，即剪力图是一条平行于 x 轴的直线；又由式（2-2）可知该段弯矩图上各点切线的斜率为常数，因此，弯矩图是一条斜直线。

（2）均布荷载梁段，即 $q(x)=$ 常数时：

由式（2-1）可知，剪力图上各点切线的斜率为常数，即 $V(x)$ 是 x 的一次函数，剪力图是一条斜直线；又由式（2-2）可知，该段弯矩图上各点切线的斜率为 x 的一次函数，因此，$M(x)$ 是 x 的二次函数，即弯矩图为二次抛物线。这时可能出现两种情况，如图2-22 所示。

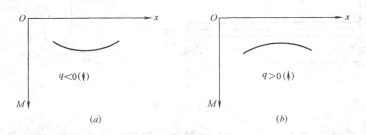

图 2-22 弯矩图的凹凸向

（3）弯矩的极值：

由 $\dfrac{\mathrm{d}M(x)}{\mathrm{d}x}=V(x)=0$ 可知，在 $V(x)=0$ 的截面处，$M(x)$ 具有极值，即剪力等于零的

截面上，弯矩具有极值；反之，在弯矩具有极值的截面上，剪力一定等于零。

利用上述荷载、剪力和弯矩之间的微分关系及规律，可更简捷地绘制梁的剪力图和弯矩图，其步骤如下：

1）分段，即根据梁上外力及支承等情况将梁分成若干段；

2）根据各段梁上的荷载情况，判断其剪力图和弯矩图的大致形状；

3）利用计算内力的简便方法，直接求出若干控制截面上的 V 值和 M 值；

4）逐段直接绘出梁的 V 图和 M 图。

【例 2-8】 一外伸梁，梁上荷载如图 2-23 (a) 所示，已知 $l = 4\text{m}$，利用微分关系绘出外伸梁的剪力图和弯矩图。

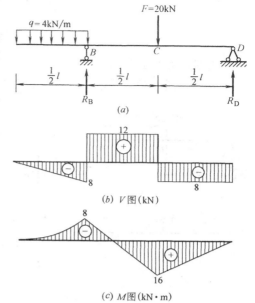

图 2-23 例 2-8 图

【解】 （1）求支座反力。

$$R_B = 20\text{kN}（\uparrow）, \quad R_D = 8\text{kN}（\uparrow）$$

（2）根据梁上的外力情况将梁分段，将梁分为 AB、BC 和 CD 三段。

（3）计算控制截面剪力，画剪力图。

AB 段梁上有均布荷载，该段梁的剪力图为斜直线，其控制截面剪力为

$$V_A = 0$$

$$V_{B左} = -\frac{1}{2}ql = -\frac{1}{2} \times 4 \times 4 = -8\text{kN}$$

BC 和 CD 段均为无荷载区段，剪力图均为水平线，其控制截面剪力为

$$V_{B右} = -\frac{1}{2}ql + R_B = -8 + 20 = 12\text{kN}$$

$$V_D = -R_D = -8\text{kN}$$

画出剪力图，如图 2-23 (b) 所示。

（4）计算控制截面弯矩，画弯矩图。

AB 段梁上有均布荷载，该段梁的弯矩图为二次抛物线。因 q 向下（$q < 0$），所以曲线凸向下，其控制截面弯矩为

$$M_A = 0$$

$$M_B = -\frac{1}{2}ql \cdot \frac{l}{4} = -\frac{1}{8} \times 4 \times 4^2 = -8\text{kN} \cdot \text{m}$$

BC 段与 CD 段均为无荷载区段，弯矩图均为斜直线，其控制截面弯矩为

$$M_B = -8\text{kN} \cdot \text{m}$$

41

$$M_C = R_D \cdot \frac{l}{2} = 8 \times 2 = 16 \text{kN} \cdot \text{m}$$

$$M_D = 0$$

画出弯矩图，如图 2-23（c）所示。

从以上看到，对本题来说，只需算出 $V_{B左}$、$V_{B右}$、$V_{D左}$ 和 M_B、M_C，就可画出梁的剪力图和弯矩图。

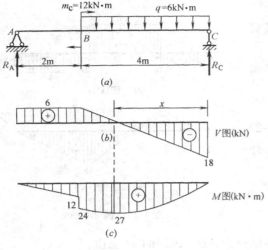

图 2-24　例 2-9 图

【例 2-9】　一简支梁，尺寸及梁上荷载如图 2-24（a）所示，利用微分关系绘出此梁的剪力图和弯矩图。

【解】　（1）求支座反力。

$$R_A = 6 \text{kN}（\uparrow）\quad R_C = 18 \text{kN}（\uparrow）$$

（2）根据梁上的荷载情况，将梁分为 AB 和 BC 两段，逐段画出内力图。

（3）计算控制截面剪力，画剪力图。

AB 段为无荷载区段，剪力图为水平线，其控制截面剪力为

$$V_A = R_A = 6 \text{kN}$$

BC 为均布荷载段，剪力图为斜直线，其控制截面剪力为

$$V_B = R_A = 6 \text{kN}$$

$$V_C = -R_C = -18 \text{kN}$$

画出剪力图，如图 2-24（b）所示。

（4）计算控制截面弯矩，画弯矩图。

AB 段为无荷载区段，弯矩图为斜直线，其控制截面弯矩为

$$M_A = 0$$

$$M_{B左} = R_A \times 2 = 12 \text{kN} \cdot \text{m}$$

BC 段为均布荷载梁段，由于 q 向下，弯矩图为凸向下的二次抛物线，其控制截面弯矩为

$$M_{B右} = R_A \times 2 + M_e = 6 \times 2 + 12 = 24 \text{kN} \cdot \text{m}$$

$$M_C = 0$$

从剪力图可知，此段弯矩图中存在着极值，应该求出极值所在的截面位置及其大小。

设弯矩具有极值的截面距右端的距离为 x，由该截面上剪力等于零的条件可求得 x 值，即

$$V(x) = -R_C + qx = 0$$

$$x = \frac{R_C}{q} = \frac{18}{6} = 3 \text{m}$$

弯矩的极值为

$$M_{\max} = R_C \cdot x - \frac{1}{2}qx^2 = 18 \times 3 - \frac{6 \times 3^2}{2} = 27 \text{kN} \cdot \text{m}$$

画出弯矩图，如图 2-24（c）所示。

对本题来说，反力 R_A、R_C 求出后，便可直接画出剪力图。而弯矩图，也只需确定 $M_{B左}$、$M_{B右}$ 及 $M_{\max}$ 值，便可画出。

在熟练掌握简便方法求内力的情况下，可以直接根据梁上的荷载及支座反力画出内力图。

4. 叠加法画弯矩图

（1）叠加原理：

由于在小变形条件下，梁的内力、支座反力、应力和变形等参数均与荷载呈线性关系，每一荷载单独作用时引起的某一参数不受其他荷载的影响。所以，梁在 n 个荷载共同作用时所引起的某一参数（内力、支座反力、应力和变形等），等于梁在各个荷载单独作用时所引起同一参数的代数和，这种关系称为叠加原理（图 2-25）。

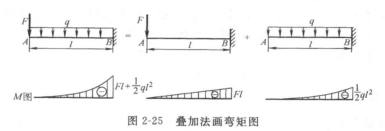

图 2-25　叠加法画弯矩图

（2）叠加法画矩图：

根据叠加原理来绘制梁的内力图的方法称为叠加法。由于剪力图一般比较简单，因此不用叠加法绘制。下面只讨论用叠加法作梁的弯矩图。其方法为，先分别作出梁在每一个荷载单独作用下的弯矩图，然后将各弯矩图中同一截面上的弯矩代数相加，即可得到梁在所有荷载共同作用下的弯矩图。

为了便于应用叠加法绘内力图，在表 2-1 中给出了梁在简单荷载作用下的剪力图和弯矩图，可供查用。

单跨梁在简单荷载作用下的弯矩图　　　　　　　　　　表 2-1

荷载形式	弯矩图	荷载形式	弯矩图	荷载形式	弯矩图
	Fl		$\dfrac{ql^2}{2}$		M_0
	$\dfrac{Fab}{l}$		$\dfrac{ql^2}{8}$		$\dfrac{b}{l}M_0$ / $\dfrac{b}{l}M_0$
	Fa		$\dfrac{1}{2}qa^2$		M_0

【例 2-10】 试用叠加法画出图 2-26（a）所示简支梁的弯矩图。

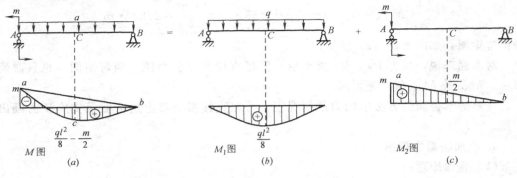

图 2-26 例 2-10 图

【解】 （1）先将梁上荷载分为集中力偶 m 和均布荷载 q 两组。

（2）分别画出 m 和 q 单独作用时的弯矩图 M_1 和 M_2（图 2-26b、c），然后将这两个弯矩图相叠加。叠加时，是将相应截面的纵坐标代数相加。叠加方法如图 2-26（a）所示。先作出直线形的弯矩图 M_1（即 ab 直线，可用虚线画出），再以 ab 为基准线作出曲线形的弯矩图 M_2。这样，将两个弯矩图相应纵坐标代数相加后，就得到 m 和 q 共同作用下的最后弯矩图 M（图 2-26a）。其控制截面为 A、B、C。即

A 截面弯矩为： $\qquad M_A = -m + 0 = -m,$

B 截面弯矩为： $\qquad M_B = 0 + 0 = 0$

跨中 C 截面弯矩为： $\qquad M_C = \dfrac{ql^2}{8} - \dfrac{m}{2}$

叠加时宜先画直线形的弯矩图，再叠加上曲线形或折线形的弯矩图。

由上例可知，用叠加法作弯矩图，一般不能直接求出最大弯矩的精确值，若需要确定最大弯矩的精确值，应找出剪力 $V = 0$ 的截面位置，求出该截面的弯矩，即得到最大弯矩的精确值。

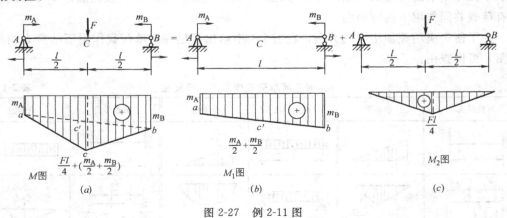

图 2-27 例 2-11 图

【例 2-11】 用叠加法画出图 2-27（a）所示简支梁的弯矩图。

【解】 （1）先将梁上荷载分为两组。其中，集中力偶 m_A 和 m_B 为一组，集中力 F 为一组。

（2）分别画出两组荷载单独作用下的弯矩图 M_1 和 M_2，如图 2-27（b）、（c）所示，然后将这两个弯矩图相叠加。叠加方法如图 2-27（a）所示。先作出直线形的弯矩图 M_1（即用虚线画出 ab 直线），再以 ab 为基准线作出折线形的弯矩图 M_2。这样，将两个弯矩图相应纵坐标代数相加后，就得到两组荷载共同作用下的最后弯矩图 M，如图 2-27（a）所示。其控制截面为 A、B、C。即

A 截面弯矩为：$\qquad\qquad M_A = m_A + 0 = m_A$

B 截面弯矩为：$\qquad\qquad M_B = m_B + 0 = m_B$

跨中 C 截面弯矩为：$\qquad\qquad M_C = \dfrac{m_A + m_B}{2} + \dfrac{Fl}{4}$

（3）用区段叠加法画弯矩图：

上面介绍了利用叠加法画全梁的弯矩图。现在进一步把叠加法推广到画某一段梁的弯矩图，这对画复杂荷载作用下梁、刚架的弯矩图是非常方便的。

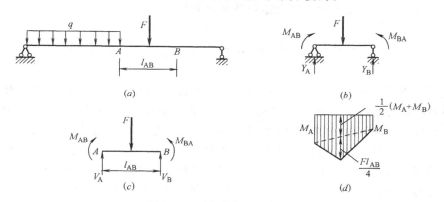

图 2-28　区段叠加法画弯矩图

图 2-28（a）为一梁承受荷载 F、q 作用，如果已求出该梁截面 A 的弯矩 M_A 和截面 B 的弯矩 M_B，则可取出 AB 段为脱离体，见图 2-28（b），然后根据脱离体的平衡条件分别求出截面 A、B 的剪力 V_A、V_B。将此脱离体与图 2-28（c）的简支梁相比较，由于简支梁受相同的集中力 F 及杆端力偶 M_A、M_B 作用，因此，由简支梁的平衡条件可求得支座反力 $Y_A = V_A$，$Y_B = V_B$。

可见图 2-28（b）与图 2-28（c）两者受力完全相同，因此两者弯矩也必然相同。对于图 2-28（c）所示简支梁，可以用上面讲的叠加法作出其弯矩图，如图 2-28（d）所示，因此，可知 AB 段的弯矩图也可用叠加法作出。由此得出结论：任意段梁都可以当作简支梁，并可以利用叠加法来作该段梁的弯矩图。这种利用叠加法作某一段梁弯矩图的方法称为"区段叠加法"。

【例 2-12】　试作出图 2-29（a）外伸梁的弯矩图。

【解】　（1）分段　将梁分为 AB、BD 两个区段。

（2）计算控制截面弯矩。

$$M_A = 0$$
$$M_B = -3 \times 2 \times 1 = -6 \text{kN} \cdot \text{m}$$
$$M_D = 0$$

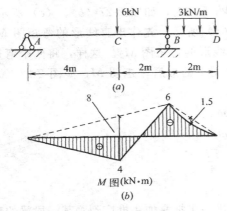

AB 区段 C 点处的弯矩叠加值为

$$\frac{Fab}{l} = \frac{6 \times 4 \times 2}{6} = 8\text{kN} \cdot \text{m}$$

$$M_C = \frac{Fab}{l} - \frac{2}{3}M_B = 8 - \frac{2}{3} \times 6 = 4\text{kN} \cdot \text{m}$$

BD 区段中点的弯矩叠加值为

$$\frac{ql^2}{8} = \frac{3 \times 2^2}{8} = 1.5\text{kN} \cdot \text{m}$$

（3）作 M 图，如图 2-29 (b) 所示。

由上例可以看出，用区段叠加法作外伸梁的弯矩图时，不需要求支座反力，就可以画出其弯矩图。所以，用区段叠加法作弯矩图是非常方便的。

图 2-29　例 2-12 图

第四节　静定平面刚架的内力及内力图

由直杆组成具有刚节点的静定平面结构称为静定平面刚架。刚架的内力一般有弯矩、剪力和轴力。其内力的计算方法与梁完全相同。内力图的画法与梁基本相同。所不同的是：刚架的弯矩图必须画在构件轴线的受拉一侧，可不注明正、负号；剪力图和轴力图可画在构件轴线的任意一侧，但必须注明正、负号。刚架的内力一般均用双右下脚标表示，第一个角标表示内力所属截面，第二个角标表示该截面所属构件的另外一端。

【例 2-13】　图 2-30 所示，试作图 2-30 (a) 所示简支刚架的内力图。

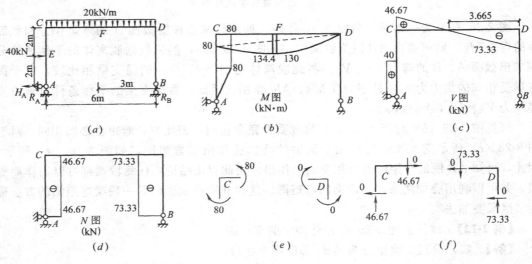

图 2-30　例 2-13 图

【解】　（1）求支座反力。

取整个刚架为研究对象，由平衡条件

$$\sum X = 0 \qquad 40 - H_A = 0$$

$$\sum M_A = 0 \qquad R_B \cdot 6 - 20 \times 6 \times 3 - 40 \times 2 = 0$$
$$\sum M_B = 0 \qquad -R_A \cdot 6 + 20 \times 6 \times 3 - 40 \times 2 = 0$$

得

$$H_A = 40\text{kN} \ (\rightarrow), \ R_A = 46.67\text{kN} \ (\uparrow), \ R_B = 73.33\text{kN} \ (\uparrow)$$

（2）计算控制截面弯矩，画弯矩图。

各控制截面的弯矩计算如下：

$$M_{AE} = 0$$
$$M_{EA} = 40 \times 2 = 80\text{kN} \cdot \text{m}$$
$$M_{CE} = 40 \times 4 - 40 \times 2 = 80\text{kN} \cdot \text{m}$$
$$M_{CD} = 40 \times 4 - 40 \times 2 = 80\text{kN} \cdot \text{m}$$
$$M_{DC} = 0$$
$$M_{DB} = M_{BD} = 0$$

求 CD 段弯矩中点 E 的弯矩

$$M_{FD} = \frac{80}{2} + \frac{20 \times 6^2}{8} = 130\text{kN} \cdot \text{m}$$

求 CD 段弯矩的极值，令

$$V(x) = 20x - 73.33 = 0$$
$$x = 3.665\text{m}$$
$$M_{max} = 733.3 \times 3.665 - \frac{20 \times 3.665^2}{2} = 134.4\text{kN} \cdot \text{m}$$

画出刚架的弯矩图，如图 2-30（b）所示。

（3）计算控制截面剪力，画剪力图。

各控制截面的剪力计算如下：

$$V_{AE} = 40\text{kN}$$
$$V_{EC} = 40 - 40 = 0$$
$$V_{CD} = 46.67\text{kN}$$
$$V_{DC} = -73.33\text{kN}$$
$$V_{DB} = V_{BD} = 0$$

画出刚架的剪力图，如图 2-30（c）所示。

（4）计算控制截面轴力，画轴力图。

各控制截面的轴力计算如下：

$$N_{AC} = N_{CA} = -46.67\text{kN}$$
$$N_{CD} = N_{DC} = 0$$
$$N_{DB} = N_{BD} = -73.33\text{kN}$$

画出刚架的轴力图，如图 2-30（d）所示。

（5）校核。

分别取节点 C、D 为研究对象，画出受力图如图 2-30（e）（f）、所示，均满足平衡条件。

思 考 题

1. 试述轴向拉压构件的受力及变形特点。
2. 什么是梁的平面弯曲？
3. 梁的剪力和弯矩的正负号是如何规定的？
4. 如何利用简便方法计算梁指定截面上的内力？
5. 弯矩、剪力与荷载集度间的微分关系的意义是什么？
6. 画梁的内力图时，可利用哪些规律和特点？
7. 用叠加法和区段加法绘制弯矩图的步骤是什么？
8. 如何确定弯矩的极值？弯矩图上的极值是否就是梁内的最大弯矩？

习 题

2-1 试画出图 2-31 所示各杆的轴力图

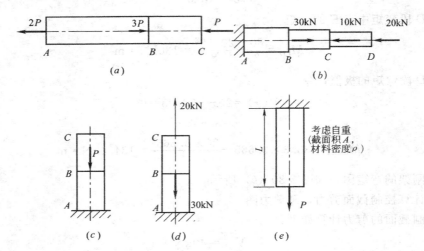

图 2-31 习题 2-1 图

2-2 如图 2-32 所示，试用截面法求下列梁中 n-n 截面上的剪力和弯矩。

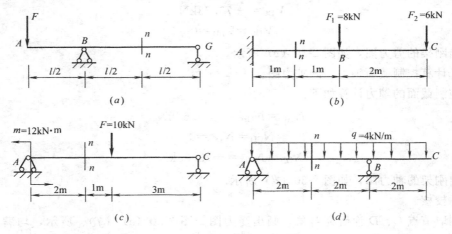

图 2-32 习题 2-2 图

2-3 试用简便方法求图 2-33 所示各梁指定截面上的剪力和弯矩。

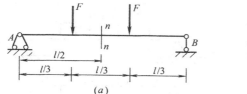 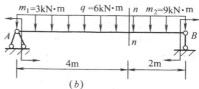

图 2-33 习题 2-3 图

2-4 列出图 2-34 中各梁的剪力方程和弯矩方程，画出剪力图和弯矩图。

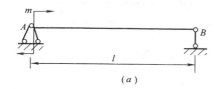 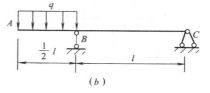

图 2-34 习题 2-4 图

2-5 利用微分关系绘出图 2-35 中各梁的剪力图和弯矩图。

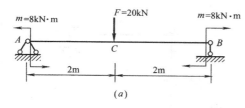 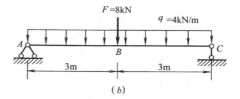

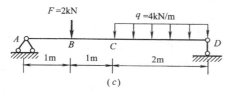 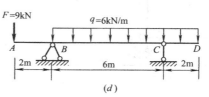

图 2-35 习题 2-5 图

2-6 试用叠加法作图 2-36 中各梁的弯矩图。

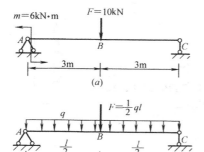 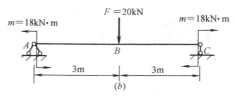

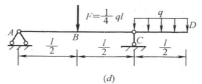

图 2-36 习题 2-6 图

2-7 试用区段叠加法作图 2-37 中各梁的弯矩图。

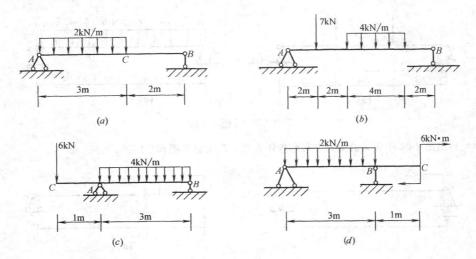

图 2-37 习题 2-7 图

2-8 试作图 2-38 所示刚架的内力图。

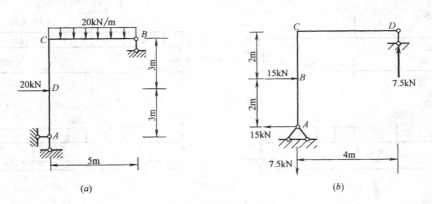

图 2-38 习题 2-8 图

2-9 试作图 2-39 所示刚架的弯矩图。

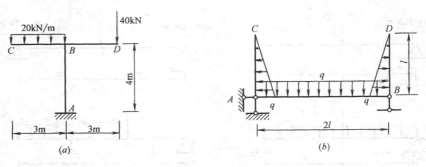

图 2-39 习题 2-9 图

第三章 构件应力分析

第一节 截面的几何性质

一、重心和形心

在工程中，经常要用到与截面有关的一些几何量，如形心、静矩、惯性矩、抗弯截面系数等几何量。这些与平面图形形状及尺寸有关的几何量统称为截面的几何性质。另外，物体重心位置和形心位置的确定在工程中有着重要意义。例如，挡土墙或起重机等重心的位置若超过某一范围，受荷载后就不能保证挡土墙或起重机的平衡。又如混凝土振捣器、振动打桩机等，其转动部分的重心又必须偏离转轴才能发挥预期的作用。

本节将重点介绍物体的重心、形心及截面几何性质的概念和计算方法。

1. 重心的概念

地球上的任何物体都受到地球引力的作用，这个力称为物体的重力。可将物体看作是由许多微小部分组成的，每一微小部分都受到地球引力的作用，这些引力汇交于地球中心。但是，由于一般物体的尺寸远比地球半径小得多，因此，这些引力近似地看成是空间平行力系。这些平行力系的合力就是物体的重力。由实验可知，不论物体在空间的方位如何，物体重力的作用线始终是通过一个确定的点，这个点就是物体重力的作用点，称为物体的重心。

2. 物体重心的坐标公式

（1）一般物体重心的坐标公式。

如图 3-1 所示，为确定物体重心的位置，将它分割成 n 个微小块，各微小块重力分别为 G_1、G_2、……G_n，其作用点的坐标分别为 $(x_1、y_1、z_1)$、 $(x_2、y_2、z_2)$ … $(x_n、y_n、z_n)$，各微小块所受重力的合力 W 即为整个物体所受的重力 $G = \sum G_i$，其作用点的坐标为 $C(x_c、y_c、z_c)$。对 y 轴应用合力矩定理，有

$$G \cdot x_c = \sum G_i x_i$$

得

$$x_c = \frac{\sum G_i x_i}{G}$$

同理，对 x 轴取矩可得

$$y_c = \frac{\sum G_i y_i}{G}$$

将物体连同坐标转 $90°$ 而使坐标面 oxz 成为水平面，再对 x 轴应用合力矩定理，可得

$$z_c = \frac{\sum G_i z_i}{G}$$

因此，一般物体的重心坐标的公式为

$$x_c = \frac{\sum G_i x_i}{G}, y_c = \frac{\sum G_i y_i}{G}, z_c = \frac{\sum G_i z_i}{G} \tag{3-1}$$

（2）均质物体重心的坐标公式。

对均质物体用 γ 表示单位体积的重力，体积为 V，则 $G = V\gamma$，微小体积为 V_i，微小体积重力 $G_i = V_i \cdot \gamma$，代入式（3-1），得均质物体的重心坐标公式为

$$x_c = \frac{\sum V_i x_i}{V}, y_c = \frac{\sum V_i y_i}{V}, z_c = \frac{\sum V_i z_i}{V} \tag{3-2}$$

由上式可知，均质物体的重心与重力无关，所以，均质物体的重心就是其几何中心，称为形心。对均质物体来说重心和形心是重合的。

（3）均质薄板的重心（形心）坐标公式（平面图形的形心坐标公式）。

对于均质等厚的薄平板，如图 3-2 所示取对称面为坐标面 oyz，用 δ 表示其厚度，A_i 表示微体积的面积，将微体积 $V_i = \delta \cdot A_i$ 及 $V = \delta \cdot A$ 代入式（3-2），得重心（形心）坐标公式为

$$y_c = \frac{\sum A_i y_i}{A}, z_c = \frac{\sum A_i z_i}{A} \tag{3-3}$$

因为每一微小部分的 x_i 为零，所以 $x_c = 0$。

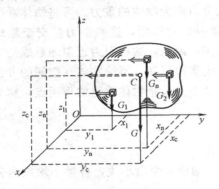

图 3-1　一般物体的重心

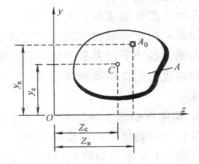

图 3-2　均质薄板的重心

由于均质薄板的重心坐标只与板的平面形状有关，而与板的厚度无关，故式（3-3）也是平面图形形心的坐标公式。

3. 平面图形的形心计算

求简单图形的形心坐标可利用对称法，如图 3-3 所示。求组合平面图形的形心坐标，可先将其分割为若干个简单图形，然后可按式（3-3）求得，这时公式中的 A_i 为所分割的

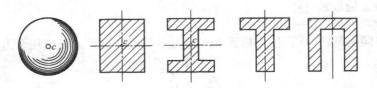

图 3-3　简单图形的形心

简单图形的面积，而 z_i、y_i 为其相应的形心坐标，这种方法称为分割法。另外，有些组合图形，可以看成是从某个简单图形中挖去一个或几个简单图形而成，如果将挖去的面积用负面积表示，则仍可应用分割法求其形心坐标，这种方法又称为负面积法。

【例3-1】 试求图3-4所示T形截面的形心坐标。

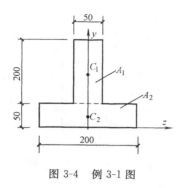

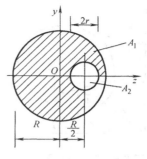

图3-4　例3-1图　　　　　　　　　图3-5　例3-2图

【解】 将平面图形分割为两个矩形，如图3-4所示，每个矩形的面积及形心坐标为

$$A_1 = 200 \times 50 \quad z_1 = 0 \quad y_1 = 150$$

$$A_2 = 200 \times 50 \quad z_2 = 0 \quad y_2 = 25$$

由式（3-3）可求得T形截面的形心坐标为

$$y_c = \frac{\sum A_i y_i}{A} = \frac{A_1 y_1 + A_2 y_2}{A_1 + A_2} = \frac{200 \times 50 \times 150 + 200 \times 50 \times 25}{200 \times 50 + 200 \times 50} = 85\text{mm}$$

$$z_c = 0$$

【例3-2】 试求图3-5所示阴影部分平面图形的形心坐标。

【解】 将平面图形分割为两个圆，如图3-5所示，每个圆的面积及形心坐标为

$$A_1 = \pi \cdot R^2 \quad z_1 = 0 \quad y_1 = 0$$

$$A_2 = -\pi \cdot r^2 \quad z_2 = R/2 \quad y_2 = 0$$

由式（3-3）可求得阴影部分平面图形的形心坐标为

$$y_c = 0$$

$$z_c = \frac{\sum A_i z_i}{A} = \frac{A_1 z_1 + A_2 z_2}{A_1 + A_2} = \frac{\pi \cdot R^2 \cdot 0 - \pi \cdot r^2 \cdot \frac{R}{2}}{\pi \cdot R^2 - \pi \cdot r^2} = \frac{-r^2 R}{2(R^2 - r^2)}$$

二、静矩

1. 静矩定义

图3-6所示，任意平面图形上所有微面积 dA 与其到 z 轴（或 y 轴）距离乘积的总和，称为该平面图形对 z 轴（或 y 轴）的静矩，用 S_z（或 S_y）表示，即

$$S_z = \int_A y\mathrm{d}A \Bigg\}$$
$$S_y = \int_A z\mathrm{d}A \Bigg\}$$
(3-4)

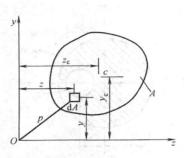

图 3-6　任意平面图形的静矩

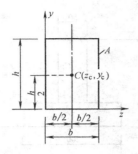

图 3-7　简单图形的静矩

上式可知，静矩为代数量，它可为正，可为负，也可为零。常用单位为"m³"或"mm³"。

2. 简单图形的静矩

图 3-7 所示简单平面图形的面积 A 与其形心坐标 y_c（或 z_c）的乘积，称为简单图形对 z 轴或 y 轴的静矩，即

$$S_z = A \cdot y_c \Bigg\}$$
$$S_y = A \cdot z_c \Bigg\}$$
(3-5)

当坐标轴通过截面图形的形心时，其静矩为零；反之，截面图形对某轴的静矩为零，则该轴一定通过截面图形的形心。

3. 组合截面静矩与形心的计算

$$S_z = \sum A_i \cdot y_{ci} \Bigg\}$$
$$S_y = \sum A_i \cdot z_{ci} \Bigg\}$$
(3-6)

式中 A_i 为各简单图形的面积，y_{ci}、z_{ci} 为各简单图形的形心坐标。式（3-6）表明：组合图形对某轴的静矩等于各简单图形对同一轴静矩的代数和。

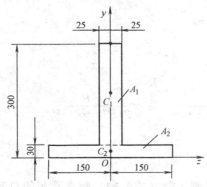

图 3-8　例 3-3 图

【例 3-3】　计算图 3-8 所示 T 形截面对 z 轴的静矩。

【解】　将 T 形截面分为两个矩形，其面积分别为

$$A_1 = 50 \times 270 = 13.5 \times 10^3 \, \text{mm}^3$$

$$A_2 = 300 \times 30 = 90 \times 10^3 \, \text{mm}^3$$

$$y_{c1} = 165 \text{mm}, \quad y_{c2} = 15 \text{mm}$$

截面对 z 轴的静矩

$$S_z = \sum A_i \cdot y_{ci} = A_1 y_{c1} + A_2 \cdot y_{c2}$$
$$= 13.5 \times 10^3 \times 165 + 90 \times 10^3 \times 15$$
$$= 2.36 \times 10^6 \, mm^3$$

三、惯性矩、惯性积

1. 惯性矩、惯性积的定义

（1）惯性矩。

如图 3-9 所示，任意平面图形上所有微面积 dA 与其到 z 轴（或 y 轴）距离平方乘积的总和，称为该平面图形对 z 轴（或 y 轴）的惯性矩，用 I_z（或 I_y）表示，即

$$\left. \begin{array}{l} I_z = \int_A y^2 \, dA \\ I_y = \int_A z^2 \, dA \end{array} \right\} \tag{3-7}$$

上式表明，惯性矩恒大于零。常用单位为 m^4 或 mm^4。

（2）惯性积。

如图 3-9 所示，任意平面图形上所有微面积 dA 与其到 z、y 两轴距离的乘积的总和，称为该平面图形对 z、y 两轴的惯性积，用 I_{zy} 表示，即

$$I_{zy} = \int_A zy dA \tag{3-8}$$

惯性积可为正，可为负，也可为零。常用单位为 m^4 或 mm^4。可以证明，在两正交坐标轴中，只要 z、y 轴之一为平面图形的对称轴，则平面图形对 z、y 轴的惯性积就一定等于零。

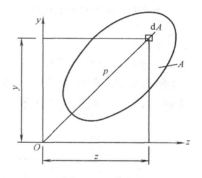

图 3-9　任意平面图形的惯性矩和惯性积

（3）简单图形的惯性矩（图 3-10）。

简单图形对形心轴的惯性矩（由式 3-7 积分可得）

矩形

$$I_z = \frac{bh^3}{12}, \quad I_y = \frac{hb^3}{12}$$

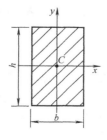
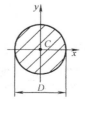
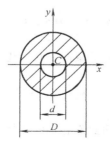

图 3-10　简单图形的惯性矩

圆形
$$I_z = I_y = \frac{\pi D^4}{64}$$

环形
$$I_z = I_y = \frac{\pi(D^4 - d^4)}{64}$$

型钢的惯性矩可直接由附录一型钢表查得。

四、惯性矩的平行移轴公式及组合截面惯性矩的计算

1. 惯性矩的平行移轴公式

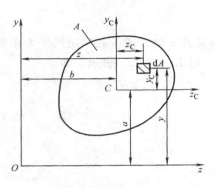

图 3-11　平行移轴示意图

同一平面图形对不同坐标轴的惯性矩是不相同的，但它们之间存在着一定的关系。现给出图 3-11 所示平面图形对两根相平行的坐标轴的惯性矩之间的关系。

$$\left. \begin{array}{l} I_z = I_{zc} + a^2 A \\ I_y = I_{yc} + b^2 A \end{array} \right\} \tag{3-9}$$

式（3-9）称为惯性矩的平行移轴公式。它表明平面图形对任一轴的惯性矩，等于平面图形对与该轴平行的形心轴的惯性矩再加上其面积与两轴间距离平方的乘积。在所有平行轴中，平面图形对形心轴的惯性矩为最小。

2. 组合截面惯性矩的计算

组合图形对某轴的惯性矩，等于组成组合图形的各简单图形对同一轴的惯性矩之和。

【例 3-4】　计算图 3-12 所示 T 形截面对形心 z 轴的惯性矩 I_{zc}。

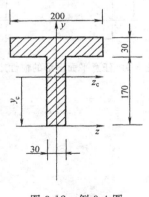

图 3-12　例 3-4 图

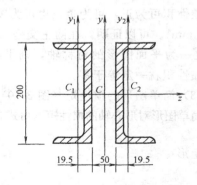

图 3-13　例 3-5 图

【解】　（1）求截面相对底边的形心坐标。

$$y_c = \frac{\sum A_i y_{ci}}{\sum A_i} = \frac{30 \times 170 \times 85 + 200 \times 30 \times 185}{30 \times 170 + 200 \times 30} = 139\text{mm}$$

（2）求截面对形心轴的惯性矩。

$$I_{zc} = \sum(I_{zi} + a_i^2 A_i)$$

$$= \frac{30 \times 170^3}{12} + 30 \times 170 \times 54^2 + \frac{200 \times 30^3}{12} + 200 \times 30 \times 46^2$$

$$= 40.3 \times 10^6 \text{mm}^4$$

【例 3-5】 试计算图 3-13 所示由两根 I 20 槽钢组成的截面对形心轴 z、y 的惯性矩。

【解】 组合截面有两根对称轴，形心 C 就在这两对称轴的交点。由附录一型钢表查得每根槽钢的形心 C_1 或 C_2 到腹板边缘的距离为 19.5mm，每根槽钢截面积为

$$A_1 = A_2 = 3.283 \times 10^3 \text{mm}^2$$

每根槽钢对本身形心轴的惯性矩为

$$I_{1z} = I_{2z} = 19.137 \times 10^6 \text{mm}^4$$

$$I_{1y_1} = I_{2y_2} = 1.436 \times 10^6 \text{mm}^4$$

整个截面对形心轴的惯性矩应等于两根槽钢对形心轴的惯性轴之和，故得

$$I_x = I_{1z} + I_{2z} = 19.137 \times 10^6 + 19.137 \times 10^6 = 38.3 \times 10^6 \text{mm}^4$$

$$I_y = I_{1y} + I_{2y} = 2I_{1y} = 2(I_{1y_1} + a^2 \cdot A_1)$$

$$= 2 \times \left[1.436 \times 10^6 + \left(19.5 + \frac{50}{2} \right)^2 \times 3.283 \times 10^3 \right]$$

$$= 15.87 \times 10^6 \text{mm}^4$$

五、形心主惯性轴和形心主惯性矩的概念

若截面对某坐标轴的惯性积 $I_{z_0 y_0} = 0$，则这对坐标轴 z_0、y_0 称为截面的主惯性轴，简称主轴。截面对主轴的惯性矩称为主惯性矩，简称主惯矩。通过形心的主惯性轴称为形心主惯性轴，简称形心主轴。截面对形心主轴的惯性矩称为形心主惯性矩，简称为形心主惯矩。

凡通过截面形心，且包含有一根对称轴的一对相对垂直的坐标轴一定是形心主轴。

第二节 应力与应变的概念

一、应力

由于构件是由均匀连续材料制成，所以内力连续分布在整个截面上。由截面法求得的内力是截面上分布内力的合内力。只知道合内力，还不能判断构件是否会因强度不足而破坏。如图 3-14 所示两根材料相同而截面不同的受拉杆，在相同的拉力 F 作用下，两杆横截面上的内力相同，但两杆的危险程度不同，显然细杆比粗杆危险，容易被拉断，因为细杆的内力分布密集程度比粗杆的大。因此，为了解决强度问题，还必须知道内力在横截面上分布的密集程度（简称集度）。

我们将内力在一点处的分布集度，称为

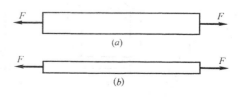

图 3-14　两根截面不同的杆

应力。

为了分析图 3-15（a）所示截面上任意一点 E 处的应力，围绕 E 点取一微小面积 ΔA，作用在微小面积 ΔA 上的合内力记为 ΔP，则比值

$$p_m = \frac{\Delta P}{\Delta A}$$

称为 ΔA 上的平均应力。平均应力 p_m 不能精确地表示 E 点处的内力分布集度。当 ΔA 无限趋近于零时，平均应力 p_m 的极限值 p 才能表示 E 点处的内力集度，即

$$p = \lim_{\Delta A \to 0} \frac{\Delta P}{\Delta A} = \frac{dP}{dA}$$

上式中 p 称为 E 点处的应力。

一般情况下，应力 p 的方向与截面既不垂直也不相切。通常将应力 p 分解为与截面垂直的法向分量 σ 和与截面相切的切向分量 τ（图3-15b）。垂直于截面的应力分量 σ 称为正应力或法向应力；相切于截面的应力分量 τ 称为剪应力。

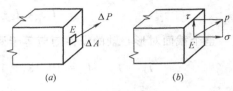

图 3-15　应力示意图

应力的单位为 Pa，常用单位是 MPa 或 GPa。

$$1Pa = 1N/m^2$$
$$1kPa = 10^3\,Pa$$
$$1MPa = 10^6\,Pa = 1N/mm^2$$
$$1GPa = 10^9\,Pa$$

工程图纸上，常以 mm 作为长度单位，则

$$1N/mm^2 = 10^6\,N/m^2 = 10^6\,Pa = 1MPa$$

二、应变

构件受外力作用后，其几何形状和尺寸一般都要发生改变，这种改变量称为变形。变形的大小是用位移和应变这两个量来度量。

位移是指位置改变量的大小，分为线位移和角位移。应变是指变形程度的大小，分为线应变和切应变或角应变。

图 3-16（a）所示微小正六面体，棱边边长的改变量 Δu 称为线变形（图 3-16b），Δu 与 Δx 的比值 ε 称为线应变。线应变是无量纲的。

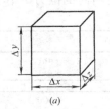
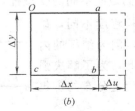
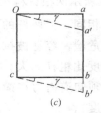

图 3-16　线应变和角应变

$$\varepsilon = \frac{\Delta u}{\Delta x}$$

上述微小正六面体的各边缩小为无穷小时，通常称为单元体。单元体中相互垂直棱边夹角的改变量 γ（图 3-16c），称为剪应变或角应变。角应变用弧度来度量，它也是无量纲的。

第三节 轴心拉（压）构件的应力与应变

上一章讨论的是构件横截面上的内力，这并未涉及横截面的形状和尺寸，只根据内力并不能判断构件是否具有足够的承载能力。例如用同一材料制成粗细不同的两根杆，在相同的拉力下，两杆的轴力自然是相同的。但当拉力逐渐增大时，细杆必定先被拉断。这说明拉杆的强度不仅与轴力的大小有关，而且与横截面面积有关。所以必须用横截面上的应力来度量构件的承载能力。

一、横截面上的正应力

在拉（压）杆的横截面上，与轴力 N 对应的应力是正应力 σ。我们研究的材料是连续的，横截面上到处都存在着内力。因为还不知道 σ 在横截面上的分布规律，这就必须从研究构件的变形入手，以确定应力的分布规律。

拉伸变形前，在等直杆的侧面上画垂直于杆轴的直线 ab 和 cd，如图 3-17 所示。拉伸变形后，发现 ab 和 cd 仍为直线，且仍然垂直轴线，只是分别平行地移至 $a'b'$ 和 $c'd'$。根据这一现象，提出如下的假设：变形前原为平面的横截面，变形后仍保持为平面。这就是平面假设，由这一假设可以推断，拉杆所有纵向纤维的伸长相等。又因我们研究的材料是均匀的，各纵向纤维的性质相同，因

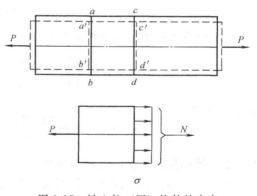

图 3-17　轴心拉（压）构件的应力

而其受力也就一样。所以构件横截面上的内力是均匀分布的，即在横截面上各点处的正应力都相等，σ 等于常量。于是得出

$$\sigma = \frac{N}{A} \tag{3-10}$$

上式是拉杆横截面上的正应力 σ 计算公式。当轴力为压力时，它同样可用于压应力计算。和轴力 N 的符号规定一样，规定拉应力为正，压应力为负。

使用公式 $\sigma = \frac{N}{A}$ 时，要求外力的合力作用线必须与构件轴线重合。此外，因为集中力作用点附近应力分布比较复杂，所以它不适用于集中力作用点附近的区域。

【例 3-6】 图 3-18（a）所示三角支架，AB 杆为 $d = 16$mm 圆截面杆，BC 杆为 $a = 100$mm 的正方形截面杆，$P = 12$kN，试计算各杆横截面上的正应力。

【解】 （1）计算各杆的轴力。

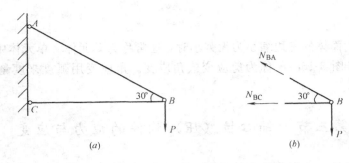

图 3-18 例 3-6 图

取节点 B 为研究对象，其受力图如图 3-18 (b) 所示。假设各杆的轴力为拉力，由平衡条件

$$\sum X = 0 \quad -N_{AB}\cos 30° - N_{BC} = 0$$

$$\sum Y = 0 \quad N_{AB}\sin 30° - P = 0$$

得

$$N_{AB} = \frac{P}{\sin 30°} = 2P = 24\text{kN}$$

$$N_{BC} = -N_{AB}\cos 30° = -20.785\text{kN}$$

（2）计算各杆横截面上的正应力。

$$\sigma_{AB} = \frac{N_{AB}}{A_{AB}} = \frac{24 \times 10^3}{\frac{\pi}{4}(16)^2} = 119.4\text{MPa（拉应力）}$$

$$\sigma_{BC} = \frac{N_{BC}}{A_{BC}} = \frac{-20.785 \times 10^3}{100^2} = -2.08\text{MPa（压应力）}$$

二、轴心拉压构件的变形与应变

直杆在轴心拉力作用下，将引起轴向尺寸的伸长和横向尺寸的缩小；反之，在轴心压力作用下，将引起轴向的缩短和横向的增大。

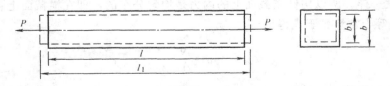

图 3-19 构件的变形

1. 纵向变形及纵向线应变

如图 3-19 所示，设等直构件的原长为 l，横截面面积为 A。在轴心拉力 P 作用下，构件长度由原长 l 变为 l_1。构件在轴线方向的伸长为

$$\Delta l = l_1 - l$$

将 Δl 除以 l 得构件轴线方向的线应变，也称为纵向线应变，即

$$\varepsilon = \frac{\Delta l}{l} \tag{3-11a}$$

规定：拉应变为正，压应变为负。还可把上式写成如下形式：

$$\Delta l = \varepsilon \cdot l \tag{3-11b}$$

若纵向线应变 ε 为已知，则可以由上式求得轴心拉压构件的纵向变形 Δl。轴心拉（压）构件的纵向变形 Δl 就是两横截面之间的相对位移。

2. 横向变形及横向线应变

若构件变形前的横向尺寸为 b，变形后为 b_1，如图 3-19 所示，则横向应变为

$$\varepsilon' = \frac{\Delta b}{b} = \frac{b_1 - b}{b} \tag{3-12}$$

3. 横向变形系数或泊松比

试验结果表明：当应力不超过比例极限时，横向应变 ε' 与轴向应变 ε 之比的绝对值是一个常数。即

$$\mu = \left| \frac{\varepsilon'}{\varepsilon} \right| \tag{3-13}$$

μ 称为横向变形系数或泊松比，μ 是无量纲的量。

因为当构件轴向伸长时，则横向缩小；而轴向缩短时，则横向增大。所以 ε' 和 ε 的符号是相反的。这样，ε' 和 ε 的关系可以写成

$$\varepsilon' = -\mu \cdot \varepsilon \tag{3-14}$$

泊松比是材料固有的弹性常数，其值随材料而异。一般钢材的 μ 值约在 0.25～0.33 之间。

第四节　受弯构件的应力

受平面弯曲的构件主要是梁、板。一般情况下梁、板在平面弯曲时，其横截面上有剪力 V 和弯矩 M 两种内力存在，所以它们在横截面上会引起相应的剪应力 τ 和正应力 σ。下面着重给出受弯构件，即梁的正应力和剪应力计算公式。

一、梁横截面上的正应力

1. 正应力分布规律

为了解正应力在横截面上的分布情况，可先观察梁的变形，取一弹性较好的矩形截面梁，在其表面画上一系列与轴线平行的纵向线及与轴线垂直的横向线，构成许多均等的小矩形，然后在梁的两端施加一对力偶矩为 M 的外力偶，使梁发生纯弯曲变形，如图 3-20 所示，这时可观察到下列现象：

(1) 各横向线仍为直线，只倾斜了一个角度。

(2) 各纵向线弯成曲线，上部纵向线缩短，下部纵向线伸长。

根据上面所观察到的现象，推测梁的内部变形，可作出如下的假设和推断：

(1) 平面假设　各横向线代表横截面，变形前后都是直线，表明横截面变形后仍保持

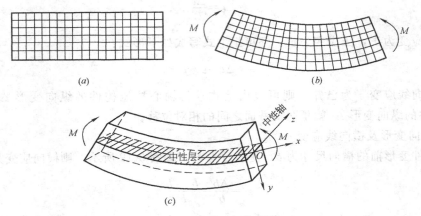

图 3-20 梁的纯弯曲变形

平面，且仍垂直于弯曲后的梁轴线。

（2）单向受力假设 将梁看成由无数纤维组成，各纤维只受到轴向拉伸或受压，不存在相互挤压。

从上部各层纤维缩短到下部各层纤维伸长的连续变化中，必有一层纤维既不缩短也不伸长，这层纤维称为中性层。中性层与横截面的交线称为中性轴，如图 3-20（c）。中性轴通过横截面形心，且与竖向对称轴 y 垂直，将梁横截面分为受压和受拉两个区域。由此可知，梁弯曲变形时，各截面绕中性轴转动，使梁内纵向纤维伸长或缩短，且同一层纤维的伸长或缩短相同，中性层上各纵向纤维变形为零。由于变形是连续的，各层纵向纤维的线应变沿截面高度应为线性变化规律，从而由虎克定律可推出，梁弯曲时横截面上的正应力沿截面高度呈线性分布规律变化，如图 3-21 所示。

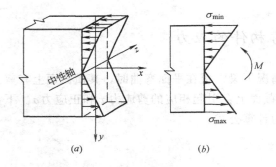

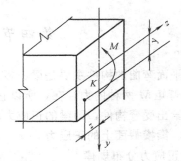

图 3-21 梁正应力分布规律图　　　　图 3-22 求横截面上任一点的正应力

2. 正应力计算公式

如图 3-22 所示，根据理论推导（推导从略），梁弯曲时横截面上任一点正应力的计算公式为

$$\sigma = \frac{M \cdot y}{I_z} \tag{3-15}$$

式中　M——横截面上的弯矩；

62

y——所计算应力点到中性轴的距离；

I_z——截面对中性轴的惯性矩。

由式（3-15）说明，梁弯曲时横截面上任一点的正应力 σ 与弯矩 M 和该点到中性轴距离 y 成正比，与截面对中性轴的惯性矩 I_z 成反比，正应力沿截面高度呈线性分布；中性轴上（$y=0$）各点处的正应力为零；在上、下边缘处（$y=y_{max}$）正应力的绝对值最大。用式（3-15）计算正应力时，M 和 y 均用绝对值代入。当截面上有正弯矩时，中性轴以下部分为拉应力，以上部分为压应力；当截面有负弯矩时，则相反。

【**例 3-7**】　长为 l 的矩形截面悬臂梁，在自由端处作用一集中力 F，如图 3-23 所示。已知 $F=3\text{kN}$，$h=180\text{mm}$，$b=120\text{mm}$，$y=60\text{mm}$，$l=3\text{m}$，$a=2\text{m}$，求 C 截面上 K 点的正应力。

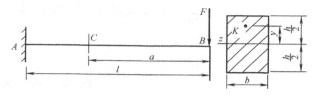

图 3-23　例 3-7 图

【**解**】　（1）计算 C 截面的弯矩。

$$M_C=-Fa=-3\times 2=-6\text{kN}\cdot\text{m}$$

（2）计算截面对中性轴的惯性矩

$$I_z=\frac{bh^3}{12}=\frac{120\times 180^3}{12}=58.32\times 10^6\text{mm}^4$$

（3）计算 C 截面上 K 点的正应力。

将 M_C、y（均取绝对值）及 I_z 代入正应力公式（3-15），得

$$\sigma_K=\frac{M_C y}{I_z}=\frac{6\times 10^6\times 60}{58.32\times 10^6}=6.17\text{MPa}$$

由于 C 截面的弯矩为负，K 点位于中性轴上方，所以 K 点的应力为拉应力。

3. 最大正应力

在强度计算时必须算出受弯构件的最大正应力。产生最大正应力的截面称为危险截面。对于等直杆，最大弯矩所在的截面就是危险截面。危险截面上的最大应力点称为危险点，它发生在距中性轴最远的边缘处。

对于中性轴是截面对称轴的梁，最大正应力的值为

$$\sigma_{max}=\frac{M_{max}\,y_{max}}{I_z}$$

令

$$W_z=\frac{I_z}{y_{max}}$$

则

$$\sigma_{max}=\frac{M_{max}}{W_z} \tag{3-16}$$

式中，W_z 称为抗弯截面系数（或模量），它是一个与截面形状和尺寸有关的几何量，其常用单位为 m^3 或 mm^3。对高为 h、宽为 b 的矩形截面，其抗弯截面系数为

$$W_z=\frac{I_z}{y_{max}}=\frac{bh^3/12}{h/2}=\frac{bh^2}{6}$$

对直径为 D 的圆形截面，其抗弯截面系数为

$$W_z = \frac{I_z}{y_{max}} = \frac{\pi D^4 / 64}{D/2} = \frac{\pi D^3}{32}$$

对工字钢、槽钢、角钢等型钢截面的抗弯截面系数 W_z 可从附录一型钢表中查得。

【例 3-8】 如图 3-24 所示，一悬臂梁长 $l = 1.5\text{m}$，自由端受集中力 $F = 32\text{kN}$ 作用，梁由 I22a 工字钢制成，自重按 $q = 0.33\text{kN/m}$ 计算，求梁的最大正应力。

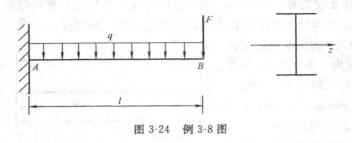

图 3-24　例 3-8 图

【解】 （1）画弯矩图，求最大弯矩的绝对值。

$$|M_{max}| = Fl + \frac{ql^2}{2} = 32 \times 1.5 + \frac{1}{2} \times 0.33 \times 1.5^2 = 48.4\text{kN} \cdot \text{m}$$

（2）查型钢表，I22a 工字钢的抗弯截面系数为：

$$W_z = 309\text{cm}^3$$

（3）求最大正应力

$$\sigma_{max} = \frac{M_{max}}{W_z} = \frac{48.4 \times 10^6}{309 \times 10^3} = 157\text{MPa}$$

二、梁的剪应力

1. 矩形截面梁的剪应力计算公式及剪应力分布规律

横截面上的剪应力是由该截面上的微剪力 $\tau\text{d}A$ 组成，对于高度 h 大于宽度 b 的矩形截面梁，其横截面上的剪力 V 沿 y 轴方向，如图 3-25（a）所示，现假设剪应力的分布规律如下：

（1）横截面上各点处的剪应力 τ 都与剪力 V 方向一致，如图 3-25（a）所示；

（2）横截面上距中性轴等距离各点处剪应力大小相等，即沿截面宽度为均匀分布，如图 3-25（b）所示。

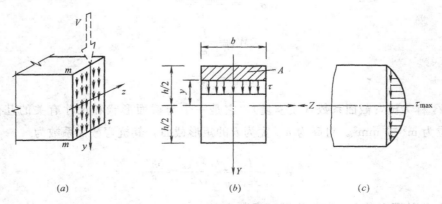

图 3-25　矩形截面梁剪应力分布规律图

根据以上假设，可以推导出矩形截面梁横截面上任意一点处剪应力的计算公式为

$$\tau = \frac{V S_z^*}{I_z b} \tag{3-17}$$

式中　V——横截面上的剪力；

I_z——整个截面对中性轴的惯性矩；

b——需求剪应力处的横截面宽度；

S_z^*——横截面上需求剪应力点处的水平线以上（或以下）部分的面积 A^* 对中性轴的静矩。

用上式计算时，V 与 S_z^* 均用绝对值代入即可。

剪应力沿截面高度的分布规律，可从式（3-17）得出。对于同一截面，V、I_z 及 b 都为常量。因此，截面上的剪应力 τ 是随静矩 S_z^* 的变化而变化的。

现求图 3-25（b）所示矩形截面上任意一点的剪应力，该点至中性轴的距离为 y，该点水平线以上横截面面积 A^* 对中性轴的静矩为

$$S_z^* = A^* y_0 = b \left(\frac{h}{2} - y \right) \left[y + \frac{1}{2} \left(\frac{h}{2} - y \right) \right] = \frac{bh^2}{8} \left(1 - \frac{4y^2}{h^2} \right)$$

又 $I_z = \dfrac{bh^2}{12}$，代入式（3-17）得

$$\tau = \frac{3V}{2bh} \left(1 - \frac{4y^2}{h^2} \right)$$

上式表明剪应力沿截面高度按二次抛物线规律分布，其分布图形如图 3-25（c）所示。在上、下边缘处 $\left(y = \pm \dfrac{h}{2} \right)$，剪应力为零；在中性轴上（$y=0$），剪应力最大，其值为

$$\tau_{\max} = \frac{3V}{2bh} = 1.5 \frac{V}{A} \tag{3-18}$$

式中，$\dfrac{V}{A}$ 是截面上的平均剪应力。由此可见，矩形截面梁横截面上的最大剪应力发生在中性轴上，其值是平均剪应力的 1.5 倍。

2. 工字形截面梁的剪应力

工字形截面梁由腹板和翼缘组成，如图 3-26（a）所示。腹板是一个狭长的矩形，所以它的剪应力可按矩形截面的剪应力公式计算，即

$$\tau = \frac{V S_z^*}{I_z d} \tag{3-19}$$

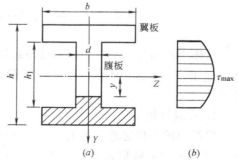

图 3-26　工字形截面梁腹板上的剪应力

式中　d——腹板的宽度；

S_z^*——横截面上所求剪应力处的水平线以下（或以上）至边缘部分面积 A^* 对中性轴的静矩。

由式（3-19）可求得剪应力 τ 沿腹板高度按抛物线规律变化，如图 3-26（b）所示。最大剪应力发生在中性轴上，其值为

$$\tau_{max} = \frac{V_{max}S_{zmax}^{*}}{I_z d} = \frac{V_{max}}{(I_z/S_{zmax}^{*})d}$$

式中，S_{zmax}^{*} 为工字形截面中性轴以下（或以上）面积对中性轴的静矩。对于工字钢，I_z/S_{zmax}^{*} 可由型钢表中查得。

翼缘部分的剪应力很小，一般情况不必计算。

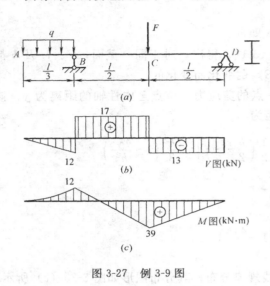

图 3-27 例 3-9 图

【例 3-9】 一外伸工字型钢梁，工字钢的型号为 I 22a，梁上荷载如图 3-27（a）所示。已知 $l=6m$，$F=30kN$，$q=6kN/m$，求梁的最大正应力和最大剪应力。

【解】 （1）绘剪力图、弯矩图，如图 3-27（b）、（c）所示，

$$M_{max} = 39kN \cdot m$$

$$V_{max} = 17kN \cdot m$$

（2）由型钢表查得有关数据。

$$d = 0.75cm$$

$$\frac{I_z}{S_{max}^{*}} = 18.9cm$$

$$W_z = 309cm^3$$

（3）求最大正应力和最大剪应力。

$$\sigma_{max} = \frac{M_{max}}{W_z} = \frac{39 \times 10^6}{309 \times 10^3} = 126MPa$$

$$\tau_{max} = \frac{V_{max}S_{max}^{*}}{I_z d} = \frac{17 \times 10^3}{18.9 \times 10 \times 7.5} = 12MPa$$

第五节　单向偏心受压、受拉构件的应力

当作用在构件上的外力作用线与杆轴线平行但不重合时，构件就受到偏心受压（或受拉）。如图 3-28（a）所示的柱子，当偏心力 P 通过截面一根形心主轴时，称为单向偏心受压。

1. 荷载简化

根据力的平移定理，将偏心力 P 向柱顶截面形心平移，得到一个通过柱轴线的轴心压力 P 和一个力偶矩为 $m = Pe$ 的力偶，如图 3-28（b）所示。由此可见，偏心受压（受拉）是轴向变形与平面弯曲变形的组合变形。

2. 内力计算

应用截面法可求得任意横截面 $m\text{-}n$ 上的内力。由图 3-28（b）可知，该构件任意横截

面上的内力相同。取截面 m-n 以上部分为研究对象，其受力如图 3-28 （c）所示，横截面上的内力有轴力 N 和弯矩 M，其值为

$$N=P \qquad M=P \cdot e$$

3. 应力计算

现求如图 3-29 所示横截面上任一点 K（坐标为 y、z）的正应力。K 点的应力是轴心受压的正应力 σ_N 与平面弯曲的正应力 σ_{Mz} 的叠加。

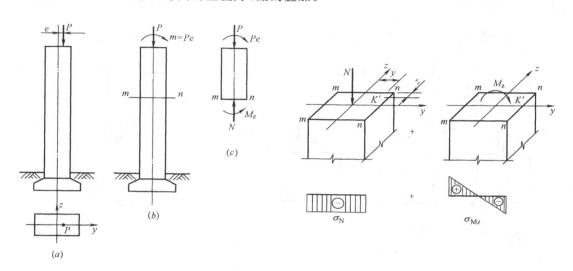

图 3-28　偏心受压构件及其内力　　　　图 3-29　偏心受压构件的应力

由轴力 N 引起 K 点的正应力为

$$\sigma = -\frac{P}{A}$$

由弯矩 M_z 引起 K 点的正应力为

$$\sigma = \pm\frac{M_z y}{I_z}$$

K 点的总应力为

$$\sigma = -\frac{P}{A} \pm \frac{M_z y}{I_z} \tag{3-20}$$

式（3-20）为单向偏心受压构件的正应力计算公式。计算时 P、M_z、y 都用绝对值代入，式中弯曲正应力的正负号可直观判断。当 K 点处于弯曲变形的受压区时取负号，当 K 点处于弯曲变形的受拉区时取正号。若构件受单向偏心受拉变形，则由轴力 N 引起 K 点的正应力取正号，其余与单向偏心受压完全相同。

最大或最小正应力发生在截面的边线 m-m 或 n-n 上，其值为

$$\frac{\sigma_{\max}}{\sigma_{\min}} = -\frac{N}{A} \pm \frac{M_z}{W_z} \tag{3-21}$$

4. 正应力分布图

矩形截面单向偏心受压柱如图 3-30 (a)、(b) 所示,其横截面上的正应力可能会出现如图 3-30 (c)、(d)、(e) 所示的三种情况。可见,当偏心矩 $e \leqslant \dfrac{h}{6}$ 时,截面全部受压,当偏心矩 $e > \dfrac{h}{6}$ 时,截面一部分受拉,而其余部分受压。

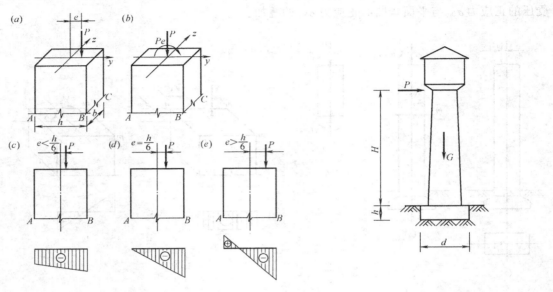

图 3-30　正应力分布的三种情况　　　　　　图 3-31　例 3-10 图

【**例 3-10**】　图 3-31 所示水塔盛满水时连同基础总重 $G = 5000\text{kN}$,在离地面 $H = 15\text{m}$ 处受水平风力的合力 $P = 60\text{kN}$ 作用。圆形基础的直径 $d = 16\text{m}$,埋置深度 $h = 3\text{m}$。试计算基础底面的最大压应力值。

【**解**】　(1) 内力计算。

水塔在荷载 G 和 P 的作用下,基础底面的轴力和最大弯矩值分别为

$$N = G = 5000\text{kN}$$

$$M_{z\max} = P(H + h) = 60(15 + 3) = 1080\text{kN} \cdot \text{m}$$

(2) 圆截面的面积和抗弯截面系数。

$$A = \frac{\pi d^2}{4} = \frac{\pi \times 6^2 \times 10^6}{4} = 28.27 \times 10^6 \text{mm}^2$$

$$W_z = \frac{\pi d^3}{32} = \frac{\pi \times 6^3 \times 10^9}{32} = 21.2 \times 10^9 \text{mm}^3$$

(3) 基础底面的最大压应力值为:

$$\sigma_{\max}^{-} = \left| -\frac{N}{A} - \frac{M_{z\max}}{W_z} \right| = \frac{5000 \times 10^3}{28.27 \times 10^6} + \frac{1080 \times 10^6}{21.2 \times 10^9}$$

$$= 0.177 + 0.227 = 0.4\text{MPa}$$

【例3-11】 砖墙和基础如图 3-32 所示。设在 1m 长的墙上有偏心力 $P=40\text{kN}$ 的作用，偏心距 $e=0.05\text{m}$，试画出其 1—1、2—2、3—3 截面上正应力分布图。

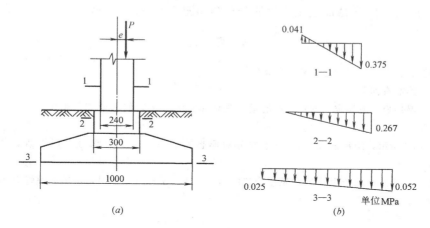

图 3-32　例 3-11 图

【解】 （1）内力计算。

砖墙和基础在偏心力 P 的作用下，产生的轴力和弯矩值分别为

$$N=P=40\text{kN}$$
$$M_z=Pe=40\times0.05=2\text{kN}\cdot\text{m}$$

（2）应力计算。

1—1 截面上的正应力

$$W_z=\frac{bh^2}{6}=\frac{1000\times240^2}{6}=9.6\times10^6\text{mm}^3$$

$$\frac{\sigma_{\max}}{\sigma_{\min}}=-\frac{N}{A}\pm\frac{M_z}{W_z}=-\frac{40\times10^3}{1000\times240}\pm\frac{2\times10^6}{9.6\times10^6}$$

$$=-0.167\pm0.208=\frac{0.041}{-0.375}\text{MPa}$$

2—2 截面上的正应力

$$W_z=\frac{bh^2}{6}=\frac{1000\times300^2}{6}=15\times10^6\text{mm}^3$$

$$\frac{\sigma_{\max}}{\sigma_{\min}}=-\frac{N}{A}\pm\frac{M_z}{W_z}=-\frac{40\times10^3}{1000\times300}\pm\frac{2\times10^6}{15\times10^6}$$

$$=-0.1333\pm0.1333=\frac{0}{-0.267}\text{MPa}$$

3—3 截面上的正应力

$$W_z=\frac{bh^2}{6}=\frac{1000\times1000^2}{6}=166.7\times10^6\text{mm}^3$$

$$\frac{\sigma_{\max}}{\sigma_{\min}}=-\frac{N}{A}\pm\frac{M_z}{W_z}=-\frac{40\times10^3}{1000\times1000}\pm\frac{2\times10^6}{166.7\times10^6}$$

$$= -0.04 \pm 0.012 = \genfrac{}{}{0pt}{}{-0.028}{-0.052} \text{MPa}$$

1—1、2—2、3—3 截面上正应力的分布图如图 3-32（b）所示。

思 考 题

1. 何谓重心、形心？它们之间有何关系？

2. 静矩和形心有何关系？

3. 静矩、惯性矩是怎样定义的？它们的量纲是什么？为什么它们的值有的恒为正，有的可正、可负、还可为零？

4. 如图 3-33 所示，矩形截面 m-m 以上部分对形心轴 z 和 m-m 以下部分对形心轴 z 的静矩有何关系？

5. 如图 3-34 所示，两个由 [20 槽钢组合成的两种截面，试比较它们对形心轴的惯性矩 I_z、I_y 的大小，并说明原因。

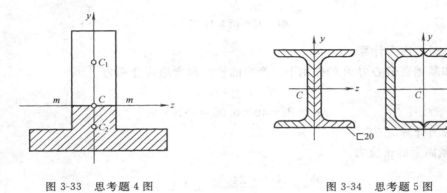

图 3-33 思考题 4 图   图 3-34 思考题 5 图

6. 轴向拉压杆横截面上的正应力如何分布？

7. 何谓梁的中性层？中性轴？

8. 梁弯曲时横截面上的正应力按什么规律分布？最大正应力和最小正应力发生在何处？

9. 梁中性轴处的剪应力值为最大还是最小？

习 题

3-1 试求图 3-35 所示平面图形的形心坐标及其对形心轴的惯性矩。

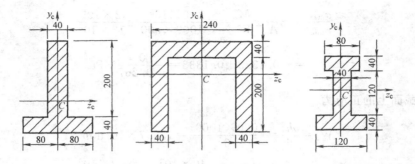

图 3-35 习题 3-1 图

3-2 如图 3-36 所示，要使两个 I 10 工字钢组成的组合截面对两个形心主轴的惯性矩相等，距离 a 应为多少？

3-3 直杆受力如图 3-37 所示。它们的横截面面积为 A 及 $A_1 = \dfrac{A}{2}$，弹性模量为 E，试求各段横截面上的应力 σ。

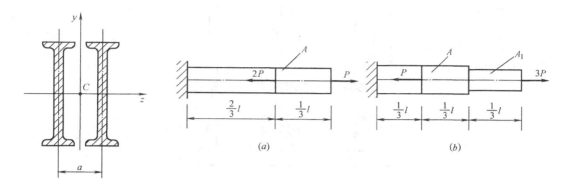

图 3-36 习题 3-2 图

图 3-37 习题 3-3 图

3-4 如图 3-38 所示，AB 杆为直径 50mm 的圆截面钢杆，BC 杆为边长 $a=100$mm 的方形截面木杆。已知节点 B 处挂一重物 $Q=36$kN，试求两杆横截面的正应力。

3-5 一工字形钢梁，在跨中作用集中力如图 3-39 所示。已知 $F=20$kN，$l=6$m，工字钢的型号为 I 20a，求梁的最大正应力和最大剪应力。

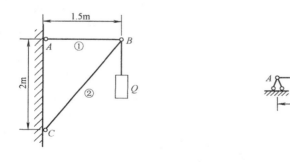

图 3-38 习题 3-4 图

图 3-39 习题 3-5 图

3-6 图 3-40 所示外伸梁，由两根 [16a 槽钢组成。已知 $F=18$kN，$l=6$m，试求梁的最大正应力。

3-7 一工字型钢简支梁，承受荷载如图 3-41 所示，已知 $l=6$m，$q=6$kN/m，$F=20$kN，工字钢的型号为 I 22b，试求梁的最大正应力。

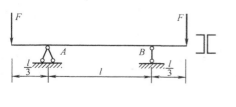

图 3-40 习题 3-6 图

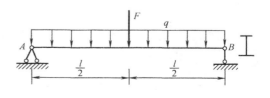

图 3-41 习题 3-7 图

3-8 图 3-42 所示三根短柱受压力 P 作用，图 (b)、(c) 的柱各挖去一部分。试判断在 (a)、(b)、(c) 三种情况下，短柱中的最大压应力的大小和位置。

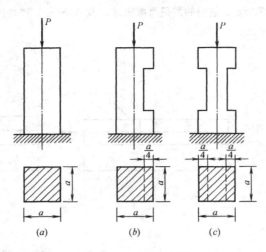

图 3-42 习题 3-8 图

第二篇　水工结构基本知识

第四章　钢筋混凝土材料的力学性能

第一节　钢　筋

一、钢筋的种类

目前我国钢筋混凝土及预应力混凝土结构中采用的钢筋和钢丝按生产加工工艺的不同，可分为热轧钢筋、钢丝、钢绞线和热处理钢筋等。

（一）热轧钢筋

热轧钢筋是普通碳素钢（含碳量小于 0.25％）和普通低合金钢经热轧制成。钢筋混凝土结构中所用的热轧钢筋分为四种级别：HPB235 即热轧光圆钢筋 235 级为普通碳素钢。HRB335 和 HRB400 即热轧带肋钢筋 335 级和 400 级，RRB400 即余热处理钢筋 400 级，后三者均为普通低合金钢。在上述四种级别钢筋中，除 HPB235 级钢筋的外形为光圆钢筋外，其他均为带肋钢筋。（如图 4-1 所示）。

HPB235 级钢筋，其强度较低，多作为现浇楼板的受力钢筋、箍筋和构造钢筋；HRB335 级、HRB400 级和 RRB400 级钢筋，其强度较高，与混凝土的粘结也好，多作为钢筋混凝土构件的受力钢筋。尺寸较大的构件也可用 HRB335 级钢筋作为箍筋。

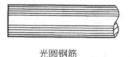

光圆钢筋　　　　　月牙纹钢筋

图 4-1　钢筋的形式

（二）钢丝

钢丝分光面钢丝、刻痕钢丝和螺旋肋钢丝等。

光面钢丝（消除应力钢丝）：是用高碳镇静钢轧制成圆盘后，经过多道冷拔并进行应力消除矫直回火处理而成。其强度高、塑性好，但与混凝土的粘结力差，一般用作预应力筋。

刻痕钢丝：是在光面钢丝的表面上进行机械刻痕处理而成，可增加与混凝土的粘结能力，亦用作预应力筋。

螺旋肋钢丝：是用普通低碳钢或低合金钢热轧的圆盘条作为母材，经冷轧减径在其表面形成二面或三面有月牙肋的钢丝。与混凝土之间的粘结力强，可用作预应力筋。

（三）钢绞线

钢绞线是由多根消除应力钢丝用绞盘绞结成一股而形成，可分为 3 股和 7 股两种。其特点是强度高，与混凝土的粘结好，可用作预应力筋。

（四）热处理钢筋

热处理钢筋是将热轧钢筋通过加热、淬火和回火等调质工艺处理的钢筋。热处理后钢筋的强度能得到较大的提高，而塑性降低并不多，是一种较理想的预应力筋。

二、钢筋的力学性能

（一）钢筋试验的一般规定

（1）同一截面尺寸和同一炉罐号组成的钢筋分批验收时，每批质量不大于 60t。钢筋应有出厂证明书或试验报告单。验收时应抽样作机械性能试验，包括拉伸试验和冷弯试验两个项目。两个项目中如有一个项目不合格，该批钢筋即为不合格品。

（2）钢筋在使用中如有脆断、焊接性能不良或机械性能显著不正常时，应进行化学成分分析，或其他专项试验。

（3）取样方法和结果评定规定，每批钢筋任意抽取两根，于每根距端部 50mm 处各取一套试样（两根试件），每套试样中一根做拉伸试验，另一根做冷弯试验。拉伸试验试件的长度 $l = l_0 + 2h$，其中标距长度 $l_0 = 10d$（或 $5d$），d 为钢筋的直径，h 为夹头长度。冷弯试验试件的长度 $l = 5d + 150mm$。

在拉伸试验的两根试件中，如其中一根试件的屈服点、抗拉强度和伸长率三个指标中一个指标达不到标准中规定的数值，应再抽取双倍（4 根）试件重做试验，如仍有一根试件的一个指标达不到标准要求，则不论这个指标在第一次试件中是否达到标准要求，拉伸试验项目也作为不合格。在冷弯试验中，如有一根试件不符合标准要求，应同样抽取双倍钢筋，制成双倍试件重做试验，如仍有一根试件不符合标准要求，冷弯试验项目即为不合格。

（4）试验应在 20±10℃下进行，如试验温度超过这一范围，应于试验记录和报告中注明。

（二）钢筋的拉伸与冷弯试验

钢材是较为均质的材料，其受拉和受压的力学性能几乎相同，通常只作拉伸试验。通过钢筋拉伸试验测定钢筋的屈服点强度、抗拉强度和伸长率，确定钢筋拉伸的应力-应变曲线，评定钢筋的强度等级。根据钢筋应力-应变曲线性质的不同分为有明显屈服点的钢筋（如热轧钢筋）和无明显屈服点的钢筋（如热处理钢筋）。

从有明显屈服点钢筋的应力-应变曲线（图 4-2a）可以看出，应力值在 a 点以前，应力与应变成正比，a 点对应的应力称为比例极限，oa 段称为弹性阶段。当应力超过 a 点以后，应变较应力增长为快，钢筋开始表现出塑性性质。当应力到达 b 点时，钢筋开始屈服，这时应力不增加而应变继续增加，直至 c 点。对应于 b 点的应力称为屈服强度，bc 段称为流幅或屈服台阶。过了 c 点之后，应力又继续上升，说明钢筋的抗拉能力有所提高，直到曲线上升到最高点 d。cd 段称为钢筋的强化阶段，d 点相应的应力称为极限强度。过了 d 点以后，试件在薄弱处截面将显著缩小，产生局部颈缩现象，塑性变形迅速增加，而应力随之下降，达到 e 点试件被拉断。de 段称为颈缩阶段。从无明显屈服点钢筋的应力-应变曲线（图 4-2b）可以看出，钢筋没有明显的流幅，塑性变形大为减小。

在进行钢筋混凝土结构计算时，对于有明显屈服点的钢筋，取它的屈服强度作为设计强度的依据。因为当结构构件中某一截面钢筋应力达到屈服强度后，它将在荷载基本不增

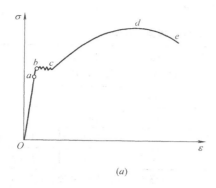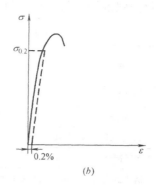

图 4-2　有明显屈服点和无明显屈服点钢筋的应力-应变关系曲线

加的情况下产生持续的塑性变形,构件可能在钢筋尚未进入强化阶段之前就已破坏或产生过大的变形与裂缝而影响正常使用。对于无明显屈服点的钢筋,取相应于残余应变 $\varepsilon =$ 0.2％时的应力作为强度设计指标,称为条件屈服强度,用 $\sigma_{0.2}$ 表示,其值相当于 $0.85\sigma_u$ (σ_u 为极限抗拉强度)。

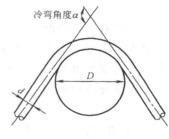

图 4-3　钢筋冷弯

钢筋除了有足够的强度外,还应具有一定的塑性变形能力,反映钢筋塑性性能的基本指标是伸长率和冷弯性能。钢筋试件拉断后的伸长值与原长的比值称为伸长率。伸长率越大,塑性越好。冷弯试验是将直径为 d 的钢筋绕直径为 D 的钢辊进行弯曲(图 4-3),弯成一定的角度而不发生断裂,并且无裂纹及起层现象,就表示合格。钢辊的直径 D 越小,弯转角 α 越大,说明钢筋的塑性越好。

钢筋在弹性阶段应力与应变成正比,这种关系称弹性定律,即:$\sigma = E_s\varepsilon$,其中比例常数 E_s 称为弹性模量。

三、钢筋的选用

我国规范规定:钢筋混凝土结构中的钢筋和预应力混凝土结构中的非预应力钢筋宜采用 HRB335 级和 HRB400 级钢筋,也可采用 HPB235 级和 RRB400 级钢筋,以 HRB400 钢筋作为主力钢筋;预应力钢筋宜采用预应力钢绞线、钢丝,也可采用热处理钢筋。

四、钢筋的计算指标

(一) 钢筋强度标准值

结构所用材料的性能均具有变异性,例如按同一标准不同时生产的各批钢筋强度并不完全相同,即使是同一炉钢轧成的钢筋,其强度也有差异。因此结构设计时就需要确定一个材料强度的基本代表值,即材料强度的标准值。规范规定钢筋强度标准值应具有95％的保证率。热轧钢筋的强度标准值根据屈服点强度确定,钢丝、钢绞线和热处理钢筋强度标准值根据极限抗拉强度确定。

(二) 钢筋强度设计值

钢筋强度设计值为钢筋强度标准值除以材料分项系数。规范根据可靠度分析及工程经验,确定了热轧钢筋的材料分项系数 $\gamma_s = 1.1$;钢丝、钢绞线和热处理钢筋的材料分项系数 $\gamma_s = 1.2$。

各种钢筋强度标准值、设计值和弹性模量见表 4-1。

钢筋强度标准值、设计值和弹性模量（N/mm²）　　　　表 4-1

种　　类		符号	d(mm)	抗拉强度设计值 f_y	抗压强度设计值 f'_y	强度标准值 f_{yk}	弹性模量 E_s
热轧钢筋	HPB235（Q235）	Φ	8～20	210	210	235	$2.1×10^5$
	HRB335（20MnSi）	⚎	6～50	300	300	335	$2.0×10^5$
	HRB400（20MnSiV,20MnSiNb,20MnTi）	⚎	6～50	360	360	400	$2.0×10^5$
	RRB400（K20MnSi）	⚎R	8～40	360	360	400	$2.0×10^5$

注：1. 在钢筋混凝土结构中，轴心受拉和小偏心受拉构件的钢筋强度设计值大于 300N/mm² 时，仍应按 300N/mm² 取用；

　　2. 当采用直径大于 40mm 的钢筋时，应有可靠的工程经验。

第二节　混　凝　土

一、混凝土的强度

混凝土强度的大小不仅与组成材料的质量和配合比有关，而且与混凝土的养护条件、龄期、受力情况以及测定其强度时所采用的试件形状、尺寸和试验方法也有密切的关系。因此，在研究各种单向受力状态下的混凝土强度指标时必须以统一规定的标准试验方法为依据。

（一）立方体抗压强度

混凝土的立方体抗压强度是确定混凝土强度等级的标准，它是混凝土各种力学指标的基本代表值，混凝土的其他强度指标可由其换算得到。《混凝土结构设计规范》规定，用边长为 150mm 的标准立方体试件，在标准养护条件（温度在 20±3℃，相对湿度不小于 90%）下养护 28 天后在试验机上试压。试验时，试块表面不涂润滑剂，全截面受力、加荷速度每秒钟约为（0.3～0.8）N/mm²。试块加压至破坏时，所测得的极限平均压应力作为混凝土的立方体抗压强度，用符号 f_{cu} 表示，单位为 N/mm²。

根据混凝土立方体抗压强度标准值（即具有 95% 保证率），可将混凝土强度等级分为 14 级，即：C15、C20、C25、C30、C35、C40、C45、C50、C55、C60、C65、C70、C75、C80。符号 C 表示混凝土，C 后面的数字表示立方体抗压强度标准值（单位 N/mm²）。

（二）轴心抗压强度

在实际工程中，受压构件往往不是立方体，而是棱柱体。因此采用棱柱体试件比立方体试件能更好地反映混凝土的实际抗压能力。用标准棱柱体 150mm × 150mm × 300mm 试件测定的混凝土抗压强度，称为混凝土的轴心抗压强度或棱柱体强度（如图 4-4），混凝土轴心抗压强度标准值用符号 f_{ck} 表示；混凝土轴心抗压强度设计值用符号 f_c 表示。

（三）轴心抗拉强度

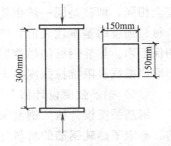

图 4-4　混凝土轴心抗压试验

混凝土的抗拉强度远小于其抗压强度，一般只有抗压强度的 $\frac{1}{10}$。因此，在钢筋混凝土结构中，一般采用混凝土承受压力，不承受拉力。混凝土的轴心抗拉标准强度用符号 f_{tk} 表示，混凝土的轴心抗拉设计强度用符号 f_t 表示。

（四）混凝土的计算指标

1. 混凝土的强度标准值

混凝土的强度标准值是根据试验分析，考虑到结构中混凝土强度与试件强度的差异，基于 1979—1980 年全国 10 个省市自治区的混凝土强度统计调查结果，以及高强混凝土研究的试验数据，规范规定了具有 95％保证率的混凝土强度值。

2. 混凝土的强度设计值

混凝土强度设计值为混凝土强度的标准值除以材料分项系数。规范根据可靠度分析及工程经验，确定了混凝土的材料分项系数 $\gamma_c＝1.4$。

混凝土强度标准值、设计值和弹性模量见表 4-2。

混凝土强度标准值、设计值和弹性模量（N/mm²）　　　　表 4-2

强度种类与弹性模量		混凝土强度等级												
		C15	C20	C25	C30	C35	C40	C45	C50	C55	C60	C65	C70	C75	C80
强度标准值	轴心抗压 f_{ck}	10.0	13.4	16.7	20.1	23.4	26.8	29.6	32.4	35.5	38.5	41.5	44.5	47.4	50.2
	轴心抗拉 f_{tk}	1.27	1.54	1.78	2.01	2.20	2.39	2.51	2.64	2.74	2.85	2.93	2.99	3.05	3.11
强度设计值	轴心抗压 f_c	7.2	9.6	11.9	14.3	16.7	19.1	21.1	23.1	25.3	27.5	29.7	31.8	33.8	35.9
	轴心抗拉 f_t	0.91	1.10	1.27	1.43	1.57	1.71	1.80	1.89	1.96	2.04	2.09	2.14	2.18	2.22
弹性模量 $E_c/10^4$		2.20	2.55	2.80	3.00	3.15	3.25	3.35	3.45	3.55	3.60	3.65	3.70	3.75	3.80

二、混凝土的变形

（一）混凝土的应力-应变曲线

混凝土在一次单调加载下的受压应力-应变关系是混凝土最基本的力学性能之一，它可以较全面的反映混凝土的强度和变形特点，也是确定构件截面上混凝土受压区应力分布图形的主要依据。

测定混凝土受压的应力-应变曲线，通常采用标准棱柱体试件。由试验测得的典型受压应力-应变曲线如图 4-5 所示。图上以 A、B、C 三点将全曲线划分为四个部分：

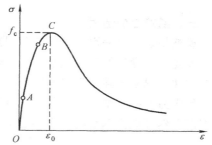

图 4-5　混凝土受压的应力-应变曲线

OA 段：σ_c 约在 $(0.3～0.4)f_c$。混凝土基本处于弹性工作阶段，应力应变呈线性关系。其变形主要是骨料和水泥结晶体的弹性变形，水泥胶凝体的黏性流动以及初始微裂缝变化的影响很小。

AB 段：裂缝稳定发展阶段。混凝土表现出塑性性质，应变的增加开始大于应力的增加，应力应变关系偏离直线，曲线逐渐弯曲。这是由于水泥胶凝体的黏性流动以及混凝土中微裂缝的发展，新裂缝不断产生的结果。

BC 段：裂缝随荷载的增加迅速发展，塑性变形显著增大。C 点的应力达峰值应力，即 $\sigma_c = f_c$，相应于峰值应力的应变为 ε_0，其值在 $0.0015 \sim 0.0025$ 之间波动，平均值为 $\varepsilon_0 = 0.002$。

C 点以后：试件承载能力下降，应变继续增大，最终还会留下残余应力。

由混凝土受压试验可知：只有当应力很小时应力-应变的关系近似为直线，但很快就成曲线状态，卸荷后仅能恢复部分应变，另有一部分不能恢复，称为残余变形，因此混凝土是弹塑性材料。

通过应力-应变曲线上原点 O 引切线，该切线的斜率为混凝土的原点弹性模量，简称弹性模量，以 E_c 表示。不同强度等级混凝土的弹性模量见表 4-2。

（二）混凝土的徐变

混凝土在荷载长期作用下（即压应力不变），其应变随时间增长的现象称为混凝土徐变。徐变对结构会产生不利影响，如徐变会使构件变形增大；在预应力混凝土构件中，徐变会导致预应力损失；对于长细比较大的偏心受压构件，徐变会使偏心距增大，降低构件承载力。

试验表明，在保持应力不变情况下，加荷时混凝土的龄期愈早，则徐变愈大；水灰比大，水泥用量多，徐变愈大；使用高质量水泥以及强度和弹性模量高、级配好的骨料，徐变小；混凝土工作环境的相对湿度低、徐变大，高温干燥环境下徐变将显著增大；在加载前采用蒸汽养护，可使徐变减小。

（三）混凝土的收缩

混凝土在空气中结硬时体积减小的现象称为收缩。收缩对钢筋混凝土构件会产生不利影响，如混凝土构件受到约束时，混凝土的收缩将使混凝土中产生拉应力，使构件在使用前就可能因混凝土收缩应力过大而产生裂缝；在预应力混凝土结构中，混凝土的收缩会引起预应力损失。

试验表明，水泥用量愈多、水灰比愈大，则混凝土收缩愈大；骨料的弹性模量大、级配好，混凝土浇捣愈密实则收缩愈小。同时，使用环境湿度越大，收缩越小。因此，加强混凝土的早期养护，减小水灰比，减少水泥用量，加强振捣是减小混凝土收缩的有效措施。

三、混凝土的选用

规范规定：钢筋混凝土结构的混凝土强度等级不宜低于 C15；当采用 HRB335 级钢筋时，混凝土强度等级不宜低于 C20；当采用 HRB400 和 RRB400 级钢筋以及对承受重复荷载的构件，混凝土强度等级不得低于 C20。

预应力混凝土结构的混凝土强度等级不宜低于 C30；当采用预应力钢绞线、钢丝、热处理钢筋作预应力钢筋时，混凝土强度等级不宜低于 C40。

第三节 钢筋与混凝土的共同工作

一、钢筋与混凝土共同工作的条件

钢筋和混凝土是两种性质不同的材料，其所以能有效地共同工作，是由于具备下述三个条件：

（1）钢筋和混凝土之间有着可靠的粘结力，能牢固结成整体，受力后变形协调一致，不会产生相对滑移。这是钢筋和混凝土共同工作的主要条件。

（2）钢筋和混凝土的温度线膨胀系数大致相同［钢约 1.2×10^{-5}/℃，混凝土约为 $(1 \sim 1.5) \times 10^{-5}$/℃］，因此，当温度变化时，不致产生较大的温度应力而破坏两者之间粘结。

（3）钢筋外边有一定厚度的混凝土保护层，可以防止钢筋锈蚀，从而保证了钢筋混凝土构件的耐久性。

二、粘结力的产生及影响因素

钢筋和混凝土能共同工作的主要原因是二者之间存在良好的粘结应力。粘结应力通常是指钢筋与混凝土接触面上的剪应力。试验表明：钢筋与混凝土之间产生粘结应力主要有以下三方面的原因：一是钢筋与混凝土接触面上产生的化学吸附作用力，也称胶结力；二是因为混凝土收缩将钢筋紧紧握固而产生的摩擦力；三是由于钢筋表面凹凸不平与混凝土之间产生的机械咬合力。这种机械咬合力往往很大，是变形钢筋粘结能力的主要来源。光圆钢筋的粘结能力主要来源于胶结力和摩擦力。

影响钢筋与混凝土粘结强度的因素很多，主要有：混凝土强度、钢筋表面形状、浇筑位置、保护层厚度、钢筋间距、横向钢筋、侧向压应力等。我国混凝土结构设计规范采用有关构造措施来保证钢筋与混凝土的粘结强度，这些构造措施有：钢筋保护层厚度、钢筋搭接长度、锚固长度、钢筋净距和受力光面钢筋端部的弯钩等。

思 考 题

1. 我国建筑结构用钢筋的品种有哪些？并说明各种钢筋的应用范围。

2. 有明显屈服点钢筋和无明显屈服点钢筋的应力应变曲线有何特点？

3. 什么是条件屈服点 $\sigma_{0.2}$？它是如何确定的？

4. 检验钢筋质量有哪几项指标？

5. 规范提倡的钢筋混凝土结构和预应力混凝土结构用的主力钢筋有哪些？

6. 混凝土的强度等级是怎样确定的？分为哪几个等级？

7. 什么是混凝土的轴心抗压强度？

8. 混凝土受压时的应力应变曲线有何特点？

9. 什么是混凝土的徐变和收缩？影响混凝土徐变、收缩的主要因素有哪些？

10. 混凝土的徐变、收缩对结构构件有哪些影响？

11. 钢筋与混凝土能够共同工作的主要条件是什么？

12. 钢筋与混凝土产生粘结应力的原因是什么？影响粘结强度的主要因素有哪些？

第五章 钢筋混凝土受弯构件承载力计算

第一节 结构设计的基本原则

一、结构的功能与极限状态

建筑结构在规定的时间内（一般为 50 年），正常条件下，应满足以下功能要求：

(1) 安全性的要求，即结构应能承受在正常施工和正常使用时可能出现的各种作用（如荷载、温度变化、支座沉陷等），在偶然作用（如地震、撞击等）发生时及发生后，结构仍能保持必需的整体稳定性不致发生倒塌。

(2) 适用性的要求，即结构在正常使用期间具有良好的工作性能，例如不发生影响正常使用的过大变形或裂缝等。

(3) 耐久性的要求，即结构在正常维护下具有足够的耐久性能。例如，混凝土不发生严重的风化、腐蚀；钢筋不发生严重锈蚀，以免影响结构的使用寿命。

一个合理的结构设计，应该是用较少的材料和费用，获得满足安全性、适用性、耐久性要求和足够可靠的结构。

结构能够满足各种功能要求并能良好地工作，称为结构"可靠"或"有效"，反之则称为"不可靠"或"失效"。区分结构可靠与失效状态的标志是"极限状态"。整个结构或结构的一部分超过某一特定状态时，就不能满足设计规定的某一功能要求，我们称此特定状态为该功能的极限状态。

根据结构的功能要求的不同，极限状态分为两类：

(一) 承载能力极限状态

这种极限状态对应于结构或结构构件达到最大承载能力或不适于继续承载的变形。超过这一极限状态后，结构或构件不满足预定的安全性要求。当结构或结构构件出现下列状态之一时，即认为超过了承载能力极限状态。

(1) 整个结构或结构的一部分作为刚体失去平衡（如倾覆等）；

(2) 结构构件或连接因超过材料强度而破坏（包括疲劳破坏），或因过度变形而不适于继续承载；

(3) 结构转变为机动体系；

(4) 结构或结构构件丧失稳定（如压屈等）；

(5) 地基丧失承载能力而破坏（如失稳等）。

(二) 正常使用极限状态

这种极限状态对应于结构或结构构件达到正常使用或耐久性能的某项规定限值。超过这一极限状态，结构或构件就不能满足预定的适用性或耐久性要求。当结构或结构构件出现下列状态之一时，即认为超过了正常使用极限状态。

（1）影响正常使用或外观的变形；

（2）影响正常使用或耐久性能的局部损坏（包括裂缝）；

（3）影响正常使用的振动；

（4）影响正常使用的其他特定状态。

所有结构构件均应进行承载力（包括失稳）计算；在必要时尚应进行结构倾覆、滑移的验算；有抗震设防要求的结构尚应进行结构构件抗震的承载力计算；直接承受吊车的构件应进行疲劳验算；对使用上需要控制变形值的结构构件，应进行变形验算；对使用上要求不出现裂缝的构件，应进行混凝土拉应力验算；对使用上允许出现裂缝的构件，应进行裂缝宽度验算；同时还应满足耐久性要求。

二、极限状态的设计表达式

我国规范采用以概率理论为基础的极限状态设计法，以可靠指标度量结构构件的可靠度，采用分项系数的极限状态设计表达式进行设计。下面对极限状态的设计表达式进行介绍。

（一）承载能力极限状态设计表达式

在进行承载能力极限状态设计时，应考虑荷载效应的基本组合，必要时尚应考虑荷载效应的偶然组合。

规范规定，结构构件在进行承载能力极限状态设计时采用的设计表达式如下：

$$\gamma_0 \cdot S \leqslant R(f_c, f_s, a_K) \tag{5-1}$$

式中　γ_0——结构构件重要性系数。对安全等级为一级或设计使用年限为 100 年及以上的结构构件，不应小于 1.1；对安全等级为二级或设计使用年限为 50 年的结构构件，不应小于 1.0；对安全等级为三级或设计使用年限为 5 年及以下的结构构件，不应小于 0.9。建筑结构的安全等级划分见表 5-1；

S——荷载效应组合的设计值，是作用在结构上的各种荷载引起的结构内力，可分别表示为设计轴力 N，设计弯矩 M，设计剪力 V；

R——结构构件的承载力设计值；

$R(\cdot)$——结构构件的抗力函数；

f_c，f_s——混凝土、钢筋的强度设计值；

a_K——几何参数的标准值，当几何参数的变异性对结构功能有明显影响时，可另增减一个附加值 Δ_a 考虑其不利影响。

对于基本组合，荷载效应组合的设计值 S 应从下列组合中取最不利值确定：

（1）由可变荷载效应控制的组合：

$$S = \gamma_G S_{GK} + \gamma_{Q1} S_{Q1K} + \sum_{i=2}^{n} \gamma_{Qi} \psi_{ci} S_{QiK} \tag{5-2}$$

（2）由永久荷载效应控制的组合：

$$S = \gamma_G S_{GK} + \sum_{i=1}^{n} \gamma_{Qi} \psi_{ci} S_{QiK} \tag{5-3}$$

式中　γ_G——永久荷载的分项系数，见表 5-2；

γ_{Q1}，γ_{Qi}——分别为第一个和第 i 个可变荷载分项系数，见表 5-2；

S_{Gk}——按永久荷载标准值计算的荷载效应值；

S_{Q1K}，S_{QiK}——在基本组合中起控制作用的第一个可变荷载标准值的效应值及第 i 个可变荷载标准值的效应值；

ψ_{ci}——第 i 个可变荷载的组合值系数，按规范采用。

在式（5-2）、式（5-3）中，$\gamma_G S_{GK}$ 称为永久荷载效应设计值；$\gamma_Q S_{QK}$ 称为可变荷载效应设计值。

对于偶然组合，极限状态设计表达式宜按下列原则确定：偶然作用的代表值不乘以分项系数；与偶然作用同时出现的可变荷载，应根据观测资料和工程经验采用适当的代表值。具体的设计表达式及各种系数，应符合相关规范的规定。

建筑结构的安全等级　　　　　　　　　　表 5-1

安全等级	破坏后果	建筑物类型
一级	很严重	重要的建筑物
二级	严重	一般的建筑物
三级	不严重	次要的建筑物

注：对有特殊要求的建筑物，其安全等级应根据具体情况另行确定。

荷载分项系数　　　　　　　　　　表 5-2

荷载类别	荷载特征	荷载分项系数 γ_G. γ_Q
永久荷载	当其效应对结构不利时 对由可变荷载效应控制的组合 对由永久荷载效应控制的组合	1.2 1.35
	当其效应对结构有利时 一般情况 对结构的倾覆、滑移或漂浮验算	1.0 0.9
可变荷载	一般情况 对标准值$>4kN/m^2$ 的工业房屋楼面活荷载	1.4 1.3

（二）正常使用极限状态设计表达式

正常使用极限状态主要验算构件变形、抗裂和裂缝宽度，以便满足结构适用性和耐久性的要求。由于其危害程度不及承载能力破坏，所以规范将正常使用极限状态目标可靠概率定得低一些，取荷载标准值，不再乘以分项系数，也不考虑 γ_0。

《建筑结构可靠度设计统一标准》中对于正常使用极限状态，结构构件应分别采用荷载效应的标准组合和准永久组合进行设计，使变形、裂缝等荷载效应的组合值符合下式的要求：

$$S_d \leqslant C \tag{5-4}$$

式中　S_d——变形、裂缝等荷载效应的组合值；

C——设计对变形、裂缝等规定的相应限值。

变形、裂缝等荷载效应的组合值 S_d 应符合下列规定：

（1）标准组合：

$$S_d = S_{GK} + S_{Q1K} + \sum_{i=2}^{n} \psi_{ci} S_{QiK} \tag{5-5}$$

（2）准永久组合：
$$S_d = S_{GK} + \sum_{i=1}^{n} \psi_{qi} S_{QiK} \tag{5-6}$$

式中　ψ_{qi}——第 i 个可变荷载的准永久系数，按荷载规范采用。

第二节　受弯构件正截面承载力计算

钢筋混凝土受弯构件是水工结构中常见的一种基本承重构件，常以梁、板的形式出现在建筑物中。受弯构件破坏有两种可能：一种是由弯矩作用引起的破坏，破坏面与构件纵轴线垂直，称为正截面破坏（图 5-1a）；另一种是由弯矩和剪力共同作用而引起的破坏，破坏面是倾斜的，称为斜截面破坏（图 5-1b）。为了保证受弯构件不发生正截面破坏，构件必须要有足够的截面尺寸，并通过正截面承载力计算，在构件中配置一定数量的纵向受力钢筋；为了保证受弯构件不发生斜截面破坏，构件必须要有足够的截面尺寸，并通过斜截面承载力计算，在构件中配置一定数量的箍筋和弯起钢筋。

（a）　　　　　　　　　　　（b）

图 5-1　受弯构件的破坏情况

本节主要介绍受弯构件正截面承载力计算，关于受弯构件斜截面承载力计算将在下一节中介绍。

一、受弯构件正截面破坏特征

（一）受弯构件正截面的破坏形式

钢筋混凝土结构的计算理论是在试验基础上建立的，通过试验了解受弯构件破坏的形式和破坏过程，研究截面的应力分布，以便建立计算公式。

受弯构件以梁为试验研究对象。根据试验研究，梁的正截面（图 5-4）破坏形式，主要与梁内纵向受拉钢筋含量的多少有关。梁内纵向受拉钢筋的含量用配筋率 ρ 表示，即

$$\rho = \frac{A_s}{bh_0} \tag{5-7}$$

式中　A_s——纵向受拉钢筋的截面面积；

bh_0——混凝土的有效截面面积，指钢筋截面重心以上的截面面积。

由于配筋率不同，钢筋混凝土有适筋梁、超筋梁和少筋梁三种破坏形式。

1. 适筋梁

受拉钢筋配置适量的梁称为适筋梁。其破坏的主要特点是受拉钢筋首先达到屈服强度，受压区混凝土的压应力随之增大，当受压区混凝土达到极限压应变时，构件即告破坏（图 5-2a），这种破坏称为适筋破坏。适筋梁的破坏不是突然发生的，破坏前钢筋经历着塑性伸长，从而引起构件较大的变形和裂缝，有明显的破坏预兆，为塑性破坏。由于适筋梁钢筋配置适量，破坏时其材料强度能得到充分发挥，受力合理，破坏前有预兆，所以实

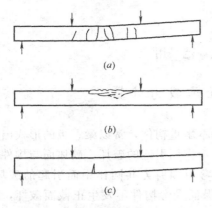

图 5-2　梁的三种破坏形式

(a) 适筋破坏；(b) 超筋破坏；(c) 少筋破坏

际工程中应把钢筋混凝土梁设计成适筋梁。

2. 超筋梁

受拉钢筋配置过多的梁称为超筋梁。由于受拉钢筋配置过多，所以这种梁在破坏时，受拉钢筋还没有达到屈服强度，而受压混凝土却因达到极限压应变先被压碎，而使整个构件破坏（图 5-2b），这种破坏称为超筋破坏。超筋梁的破坏是突然发生的，破坏前没有明显预兆，为脆性破坏。这种梁配筋虽多却不能充分发挥作用，所以是不经济的。由于上述原因，工程中不允许采用超筋梁，并以最大配筋率 ρ_{max} 加以限制。

3. 少筋梁

受拉钢筋配置过少时的梁称为少筋梁。由于受拉钢筋配置过少，所以只要受拉区混凝土一开裂，钢筋就会随之达到屈服强度，构件将发生很宽的裂缝和很大的变形，甚至因钢筋被拉断而破坏（图 5-2c），这种破坏称为少筋破坏。由于破坏前没有明显的预兆，属于脆性破坏，工程中不得采用少筋梁，并以最小配筋率 ρ_{min} 加以限制。

为了保证钢筋混凝土受弯构件配筋适量，不出现超筋和少筋破坏，就必须控制截面的配筋率，使它在最大配筋率和最小配筋率范围之内即 $\rho_{min} \leqslant \rho \leqslant \rho_{max}$。

（二）适筋梁工作的三个阶段

适筋梁的工作和应力状态，从加荷载起，到破坏为止，可分为三个阶段（图 5-3）。

第Ⅰ阶段　开始加荷载时，弯矩较小，截面上的混凝土与钢筋的应力也较小，梁的工作情况与匀质弹性梁相似，混凝土基本上处于弹性工作阶段，应力应变成正比，受压区及受拉区混凝土应力图形均为三角形。受拉区的拉力由钢筋与混凝土共同承受。

随着荷载的增加，由于混凝土受拉性能较差，受拉区混凝土出现塑性特征，其应力图呈曲线变化。而受压区，由于混凝土的受压性能好于受拉性能，此时尚处于弹性阶段，其应力图形为三角形。当弯矩增加到开裂弯矩 M_{cr} 时，截面受拉区边缘纤维应变达到混凝土极限拉应变，受拉区即将开裂，此时为第Ⅰ阶段末，用Ⅰa 表示。第Ⅰa 阶段的截面应力图形是受弯构件抗裂验算的依据。

第Ⅱ阶段　荷载继续增加，受拉区混凝土开裂且裂缝向上延伸，中和轴上移，开裂后受拉区混凝土退出工作，拉力全部由钢筋承受。受压区混凝土应力图形呈曲线变化，继续加荷直到钢筋应力达到屈服强度 f_y，此时为第Ⅱ阶段末，用Ⅱa 表示。第Ⅱ阶段的截面应力图形是受弯构件裂缝宽度和变形验算的依据。

第Ⅲ阶段　钢筋屈服后，应力保持 f_y 不变而钢筋应变急剧增长，裂缝进一步开展，中和轴迅速上移，使内力臂 z 增大，弯矩还能稍有增加，随着受压区高度的进一步减小，混凝土的应力应变不断增大，受压区应力图形更趋丰满。当弯矩增加到极限弯矩 M_u 时，截面受压区边缘纤维应变达到混凝土极限压应变，混凝土被压碎，构件破坏。此时为第Ⅲ阶段末，用Ⅲa 表示。第Ⅲa 阶段的截面应力图形是受弯构件正截面承载力计算的依据。

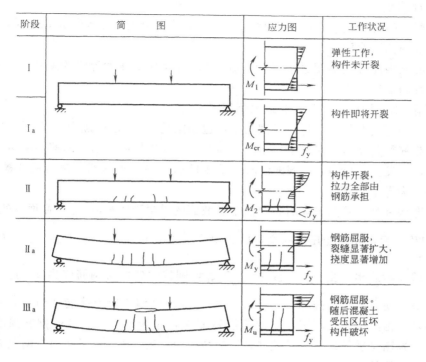

阶段	简 图	应力图	工作状况
I		M_1	弹性工作，构件未开裂
Ia		M_{cr} f_y	构件即将开裂
II		M_2 $<f_y$	构件开裂，拉力全部由钢筋承担
IIa		M_y f_y	钢筋屈服，裂缝显著扩大，挠度显著增加
IIIa		M_u f_y	钢筋屈服。随后混凝土受压区压坏构件破坏

图 5-3　适筋梁工作的三个阶段

二、受弯构件正截面承载力计算

（一）受弯构件正截面承载力计算的一般规定

1. 等效矩形应力图形

如前所述，受弯构件正截面承载力是以适筋梁第Ⅲa阶段的截面应力图形为计算依据的，为了便于计算，规范在试验基础上，进行了如下简化：

（1）不考虑受拉区混凝土参加工作，拉力完全由钢筋承担；

（2）受压区混凝土以等效矩形应力图形代替实际的曲线应力图形（图5-4），即取等效矩形应力图形和曲线应力图形两者压应力合力 C 的大小和作用位置保持不变。

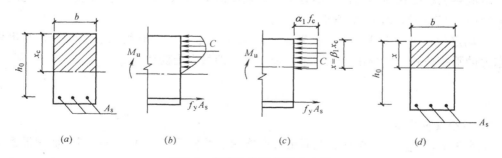

图 5-4　受弯构件正截面应力图

（a）横截面；（b）实际应力图；（c）等效应力图；（d）计算截面

按上述简化原则，等效矩形应力图形的混凝土受压高度 $x = \beta_1 x_c$（x_c 为实际受压高度），等效矩形应力图形的应力值为 $\alpha_1 f_c$（f_c 为混凝土轴心抗压强度设计值），对系数 α_1、

85

β_1 的取值规范规定:

当混凝土强度等级不超过 C50 时,$\beta_1 = 0.8$;当混凝土强度等级为 C80 时,$\beta_1 = 0.74$;其间按线性内插法取用。

当混凝土强度等级不超过 C50 时,$\alpha_1 = 1$;当混凝土强度等级为 C80 时,$\alpha_1 = 0.94$;其间按线性内插法取用。

2. 界限相对受压区高度 ξ_b 和最大配筋率 ρ_{max}

适筋梁和超筋梁的破坏特征区别在于:适筋梁是受拉钢筋先屈服,而后是受压混凝土被压碎;超筋梁是受压区混凝土先压碎,而受拉钢筋未屈服。当梁的配筋率达到最大配筋率 ρ_{max} 时,将发生受拉钢筋屈服的同时,受压区边缘混凝土达到极限压应变被压碎破坏,这种破坏称为界限破坏。

当受弯构件处于界限破坏时,等效矩形截面的界限受压高度 x_b 与截面有效高度 h_0 的比值 $\left(\dfrac{x_b}{h_0}\right)$ 称为界限相对受压区高度,以 ξ_b 表示。如实际配筋量大于界限状态破坏时的配筋量时,即实际的相对受压区高度 $\xi = \dfrac{x}{h_0} > \xi_b$,则构件破坏时钢筋应力 $\sigma < f_y$,钢筋不能屈服,其破坏便属于超筋破坏。如 $\xi \leqslant \xi_b$,构件破坏时钢筋应力就能达到屈服强度,即属于适筋破坏。由此可知,界限相对受压区高度 ξ_b,是衡量构件破坏时钢筋强度是否得到充分利用,判断是适筋破坏还是超筋破坏的特征值。表 5-3 列出了常用有明显屈服点钢筋的钢筋混凝土构件 ξ_b 值。

钢筋混凝土构件的 ξ_b 值　　　　　　　　　　　　表 5-3

钢筋级别	屈服强度 f_y /(N/mm²)	ξ_b						
		≤C50	C55	C60	C65	C70	C75	C80
HPB235	210	0.614	—	—	—	—	—	—
HRB335	300	0.550	0.541	0.531	0.522	0.512	0.503	0.493
HRB400 RRB400	360	0.518	0.509	0.499	0.490	0.481	0.472	0.463

对混凝土强度较高的构件,不宜采用低强度的 HPB235 级钢筋。故表 5-3 中混凝土强度等级高于 C50 时,对其 ξ_b 值未予列出。

ξ_b 确定后,可得出适筋梁界限受压区高度 $x_b = \xi_b h_0$,同时根据图 5-4 (c) 写出界限状态力的平衡公式,推导出界限状态的配筋率,即最大配筋率 ρ_{max}

$$\rho_{max} = \xi_b \frac{\alpha_1 f_c}{f_y} \tag{5-8}$$

3. 最小配筋率 ρ_{min}

最小配筋率 ρ_{min} 是根据钢筋混凝土梁所能承担的极限弯矩 M_u 和相同截面素混凝土梁所能承担的极限弯矩 M_{cr} 相等的原则,并考虑温度和收缩应力的影响而确定的。钢筋混凝土结构构件中纵向受力钢筋的最小配筋率见表 5-4。

(二) 单筋矩形截面正截面承载力的计算

仅在受拉区配置纵向受力钢筋的矩形截面称单筋矩形截面。

钢筋混凝土结构构件中纵向受力钢筋的最小配筋百分率（%）　　表 5-4

受 力 类 型		最小配筋百分率
受压构件	全部纵向钢筋	0.6
	一侧纵向钢筋	0.2
受弯构件、偏心受拉、轴心受拉构件一侧的受拉钢筋		0.2 和 $45f_t/f_y$ 中的较大值

注：1. 受压构件全部纵向钢筋最小配筋百分率，当采用 HRB400 级、RRB400 级钢筋时，应按表中规定减小 0.1；当混凝土强度等级为 C60 及以上时，应按表中规定增大 0.1；

　　2. 偏心受拉构件中的受压钢筋，应按受压构件一侧纵向钢筋考虑；

　　3. 受压构件的全部纵向钢筋和一侧纵向钢筋的配筋率以及轴心受拉构件和小偏心受拉构件一侧受拉钢筋的配筋率应按构件的全截面面积计算；受弯构件、大偏心受拉构件一侧受拉钢筋的配筋率按全截面面积扣除受压翼缘面积 $(b_f'-b)$ h_f' 后的截面面积计算；

　　4. 当钢筋沿构件截面周边布置时，"一侧纵向钢筋"系指沿受力方向两个对边中的一边布置的纵向钢筋。

1. 基本公式及适用条件

图 5-5 为单筋矩形截面受弯构件正截面承载力计算图形。利用静力平衡条件，可得出单筋矩形截面受弯构件正截面承载力计算基本公式：

$$\sum N=0 \qquad\qquad \alpha_1 f_c bx=f_y A_s \qquad\qquad (5-9)$$

$$\sum M=0 \qquad\qquad M\leqslant\alpha_1 f_c bx\left(h_0-\frac{x}{2}\right) \qquad\qquad (5-10)$$

$$M\leqslant f_y A_s\left(h_0-\frac{x}{2}\right) \qquad\qquad (5-11)$$

式中　M——弯矩设计值；

　　　f_c——混凝土轴心抗压强度设计值，见表 4-2；

　　　f_y——钢筋抗拉强度设计值，见表 4-1；

　　　A_s——纵向受拉钢筋截面面积；

　　　b——截面宽度；

　　　x——混凝土受压区高度；

　　　h_0——截面有效高度；

　　　α_1——系数，当混凝土强度等级未超过 C50 时，$\alpha_1=1$；当混凝土强度等级为 C80 时，$\alpha_1=0.94$；其间按线性内插法取用。

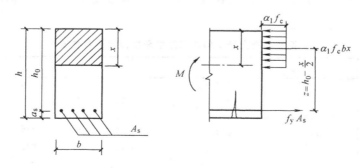

图 5-5　单筋矩形截面受弯构件正截面承载力计算图形

为保证受弯构件为适筋破坏，不出现超筋破坏和少筋破坏，上述基本公式必须满足下列两个适用条件：

（1）不出现超筋破坏应满足：

$$\xi \leqslant \xi_b$$
$$x \leqslant \xi_b h_0 \quad\quad\quad\quad\quad (5\text{-}12a)$$
$$\rho \leqslant \rho_{max}$$

式（5-12a）中的各式意义相同，即为了防止配筋过多出现超筋破坏，只要满足其中任何一个式子，其余的必定满足。如将 $x = \xi_b h_0$ 代入式（5-10），也可求得单筋矩形截面所能承受的最大受弯承载力（极限弯矩）$M_{u,max}$，所以式（5-12a）也可写成：

$$M \leqslant M_{u,max} = \alpha_1 f_c b h_0^2 \xi_b (1 - 0.5\xi_b) \quad\quad\quad (5\text{-}12b)$$

（2）不出现少筋破坏应满足：

$$\rho \geqslant \rho_{min}$$
$$A_s \geqslant \rho_{min} b h_0 \quad\quad\quad\quad (5\text{-}13)$$

2. 实用计算表格

受弯构件在设计中一般不直接应用基本公式，因需求解二元二次方程组，很不方便。规范设 $x = \xi h_0$，并将其代入基本公式（5-10）、式（5-11），列出下式，同时编制了实用计算表格，简化了计算。

$$M = \alpha_1 f_c b x \left(h_0 - \frac{x}{2} \right) = \alpha_1 f_c b h_0^2 \xi (1 - 0.5\xi) = \alpha_1 f_c b h_0^2 \alpha_s \quad\quad (5\text{-}14)$$

$$M = f_y A_s \left(h_0 - \frac{x}{2} \right) = f_y A_s h_0 (1 - 0.5\xi) = f_y A_s h_0 \gamma_s \quad\quad (5\text{-}15)$$

式（5-14）中的系数 $\alpha_s = \xi(1 - 0.5\xi)$ 称为截面抵抗矩系数，式（5-15）中的系数 $\gamma_s = 1 - 0.5\xi$ 称为内力臂系数，系数 α_s 和 γ_s 均为 ξ 的函数，所以可以把它们之间的数值关系用表格表示，见表 5-5。表中与常用钢筋等级相对应的界限相对受压高度 ξ_b 之值已用横线标出，因此，当混凝土强度等级小于等于 C50 时，计算出的 α_s 和 ξ 系数值未超过横线，即表明已满足第一个适用条件。但因表格不能表示出最小配筋率，所以仍需验算第二个适用条件。

钢筋混凝土受弯构件正截面承载力计算系数表   表 5-5

ξ	γ_s	α_s	ξ	γ_s	α_s
0.01	0.995	0.010	0.08	0.960	0.077
0.02	0.990	0.020	0.09	0.955	0.085
0.03	0.985	0.030	0.10	0.950	0.095
0.04	0.980	0.039	0.11	0.945	0.104
0.05	0.975	0.048	0.12	0.940	0.113
0.06	0.970	0.058	0.13	0.935	0.121
0.07	0.965	0.067	0.14	0.930	0.130

ξ	γ_s	α_s	ξ	γ_s	α_s
0.15	0.925	0.139	0.39	0.805	0.314
0.16	0.920	0.147	0.40	0.800	0.320
0.17	0.915	0.155	0.41	0.795	0.326
0.18	0.910	0.164	0.42	0.790	0.332
0.19	0.905	0.172	0.43	0.785	0.337
0.20	0.900	0.180	0.44	0.780	0.343
0.21	0.895	0.188	0.45	0.775	0.349
0.22	0.890	0.196	0.46	0.770	0.354
0.23	0.885	0.203	0.47	0.765	0.359
0.24	0.880	0.211	0.48	0.760	0.365
0.25	0.875	0.219	0.49	0.755	0.370
0.26	0.870	0.226	0.50	0.750	0.375
0.27	0.865	0.234	0.51	0.745	0.380
0.28	0.860	0.241	0.518	0.741	0.384
0.29	0.855	0.248	0.52	0.740	0.385
0.30	0.850	0.255	0.53	0.735	0.390
0.31	0.845	0.262	0.54	0.730	0.394
0.32	0.840	0.269	0.55	0.725	0.400
0.33	0.835	0.275	0.56	0.720	0.403
0.34	0.830	0.282	0.57	0.715	0.408
0.35	0.825	0.289	0.58	0.710	0.412
0.36	0.820	0.295	0.59	0.705	0.416
0.37	0.815	0.301	0.60	0.700	0.420
0.38	0.810	0.309	0.614	0.693	0.426

注：① 当混凝土强度等级为 C50 及以下时，表中系数 ξ_b=0.614、0.55、0.518 分别为 HPB235、HRB335、HRB400 和 RRB400 钢筋的界限相对受压区高度；

② ξ 和 γ_s 也可按公式计算，$\xi=1-\sqrt{1-2\alpha_s}$，$\gamma_s=\dfrac{1+\sqrt{1-2\alpha_s}}{2}$。

3. 计算方法和步骤

单筋矩形截面受弯构件正面承载力计算有两种情况，即截面设计与截面复核。

（1）截面设计。

已知：弯矩设计值 M，构件截面尺寸 b、h，混凝土强度等级和钢筋级别。

求：所需受拉钢筋截面面积 A_s。

【解】

1）由式（5-14）求出 α_s，即

$$\alpha_s=\frac{M}{\alpha_1 f_c b h_0^2}$$

2）根据 α_s 由表 5-5 查出 γ_s 或 ξ（如 α_s 值超出表中横线，则应加大截面尺寸，或提高混凝土强度等级，或改用双筋截面）。

3）求受拉钢筋截面面积 A_s。

由式（5-15）得受拉钢筋截面面积： $A_s=\dfrac{M}{f_y \gamma_s h_0}$

或由式（5-9）得受拉钢筋截面面积： $A_s=\dfrac{\alpha_1 f_c b x}{f_y}=\xi b h_0 \dfrac{\alpha_1 f_c}{f_y}$

求出 A_s 后，即可按表 5-6 或表 5-7 并根据构造要求选择钢筋。

钢筋截面面积及理论质量

表 5-6

钢筋直径 d/mm	钢筋截面面积 A_s(mm²) 及钢筋排成一行时梁的最小宽度 b(mm)													单根钢筋理论质量 /(kg/m)
	一根	二根	三根		四根		五根		六根	七根	八根	九根		
	A_s	A_s	A_s	b	A_s	b	A_s	b	A_s	A_s	A_s	A_s	
6	28.3	57	85		113		141		170	198	226	255	0.222
8	50.3	101	151		201		251		302	352	402	452	0.395
10	78.5	157	236		314		393		471	550	628	707	0.617
12	113.1	226	339	150	452	200/180	565	250/220	679	792	905	1018	0.888
14	153.9	308	462	150	615	200/180	770	250/220	924	1078	1232	1385	1.21
16	201.1	402	603	180/150	804	200	1005	250	1206	1407	1608	1810	1.58
18	254.5	509	763	180/150	1018	220/200	1272	300/250	1527	1781	2036	2290	2.00
20	314.2	628	942	180	1256	220	1570	300/250	1885	2199	2513	2827	2.47
22	380.1	760	1140	180	1520	250/220	1900	300	2281	2661	3041	3421	2.98
25	490.9	982	1473	200/180	1964	250	2454	300	2945	3436	3.927	4418	3.85
28	615.8	1232	1847	200	2463	250	3079	350/300	3695	4310	4926	5542	4.83
32	804.2	1609	2413	220	3217	300	4021	350	4826	5630	6434	7238	6.31
36	1017.9	2036	3054		4072		5089		6107	7125	8143	9161	7.99
40	1256.6	2513	3770		5027		6283		7540	8796	10053	11310	9.87
50	1964	3928	5892		7856		9820		11784	13748	15712	17676	15.42

注：表中梁最小宽度 b 为分数时，横线以上数字表示钢筋在梁顶部时所需宽度，横线以下数字表示钢筋在梁底部时所需宽度。

每米板宽各种钢筋间距的钢筋截面面积 （mm²）

表 5-7

钢筋间距/mm	钢筋直径/mm													
	3	4	5	6	6/8	8	8/10	10	10/12	12	12/14	14	14/16	16
70	101	180	280	404	561	719	920	1121	1369	1616	1907	2199	2536	2872
75	94.3	168	262	377	524	671	859	1047	1277	1508	1780	2052	2367	2681
80	88.4	157	245	354	491	629	805	981	1198	1414	1669	1924	2218	2513
85	83.2	148	231	333	462	592	758	924	1127	1331	1571	1811	2088	2365
90	78.5	140	218	314	437	559	716	872	1064	1257	1483	1710	1972	2234
95	74.5	132	207	298	414	529	678	826	1008	1190	1405	1620	1868	2116
100	70.6	126	196	283	393	503	644	785	958	1131	1335	1539	1775	2011
110	64.2	114	178	257	357	457	585	714	871	1028	1214	1399	1614	1828
120	58.9	105	163	236	327	419	537	654	798	942	1113	1283	1480	1676
125	56.5	101	157	226	314	402	515	628	766	905	1068	1231	1420	1608
130	54.4	96.6	151	218	302	387	495	604	737	870	1027	1184	1366	1547
140	50.5	89.7	140	202	281	359	460	561	684	808	954	1099	1268	1436
150	47.1	83.8	131	189	262	335	429	523	639	754	890	1026	1183	1340
160	44.1	78.5	123	177	246	314	403	491	399	707	834	962	1110	1257
170	41.5	73.9	115	166	231	296	379	462	564	665	785	905	1044	1183
180	39.2	69.8	109	157	218	279	358	436	532	628	742	855	985	1117
190	37.2	66.1	103	149	207	265	339	413	504	595	703	810	934	1058
200	35.3	62.8	98.2	141	196	251	322	393	479	565	668	770	888	1005

钢筋间距/mm	钢筋直径/mm													
	3	4	5	6	6/8	8	8/10	10	10/12	12	12/14	14	14/16	16
220	32.1	57.1	89.2	129	179	229	293	357	436	514	607	700	807	914
240	29.4	52.4	81.8	118	164	210	268	327	399	471	556	641	740	838
250	28.3	50.3	78.5	113	157	201	258	314	383	452	534	616	710	804
260	27.2	48.3	75.5	109	151	193	248	302	369	435	513	592	682	773
280	25.2	44.9	70.1	101	140	180	230	280	342	404	477	550	634	718
300	23.6	41.9	65.5	94.2	131	168	215	262	319	377	445	513	592	670
320	22.1	39.3	61.4	88.4	123	157	201	245	299	353	417	481	554	628

注：表中 6/8，8/10，…等系指该两种直径的钢筋交替放置。

4）检验截面实际配筋率是否低于最小配筋率，即

$$\rho \geqslant \rho_{\min} \text{ 或 } A_s \geqslant \rho_{\min} bh$$

式中，A_s 采用实际选用的钢筋截面积，$\rho_{\min}$ 见表 5-4。

（2）截面复核。

已知：构件截面尺寸 b、h，钢筋截面面积 A_s，混凝土强度等级和钢筋级别。

求：受弯承载力设计值 M_u（或复核 $M \leqslant M_u$ 梁的正截面是否安全）。

【解】

1）求 ξ。

$$\xi = \frac{A_s f_y}{b h_0 \alpha_1 f_c}$$

2）由表 5-5，根据 ξ 查得 α_s。

3）求 M_u。

$$M_u = \alpha_s \alpha_1 f_c b h_0^2$$

此处应注意：如 ξ 之值在表中横线以下，即 $\xi > \xi_b$，此时正截面受弯承载力应按下式确定：

$$M_{u,\max} = \alpha_1 f_c b h_0^2 \xi_b (1 - 0.5\xi_b)$$

4）验算最小配筋率条件 $\rho \geqslant \rho_{\min}$。如 $\rho < \rho_{\min}$，则原截面设计不合理，应修改设计。如为已建成的工程则应降低条件使用。

5）复核截面是否安全当 $M \leqslant M_u$ 时，梁的正截面安全，否则不安全。

（三）双筋矩形截面正截面承载力的计算

在受拉区和受压区同时配有纵向受力钢筋的矩形截面，称双筋矩形截面。

双筋矩形截面梁虽然可以提高承载力，但利用钢筋受压耗钢量较大，一般是不经济的，因此不宜大量采用。通常双筋矩形截面梁适用于以下情况：（1）当弯矩 M 很大，按单筋矩形截面计算 $\xi > \xi_b$，而加大截面尺寸或提高混凝土强度等级又受到限制时；（2）截面可能承受变号弯矩时；（3）由于构造原因在梁的受压区已配有钢筋时。

1. 基本公式及适用条件

根据试验，在满足 $\xi \leqslant \xi_b$ 的条件下，双筋矩形截面梁与单筋矩形截面梁的破坏情形基本相同。受拉钢筋应力达到抗拉强度设计值 f_y，受压区混凝土的压应力采用等效矩形应

力图形，其混凝土压应力为 $\alpha_1 f_c bx$。而设在受压区的纵向钢筋，在满足一定保证条件下，受压钢筋的应力能达到抗压强度设计值 f'_y。同时为了防止受压钢筋过早压屈，双筋梁中应采用封闭箍筋，箍筋间距不应大于 $15d$（d 为纵向受压钢筋的最小直径），同时不应大于 400mm；当一层内的纵向受压钢筋多于 5 根且直径大于 18mm 时，箍筋间距不应大于 $10d$。

双筋矩形截面梁的计算应力图形如图 5-6 所示。根据计算应力图形的平衡条件，可得双筋矩形截面的基本计算公式：

$$\sum N = 0 \qquad\qquad f_y A_s = \alpha_1 f_c bx + f'_y A'_s \qquad\qquad (5\text{-}16)$$

$$\sum M = 0 \qquad\qquad M \leqslant \alpha_1 f_c bx \left(h_0 - \frac{x}{2} \right) + f'_y A'_s (h_0 - a'_s) \qquad\qquad (5\text{-}17)$$

式中　　f'_y——钢筋抗压强度设计值，见表 4-1；

$\quad\quad\;\; A'_s$——受压钢筋截面面积；

$\quad\quad\;\; a'_s$——受压钢筋合力作用点到截面受压边缘的距离。

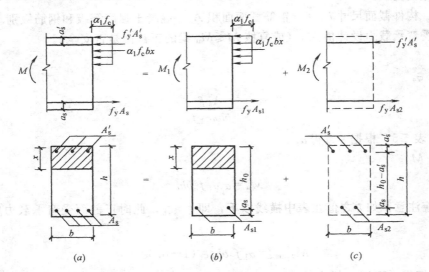

图 5-6　双筋矩形截面受弯构件正截面承载力计算图形
（a）整个截面；（b）第一部分截面；（c）第二部分截面

为了便于分析和计算，可将双筋矩形截面梁的计算应力图形看作两部分组成：第一部分，由受压混凝土的压力和相应受拉钢筋 A_{s1} 的拉力组成，承担的弯矩为 M_1；第二部分，由受压钢筋 A'_s 的压力和相应受拉钢筋 A_{s2} 的拉力组成，承担的弯矩为 M_2，如图 5-6（b）、（c）所示，其中：

$$M = M_1 + M_2 \qquad\qquad (5\text{-}18)$$

$$A_s = A_{s1} + A_{s2} \qquad\qquad (5\text{-}19)$$

根据平衡条件，对双筋矩形截面的两部分可分别写出以下基本计算公式：

第一部分：$\qquad\qquad\qquad f_y A_{s1} = \alpha_1 f_c bx \qquad\qquad (5\text{-}20)$

$$M_1 = \alpha_1 f_c bx \left(h_0 - \frac{x}{2} \right) \tag{5-21}$$

第二部分：
$$f_y A_{s2} = f_y' A_s' \tag{5-22}$$

$$M_2 = f_y' A_s' (h_0 - a_s') \tag{5-23}$$

双筋矩形截面梁基本计算公式的适用条件：

（1）为了防止超筋破坏，应满足：

$$x \leqslant \xi_b h_0 \text{ 或 } \xi \leqslant \xi_b \tag{5-24}$$

（2）为了保证受压钢筋的应力能达到抗压强度设计值应满足：

$$x \geqslant 2a_s' \tag{5-25}$$

当 $x < 2a_s'$ 时，表明已知的受压钢筋较多，其应力不能达到抗压强度设计值 f_y'，此时可取 $x = 2a_s'$，对受压钢筋合力点取矩，列平衡方程为

$$M = f_y A_s (h_0 - a_s') \tag{5-26}$$

2. 计算方法和计算步骤

双筋矩形截面受弯构件正截面承载力计算也有截面设计与截面复核情况。

（1）截面设计。

【情况一】 已知：弯矩设计值 M，构件截面尺寸 b、h，混凝土强度等级和钢筋级别。

求：所需受拉钢筋截面面积 A_s 和受压钢筋截面面积 A_s'。

【解】 1）验算是否按双筋矩形截面计算。

当 $M > M_{u,max} = \alpha_1 f_c bh_0^2 \xi_b (1 - 0.5\xi_b) = \alpha_1 \alpha_{s\,max} f_c bh_0^2$ 时，按双筋矩形截面计算，反之，按单筋矩形截面计算。

2）计算受拉和受压钢筋截面面积。

由于基本计算公式（5-16）、式（5-17）中含有 A_s，A_s'，x 三个未知量不能直接求解，故尚需补充一个条件才能求解。为了节约钢材，充分发挥混凝土的强度，可以假设 $x = \xi_b h_0$，并代入基本计算公式（5-16）、式（5-17）中求解。

$$A_s' = \frac{M - \alpha_1 f_c bh_0^2 \xi_b (1 - 0.5\xi_b)}{f_y' (h_0 - a_s')}$$

$$A_s = \frac{\alpha_1 f_c bh_0 \xi_b + f_y' A_s'}{f_y}$$

3）查表 5-6 选择钢筋。

【情况二】 已知：弯矩设计值 M，构件截面尺寸 b、h，受压钢筋截面面积 A_s'，混凝土强度等级和钢筋级别。

求：所需受拉钢筋截面面积 A_s。

【解】 1）由式（5-22）、式（5-23）计算 A_{s2} 和 M_2。

$$A_{s2} = \frac{f_y' A_s'}{f_y}$$

$$M_2 = f'_y A'_s (h_0 - a'_s)$$

2）按单筋矩形截面梁求 M_1 所需的钢筋截面面积 A_{s1}。

$$M_1 = M - M_2$$

$$\alpha_{s1} = \frac{M_1}{\alpha_1 f_c b h_0^2}$$

查表得 ξ_1，γ_{s1}

若 $\dfrac{2a'_s}{h_0} \leqslant \xi_1 \leqslant \xi_b$，则 $A_{s1} = \dfrac{M_1}{\gamma_{s1} f_y h_0}$ 　　$A_s = A_{s1} + A_{s2}$

若 $\dfrac{2a'_s}{h_0} > \xi_1$，则由式（5-26）得　$A_s = \dfrac{M}{f_y(h_0 - a'_s)}$

若 $\xi_1 > \xi_b$，则表明超筋，应按情况一重求受拉和受压钢筋截面面积。

3）查表 5-6 选择钢筋。

（2）截面复核。

已知：构件截面尺寸 b、h，受拉和受压钢筋截面面积 A_s、A'_s，混凝土强度等级和钢筋级别。

求：受弯承载力设计值 M_u（或复核 $M \leqslant M_u$ 梁的正截面是否安全）。

【解】

1）求截面受压区高度 x。

由式（5-16）得

$$x = \frac{f_y A_s - f'_y A'_s}{\alpha_1 f_c b}$$

2）验算适用条件求 M_u 值。

若 $2a'_s \leqslant x \leqslant \xi_b h_0$，将 x 值代入式（5-17）求 M_u 值：

$$M_u = \alpha_1 f_c b x \left(h_0 - \frac{x}{2}\right) + f'_y A'_s (h_0 - a'_s)$$

若 $x > \xi_b h_0$，将 $x = \xi_b h_0$ 值代入式（5-17）求 M_u 值：

$$M_u = \alpha_1 f_c b h_0^2 \xi_b (1 - 0.5\xi_b) + f'_y A'_s (h_0 - a'_s)$$

若 $x < 2a'_s$，取 $x = 2a'_s$，由式（5-26）求 M_u 值：

$$M_u = f_y A_s (h_0 - a'_s)$$

3）复核截面是否安全。

当 $M \leqslant M_u$ 时，梁的正截面安全，否则不安全。

三、梁、板构造要求

（一）板的构造要求

1. 板的厚度

板的厚度应满足承载力、刚度和抗裂的要求，从刚度条件出发，板的最小厚度对于单

跨板不得小于 $l_0/35$，对于多跨连续板不得小于 $l_0/40$（l_0 为板的计算跨度），如板的厚度满足上述要求时，不需要作挠度验算。一般现浇板板厚不宜小于 60mm。

2. 板的配筋

板中配有受力钢筋和分布钢筋（图 5-7）。受力钢筋沿板的跨度方向在受拉区配置，承受荷载作用下所产生的拉力。分布钢筋布置在受力钢筋内侧，与受力钢筋垂直，交点用细钢丝绑扎或焊接，其作用是固定受力钢筋的位置并将板上荷载分散到受力钢筋上，同时也能防止因混凝土收缩和温度变化等原因，在垂直于受力钢筋方向产生的裂缝。

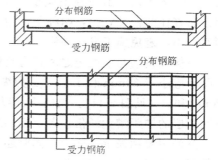

图 5-7　板的构造

受力钢筋的直径应通过计算决定一般为 6～12mm，其间距：当板厚 $h \leqslant 150mm$ 时，不宜大于 200mm；当板厚 $h > 150mm$ 时，一般宜大于 1.5h，且不宜大于 250mm。为了保证施工质量，钢筋间距也不宜小于 70mm。当板中受力钢筋需要弯起时，其弯起角不宜小于 30°。

板中单位长度上的分布钢筋，其截面面积不宜小于单位宽度上受力钢筋截面面积的 15%；且不宜小于该方向板截面面积的 0.15%，其直径不宜小于 6mm；其间距不宜大于 250mm。当因收缩或温度变化等因素对结构产生的影响较大或对防止出现裂缝的要求较严时，板中分布钢筋的数量应适当增加。分布钢筋应配置在受力钢筋的弯折处及直线段内，在梁的截面范围内可不配置。

（二）梁的构造要求

1. 梁的截面

梁的截面高度 h 可根据刚度要求按高跨比（h/l）来估计，如简支梁高度 h 为跨度的 1/8～1/14。梁高确定后，梁的截面宽度 b 可由常用的宽高比（b/h）来估计，矩形截面 $b = (1/2 \sim 1/3)h$；T 形截面 $b = (1/2.5 \sim 1/4)h$。

为了统一模板尺寸和便于施工，截面宽度取 50mm 的倍数，当梁高 $h \leqslant 800mm$ 时，截面高度取 50mm 的倍数，当 $h > 800mm$ 时，则取 100mm 的倍数。

2. 梁的配筋

梁中的钢筋有纵向受力钢筋、弯起钢筋、箍筋和架立钢筋等，如图 5-8。

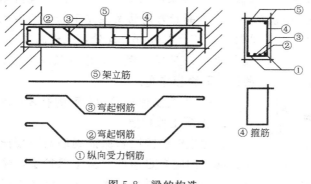

⑤架立筋

③弯起钢筋

②弯起钢筋

④箍筋

①纵向受力钢筋

图 5-8　梁的构造

纵向受力钢筋的作用是承受由弯矩在梁内产生的拉力，常用直径为 12～25mm。当梁高 $h\geqslant300$mm 时，其直径不应小于 10mm；当 $h<300$mm 时，不应小于 8mm。同一构件中钢筋直径的种类宜少，两种不同直径的钢筋，其直径相差不宜小于 2mm，以便肉眼识别其大小，避免施工发生差错。

为保证钢筋与混凝土之间具有足够的粘结力和便于浇筑混凝土，梁的上部纵向钢筋的净距不应小于 30mm 和 1.5d（d 为纵向钢筋的最大直径），下部纵向钢筋的净距不应小于 25mm 和 d（见图 5-11）。梁的下部纵向钢筋配置多于两层时，钢筋水平方向的中距应比下面两层的中距增大一倍。各层钢筋之间的净间距不应小于 25mm 和 d。

箍筋主要用来承受剪力，同时还可固定纵向受力钢筋并和其他钢筋一起形成立体的钢筋骨架。箍筋分开口和封闭两种形式。开口式只用于无动荷载或扭矩作用，且开口处无受力钢筋的现浇 T 形梁跨中部分，除此之外均应采用封闭式。

箍筋一般采用双肢；当梁宽 $b\leqslant150$mm 时，可用单肢；当梁宽 $b\geqslant400$mm，且在一层内纵向受压钢筋多于 3 根，或当梁宽 $b<400$mm，但在一层内纵向受压钢筋多于 4 根时，用四肢（由两个双肢箍筋组成），箍筋的形式如图 5-9 所示。

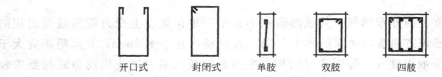

图 5-9　箍筋的形式和肢数

弯起钢筋的数量、位置由计算决定，一般由纵向受力钢筋弯起而成（图 5-8），弯起钢筋的作用是：弯起钢筋的中间段和纵向受力钢筋共同承受正弯矩，弯起段可以承受剪力，弯起后的水平段可以承受支座处的负弯矩。

弯起钢筋的弯起角度：当梁高 $h\leqslant800$mm 时，采用 45°；当梁高 $h>800$mm 时，采用 60°。

架立钢筋设置在梁的受压区外缘两侧，用来固定箍筋和形成钢筋骨架。如受压区配有纵向受压钢筋时，则可不再配置架立钢筋。架立钢筋的直径与梁的跨度有关；当跨度小于 4m 时，不小于 8mm；当跨度在 4～6m 时，不小于 10mm；当跨度大于 6m 时，不小于 12mm。

当梁的腹板高度 $h_w\geqslant450$mm 时，在梁的两个侧面应沿高度配置纵向构造钢筋（图 5-10），每侧构造钢筋（不包括梁上、下部受力钢筋及架立钢筋）的截面面积不应小于腹板截面面积 bh_w 的 0.1%，其间距不宜大于 200mm。此处，腹板高度 h_w 对矩形截面，取有效高度 h_0；对 T 形截面，取有效高度减去翼缘高度；对 I 形截面，取腹板净高。

（三）混凝土保护层和截面的有效高度

1. 混凝土保护层

为防止钢筋锈蚀和保证钢筋与混凝土的粘结，梁、板的受力钢筋均应有足够的混凝土保护层，受力钢筋的外边缘到混凝土外边缘的最小距离，称为混凝土保护层厚度 C（图 5-

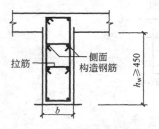

图 5-10　侧面构造钢筋

11)，受力钢筋的混凝土保护层最小厚度应按表 5-8 采用，同时也不应小于受力钢筋的直径。混凝土结构的环境类别见表 5-9。

纵向受力钢筋的混凝土保护层最小厚度（mm） 表 5-8

环境类别		板、墙、壳			梁			柱		
		≤C20	C25~C45	≥C50	≤C20	C25~C45	≥C50	≤C20	C25~C45	≥C50
一		20	15	15	30	25	25	30	30	30
二	a	—	20	20	—	30	30	—	30	30
	b	—	25	20	—	35	30	—	35	30
三		—	30	25	—	40	35	—	40	35

注：基础中纵向受力钢筋的混凝土保护层厚度不应小于 40mm；当无垫层时不应小于 70mm。

混凝土结构的环境类别 表 5-9

环境类别		条 件
一		室内正常环境
二	a	室内潮湿环境，非严寒和非寒冷地区的露天环境、与无侵蚀性的水或土壤直接接触的环境
	b	严寒和寒冷地区的露天环境、与无侵蚀性的水或土壤直接接触的环境
三		使用除冰盐的环境；严寒和寒冷地区冬季水位变动的环境；滨海室外环境
四		海水环境
五		受人为或自然的侵蚀性物质影响的环境

注：严寒和寒冷地区的划分应符合国家现行标准 JGJ 24—86《民用建筑热工设计规程》的规定。

2. 截面的有效高度

计算梁、板承载力时，因为混凝土开裂后，拉力完全由钢筋承担，则梁、板能发挥作用的截面高度应为从受压混凝土边缘至受拉钢筋合力点的距离，这一距离称为截面有效高度，用 h_0 表示（图 5-11）。

$$h_0 = h - a_s \tag{5-27}$$

式中 h——受弯构件的截面高度；

a_s——纵向受拉钢筋合力点至截面近边的距离。

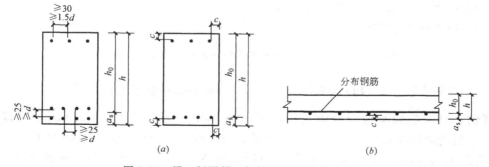

图 5-11　梁、板混凝土保护层和截面有效高度

根据钢筋净距和混凝土保护层最小厚度，并考虑梁、板常用钢筋的平均直径（梁中 $\bar{d}=20\text{mm}$，板中 $\bar{d}=10\text{mm}$），在室内正常环境下，可按上述方法近似确定 h_0 值。

对于梁，当混凝土保护层厚度为 25mm 时：

受拉钢筋配置成一排　　　　　　$h_0 = h - 35\text{mm}$

受拉钢筋配置成两排　　　　　　$h_0 = h - 60\text{mm}$

对于板，当混凝土保护层厚度为 15mm 时：

$$h_0 = h - 20\text{mm}$$

四、矩形截面受弯构件正截面承载力计算实例

【例 5-1】 某矩形截面简支梁，计算跨度 $l_0 = 5.6\text{m}$，作用均布荷载设计值 $q = 25\text{kN/m}$（已包括自重），混凝土强度等级 C25，钢筋选用 HRB335 级，试确定梁的截面尺寸和配筋。

【解】（1）确定材料强度设计值。

本题采用 C25 混凝土和 HRB335 级钢筋，查表 4-1 和表 4-2 得 $f_c = 11.9\text{N/mm}^2$，$f_t = 1.27\text{N/mm}^2$，$\alpha_1 = 1$，$f_y = 300\text{N/mm}^2$。

（2）确定截面尺寸。

$$h = (1/8 \sim 1/14)l_0 = (1/8 \sim 1/14)5600 = 700 \sim 400\text{mm}，取 h = 500\text{mm}$$

$$b = (1/2 \sim 1/3)h = 250 \sim 167\text{mm}，取 b = 200\text{mm}$$

（3）求弯矩设计值。

$$M = \frac{1}{8}ql_0^2 = \frac{1}{8} \times 25 \times 5.6^2 = 98\text{kN} \cdot \text{m} = 98 \times 10^6 \text{N} \cdot \text{mm}$$

（4）配筋计算。

假设钢筋一排布置：　　　　$h_0 = h - a_s = 500 - 35 = 465\text{mm}$

$$\alpha_s = \frac{M}{\alpha_1 f_c b h_0^2} = \frac{98 \times 10^6}{1 \times 11.9 \times 200 \times 465^2} = 0.19$$

根据 $\alpha_s = 0.19$ 查表 5-5，得 $\gamma_s = 0.894$

$$A_s = \frac{M}{\gamma_s f_y h_0} = \frac{98 \times 10^6}{0.894 \times 300 \times 465} = 785\text{mm}^2$$

查表 5-6 选用 $4\phi16$ 钢筋（$A_s = 804\text{mm}^2$），一排钢筋需要的最小梁宽 $b_{min} = 200\text{mm}$，与原假设一致。截面配筋如图 5-12 所示。

（5）检查最小配筋率。

$$A_s = 804\text{mm}^2 > \rho_{min}bh = 0.2\% \times 200 \times 500 = 200\text{mm}^2$$

最小配筋率取 0.2% 和 $0.45\dfrac{f_t}{f_y} = 0.45\dfrac{1.27}{300} = 0.19\%$ 中的较大者。

【例 5-2】 已知某预制地沟盖板如图 5-13（a）所示。板宽 $b = 500\text{mm}$，板厚 $h = 70\text{mm}$，板的净跨度 $l_n = 2\text{m}$，板的支承长度 $a = 120\text{mm}$，板面抹 20mm 厚水泥砂浆，地面可变荷载 3.5kN/m^2，采用 C20 混凝土，HPB235 级钢筋，试求该地沟盖板的配筋（钢筋混凝土自重 25kN/m^3，水泥砂浆自重 20kN/m^3）。

【解】

（1）确定材料强度设计值。

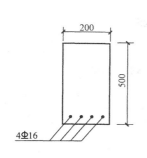

图 5-12 例 5-1 图

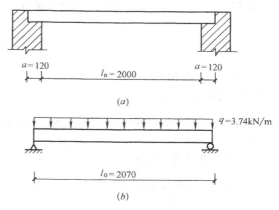

图 5-13 例 5-2 图

本题采用 C20 混凝土，HPB235 级钢筋，查表 4-1 和表 4-2 得 $f_y=210\text{N/mm}^2$，$f_t=1.1\text{N/mm}^2$，$f_c=9.6\text{N/mm}^2$，$\alpha_1=1$。

（2）荷载计算。

20mm 厚水泥砂浆 $0.02\times20=0.4\text{kN/m}^2$

板自重 $0.07\times25=1.75\text{kN/m}^2$

板面永久荷载标准值 $g_k=2.15\text{kN/m}^2$

板面可变荷载标准值 $q_k=3.5\text{kN/m}^2$

板面均布荷载设计值 $q'=r_G g_k+r_Q q_k=1.2\times2.15+1.4\times3.5=7.48\text{kN/m}^2$

单位板长上作用的均布荷载设计值 $q=7.48\times0.5=3.74\text{kN/m}$

（3）求弯矩设计值。

板的计算跨度应取搁置长度范围内，支反力作用点之间的距离，单跨简支板计算跨度取下面两种取值方法的较小值，即：

$$l_0=l_n+a=2+0.12=2.12\text{m}$$

$$l_0=l_n+h=2+0.07=2.07\text{m}$$

故取 $l_0=2.07\text{m}$（见图 5-13b）。

跨中截面弯矩设计值为

$$M=\frac{1}{8}ql_0^2=\frac{1}{8}\times3.74\times2.07^2=2\text{kN}\cdot\text{m}$$

（4）配筋计算。

截面有效高度 $h_0=70-25=45\text{mm}$

$$\alpha_s=\frac{M}{\alpha_1 f_c b h_0^2}=\frac{2\times10^6}{1\times9.6\times500\times45^2}=0.205$$

根据 $\alpha_s = 0.205$ 查表 5-5 得 $r_s = 0.884$

$$A_s = \frac{M}{r_s f_y h_0} = \frac{2 \times 10^6}{0.884 \times 210 \times 45} = 239 \text{mm}^2$$

查表 5-6，选用 $6\phi8$（$A_s = 302\text{mm}^2$），分布钢筋选用 $\phi6@250$。

（5）检查最小配筋率。

$$A_s = 302\text{mm}^2 > \rho_{min}bh = 0.236\% \times 500 \times 70 = 82.6\text{mm}^2$$

（最小配筋率取 0.2% 和 $0.45\dfrac{f_t}{f_y} = 0.45 \times \dfrac{1.1}{210} = 0.236\%$ 中的较大者）

（6）绘配筋图（见图 5-14）。

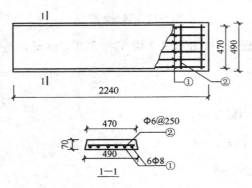
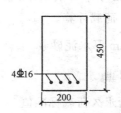

图 5-14　地沟盖板施工图　　　　　　　　　　图 5-15　例 5-3 图

【例 5-3】　某简支梁截面尺寸及配筋如图 5-15 所示，弯矩设计值 $M = 100\text{kN·m}$，混凝土强度等级为 C25，钢筋为 HRB400 级 $4\Phi16$（$A_s = 804\text{mm}^2$）。试验算此梁是否安全。

【解】　（1）确定计算数据。

查表 4-1 和表 4-2，确定材料强度设计值：$f_c = 11.9\text{N/mm}^2$，$f_t = 1.27\text{N/mm}^2$，$\alpha_1 = 1$，$f_y = 360\text{N/mm}^2$。

钢筋截面面积：　　　　　　　$A_s = 804\text{mm}^2$

梁的有效高度：　　　　　$h_0 = h - a_s = 450 - 35 = 415\text{mm}$

（2）求 ξ 值。

$$\xi = \frac{A_s f_y}{bh_0 \alpha_1 f_c} = \frac{804 \times 360}{200 \times 415 \times 1 \times 11.9} = 0.293$$

查表 5-5 得 $\alpha_s = 0.25$。

（3）求受弯承载力设计值 M_u。

$$M_u = \alpha_s \alpha_1 f_c bh_0^2 = 0.25 \times 1 \times 11.9 \times 200 \times 415^2 = 102.5 \times 10^6 \text{N·mm}$$

$$= 102.5\text{kN·m} > M = 100\text{kN·m}　安全$$

（4）检查最小配筋率。

$$A_s = 804\text{mm}^2 > \rho_{min}bh = 0.2\% \times 200 \times 450 = 180\text{mm}^2$$

最小配筋率取 0.2% 和 $0.45\dfrac{f_t}{f_y}=0.45\dfrac{1.27}{360}=0.158\%$ 中的较大者。

【例 5-4】 已知矩形截面梁 $b\times h=200\text{mm}\times450\text{mm}$，承受弯矩设计值 $M=174\text{kN}\cdot\text{m}$，混凝土 C25($f_c=11.9\text{N/mm}^2$，$\alpha_1=1$)，钢筋为 HRB335 级 （$f_y=f_y'=300\text{N/mm}^2$），求所需纵向钢筋截面面积。

【解】 （1）确定截面有效高度。

因为 M 较大，受拉钢筋按两排考虑，截面有效高度

$$h_0=h-a_s=450-60=390\text{mm}$$

（2）验算是否采用双筋矩形截面。

钢筋为 HRB335 级，查表 5-3 得 $\xi_b=0.55$。

单筋矩形截面所能承受的最大弯矩为：

$$M_{u,max}=\alpha_1 f_c b h_0^2 \xi_b(1-0.5\xi_b)=1\times11.9\times200\times390^2\times0.55(1-0.5\times0.55)$$

$$=144.3\text{kN}\cdot\text{m}<M=174\text{kN}\cdot\text{m}$$

应按双筋截面设计。

（3）配筋计算。

$$A_s'=\frac{M-\alpha_1 f_c b h_0^2 \xi_b(1-0.5\xi_b)}{f_y'(h_0-a_s')}=\frac{174\times10^6-144.3\times10^6}{300\times(390-35)}=279\text{mm}^2$$

$$A_s=\frac{\alpha_1 f_c b h_0 \xi_b+f_y'A_s'}{f_y}=\frac{1\times11.9\times200\times390\times0.55}{300}+279=1980\text{mm}^2$$

（4）选择钢筋。

受拉钢筋选用 5 Φ 22 （$A_s=1900\text{mm}^2$），受压钢筋选用 2 Φ 14 （$A_s=308\text{mm}^2$），受拉钢筋两排放置与原假设一致。截面配筋如图 5-16 所示。

【例 5-5】 已知条件同例 5-4，但在受压区已配置 2 Φ 18 钢筋 （$A_s'=509\text{mm}^2$），试计算所需要的受拉钢筋。

【解】 （1）求 A_{s2} 和 M_2。

$$A_{s2}=\frac{f_y'A_s'}{f_y}=509\text{mm}^2$$

$$M_2=f_y'A_s'(h_0-a_s')=300\times509(390-35)=54.21\text{kN}\cdot\text{m}$$

（2）按单筋矩形截面梁求 M_1 所需的钢筋截面面积 A_{s1}。

$$M_1=M-M_2=174-54.21=119.79\text{kN}\cdot\text{m}$$

$$\alpha_{s1}=\frac{M_1}{\alpha_1 f_c b h_0^2}=\frac{119.79\times10^6}{1\times11.9\times200\times390^2}=0.33$$

查表 5-5 得 $\gamma_{s1}=0.792$，$\xi_1=0.417<\xi_b=0.55$

$$x=\xi_1 h_0=0.417\times390=162.6\text{mm}>2a_s'=70\text{mm}$$

$$A_{s1} = \frac{M_1}{\gamma_{s1} f_y h_0} = \frac{119.79 \times 10^6}{0.792 \times 300 \times 390} = 1293 \text{mm}^2$$

（3）求 A_s。

$$A_s = A_{s1} + A_{s2} = 1293 + 509 = 1802 \text{mm}^2$$

（4）选择钢筋。

查表 5-6 选受拉钢筋 $3 \oplus 22 + 3 \oplus 18 (A_s = 1903 \text{mm}^2)$，截面配筋如图 5-17 所示。

比较例 5-4 和例 5-5 可见，由于前者充分利用了混凝土的抗压能力，所以总用钢量 $(A_s + A_s')$ 较后者少些。

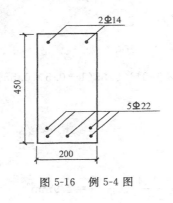

图 5-16　例 5-4 图

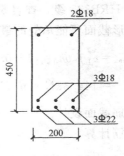

图 5-17　例 5-5 图

第三节　受弯构件斜截面承载力计算

在荷载作用下，截面上除了作用有 M 外，往往还同时作用有剪力 V，弯矩剪力同时作用的区段称为剪弯段。弯矩和剪力在梁截面上分别产生正应力 σ 和剪应力 τ，由材料力学可知：在 σ 和 τ 共同作用下将产生主拉应力 σ_{tp} 和主压应力 σ_{cp}，由于混凝土的抗拉强度远低于抗压强度，当 σ_{tp} 超过混凝土的抗拉强度时，梁将出现大致与主拉应力方向垂直的斜裂缝，产生斜截面破坏。为了防止梁沿斜截面破坏，在斜截面的受拉区除了配置纵向钢筋外，还应配置抵抗剪力的箍筋和弯起钢筋，箍筋和弯起钢筋统称为腹筋。

一、斜截面破坏特征

影响斜截面承载力的因素很多，除截面大小、混凝土的强度等级、荷载种类外，还有剪跨比和箍筋配筋率（也称配箍率）等。如图 5-19 所示，集中荷载至支座的距离称为剪跨，剪跨 a 与梁有效高度 h_0 之比称为剪跨比 λ，即 $\lambda = a/h_0$。

图 5-18 为梁的箍筋配置示意图，箍筋配筋率可用下式表示：

$$\rho_{sv} = \frac{A_{sv}}{sb} = \frac{nA_{sv1}}{sb} \tag{5-28}$$

式中　ρ_{sv}——箍筋配筋率；

　　　A_{sv}——配置在同一截面内箍筋各肢的全部截面面积，$A_{sv} = nA_{sv1}$；

　　　A_{sv1}——单肢箍筋的截面面积；

n——在同一截面内箍筋的肢数；

s——沿构件长度方向箍筋的间距；

b——矩形截面梁的宽度。

根据剪跨比和箍筋用量的不同，斜截面受剪破坏有斜压破坏、剪压破坏和斜拉破坏三种形式：

1. 斜压破坏

当梁的箍筋配置过多过密或梁的剪跨比较小时，随着荷载的增加，在剪弯段出现一些斜裂缝，这些斜裂缝将梁的腹部分割成若干个斜向短柱，最后因混凝土短柱被压碎导致梁的破坏，此时箍筋应力并未达到屈服强度（图 5-19a）。这种破坏与正截面超筋梁的破坏相似，箍筋未能充分发挥作用。

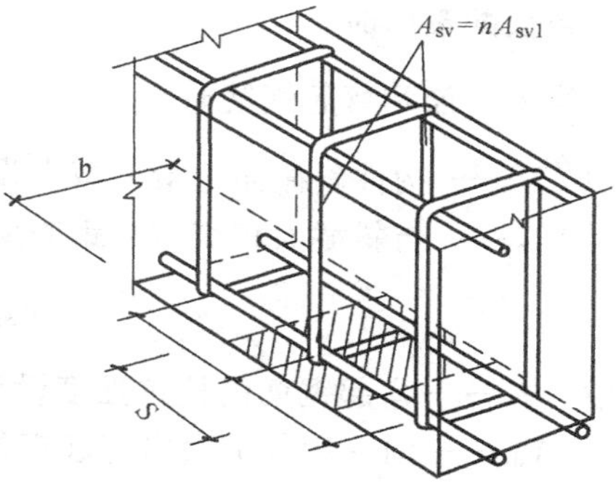

2. 剪压破坏

当梁内箍筋配置适中，剪跨比约为 $1\sim3$ 时，

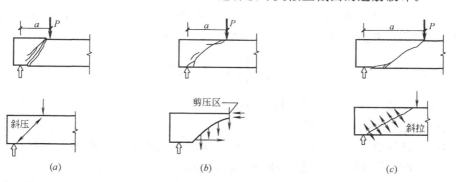

图 5-18　梁的箍筋配置示意图

随着荷载的增加，首先在剪弯段受拉区出现垂直裂缝，随后斜向延伸，形成斜裂缝。当荷载再增加到一定值时，就会出现一条主要斜裂缝（称临界斜裂缝）。此后荷载继续增加，与临界斜裂缝相交的箍筋将达到屈服强度，同时，剪压区的混凝土在剪应力及压应力共同作用下，达到极限状态而破坏（图 5-19b）。这种破坏类似正截面的适筋破坏。

图 5-19　斜截面破坏的三种形式

（a）斜压破坏；（b）剪压破坏；（c）斜拉破坏

3. 斜拉破坏

当箍筋配置过少且剪跨比较大时，斜裂缝一旦出现，箍筋应力立即达到屈服强度，这条斜裂缝将迅速伸展到梁的受压边缘，构件很快裂为两部分而破坏（图 5-19c）。这种破坏没有预兆，破坏前梁的变形很小，与正截面少筋梁的破坏相似。

针对上述三种破坏形态，规范采用不同的方法来保证斜截面的承载能力以防止破坏。由于斜压破坏时箍筋作用不能充分发挥，斜拉破坏又十分突然，所以这两种破坏在设计中均应避免。斜压破坏可通过限制截面最小尺寸来防止，斜拉破坏可用最小配箍率来控制。剪压破坏相当于正截面适筋破坏，设计中应通过斜截面受剪承载力的计算，在梁中配置箍筋及弯起钢筋，来防止剪压破坏的发生。

二、斜截面受剪承载力的计算

（一）计算公式及适用条件

斜截面受剪承载力的计算是以剪压破坏形态为计算依据的。为了保证斜截面具有足够的受剪承载力，必须满足下列要求：

当仅配箍筋时
$$V \leqslant V_{cs} \tag{5-29}$$

当配箍筋和弯起钢筋时
$$V \leqslant V_{cs} + V_{sb} \tag{5-30}$$

式中　V——构件斜截面上最大剪力设计值；

　　　V_{sb}——与斜截面相交弯起钢筋所承受的剪力，可按下式计算：

$$V_{sb} = 0.8 f_y A_{sb} \sin\alpha_s \tag{5-31}$$

式中　f_y——弯起钢筋的抗拉强度设计值；

　　　A_{sb}——同一弯起平面内弯起钢筋的截面面积；

　　　α_s——弯起钢筋与构件纵向轴线的夹角；

　　　V_{cs}——构件斜截面上混凝土和箍筋所承受的剪力，可按式（5-32）或式（5-33）计算。

（1）对矩形、T形及工字形截面一般受弯构件，V_{cs}按下式计算：

$$V_{cs} = 0.7 f_t b h_0 + 1.25 f_{yv} \frac{A_{sv}}{s} h_0 \tag{5-32}$$

（2）对集中荷载作用下的独立梁（包括多种荷载，其中集中荷载对支座截面或节点边缘所产生的剪力占总剪力值 75% 以上的情况），V_{cs}按下式计算：

$$V_{cs} = \frac{1.75}{\lambda+1} f_t b h_0 + f_{yv} \frac{A_{sv}}{s} h_0 \tag{5-33}$$

式中　f_t——混凝土轴心抗拉强度设计值；

　　　f_{yv}——箍筋抗拉强度设计值；

　　　λ——计算剪跨比，$\lambda = a/h_0$，a 为集中荷载作用点至支座截面的距离；当 $\lambda < 1.5$ 时，取 $\lambda = 1.5$；当 $\lambda > 3$ 时，取 $\lambda = 3$。

上述梁的斜截面受剪承载力计算公式仅适用于剪压破坏情况。为防止斜压和斜拉破坏，还必须满足下列两个适用条件：

（1）截面限制条件：

当 $\dfrac{h_w}{b} \leqslant 4$
$$V \leqslant 0.25 \beta_c f_c b h_0 \tag{5-34a}$$

当 $\dfrac{h_w}{b} \geqslant 6$
$$V \leqslant 0.2 \beta_c f_c b h_0 \tag{5-34b}$$

当 $4 < \dfrac{h_w}{b} < 6$ 时，按线性内插法取用。

式中　V——构件斜截面上的最大剪力设计值；

　　　β_c——混凝土强度影响系数，当混凝土强度等级不超过 C50 时，取 $\beta_c = 1$；当混凝土强度等级为 C80 时，取 $\beta_c = 0.8$，其间按线性内插法取用；

b——矩形截面的宽度，T 形或工字形截面的腹板宽度；

h_w——截面腹板高度，矩形截面取有效高度 h_0；T 形截面取有效高度减去翼缘高度；工字形截面取腹板净高。

截面限制条件的意义：首先是为了防止梁的截面尺寸过小、箍筋配置过多而发生的斜压破坏，其次是限制使用阶段的斜裂缝宽度，同时也是受弯构件箍筋的最大配筋率条件。工程设计中，如不能满足上述条件时，则应加大截面尺寸或提高混凝土强度等级。

（2）抗剪箍筋的最小配筋率：

梁中抗剪箍筋的配筋率应满足：

$$\rho_{sv} \geqslant \rho_{sv,min} = 0.24 \frac{f_t}{f_{yv}} \tag{5-35}$$

规定箍筋最小配筋率的意义：是为了防止梁发生斜拉破坏。因为斜裂缝出现后，原来由混凝土承担的拉力将转给箍筋，如果箍筋配的过少，箍筋就会立即屈服，造成斜裂缝的加速开展、甚至箍筋被拉断而导致斜拉破坏。工程设计中，如不能满足上述条件时，则应按 $\rho_{sv,min}$ 配箍筋，并满足构造要求。

（二）斜截面受剪承载力计算截面位置的确定

在计算斜截面受剪承载力时，应取作用在该斜截面范围的最大剪力作为剪力设计值，即斜裂缝起始端的剪力作为剪力设计值。其剪力设计值的计算截面应根据危险截面确定，通常按下列规定采用：

（1）支座边缘处的截面（图 5-20a、b 截面 1—1）；

（2）受拉区弯起钢筋弯起点处的截面（图 5-20a 截面 2—2、3—3）；

（3）箍筋截面面积或间距改变处的截面（图 5-20b 截面 4—4）；

（4）腹板宽度改变处的截面。

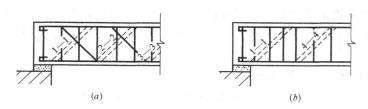

(a) $\qquad\qquad\qquad$ (b)

图 5-20　斜截面受剪承载力的计算位置

（a）弯起钢筋；（b）箍筋

（三）计算方法和步骤

与正截面受弯承载力计算一样，斜截面受剪的承载力计算也有截面设计和截面复核两类问题。

1. 截面设计

已知：剪力设计值 V，截面尺寸 b、h，混凝土强度等级和钢筋强度级别，纵向受力钢筋。

求：计算梁中腹筋数量。

【解】

(1) 复核截面尺寸。

梁的截面尺寸一般先由正截面承载力计算确定，在进行斜截面受剪承载力计算时，还应按式（5-34）进行复核。如不满足要求，则应加大截面尺寸或提高混凝土的强度等级。

(2) 确定是否需要按计算配置腹筋。

当梁截面所承受的剪力设计值较小，而且符合下列公式要求时，可不进行斜截面的受剪承载力计算，按构造要求配置箍筋。否则，需按计算配置腹筋。

矩形、T 形、工字形截面的一般受弯构件：

$$V \leqslant 0.7 f_t b h_0$$

集中荷载作用下的独立梁：

$$V \leqslant \frac{1.75}{\lambda + 1} f_t b h_0$$

(3) 计算腹筋用量。

1) 仅配箍筋时。

按式（5-29）、式（5-32）或式（5-33）求出 $\dfrac{A_{sv}}{s}$

矩形、T 形及工字形截面一般受弯构件：

$$\frac{A_{sv}}{s} \geqslant \frac{V - 0.7 f_t b h_0}{1.25 f_{yv} h_0}$$

集中荷载作用下的独立梁：

$$\frac{A_{sv}}{s} \geqslant \frac{V - \dfrac{1.75}{\lambda + 1} f_t b h_0}{f_{yv} h_0}$$

再按构造要求确定箍筋肢数 n 和箍筋直径，从而可得单肢箍筋横截面面积 A_{sv1}，确定 $A_{sv} = n A_{sv1}$。并计算出箍筋间距 s，（$s \leqslant s_{max}$ 查表 5-10），最后按式（5-35）验算箍筋的最小配筋率。

2) 既配箍筋又配弯起钢筋时。

这种情况下一般先按构造要求或以往的设计经验，选定箍筋肢数 n、单肢箍筋横截面面积 A_{sv1} 和箍筋间距 s，然后按式（5-32）或式（5-33）算出 V_{cs}，并按下式确定弯起钢筋的截面面积 A_{sb}。

$$A_{sb} = \frac{V - V_{cs}}{0.8 f_y \sin\alpha_s}$$

在计算弯起钢筋时，剪力设计值按下列规定采用：

(A) 当计算第一排（对支座而言）弯起钢筋时，取支座边缘处的剪力值；

(B) 当计算以后每排弯起钢筋时，取前排（对支座而言）弯起钢筋弯起点处的剪力值。

弯起钢筋的排数：对均布荷载，最后一排弯起钢筋弯起点处剪力小于 V_{cs} 时，可不再设置弯筋；对集中荷载，最后一排弯起钢筋弯起点到集中荷载作用点的距离小于等于 $V >$

$0.7f_tbh_0$ 时箍筋的最大间距 s_{max} 时，可不再设弯筋（图 5-21）。

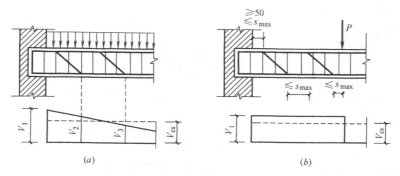

图 5-21　钢筋的弯起

（a）均布荷载的钢筋弯起；（b）集中荷载的钢筋弯起

2. 截面复核

已知：截面尺寸 b、h，配箍量 n，A_{sv1}，s 和弯起钢筋截面面积 A_{sb}，混凝土强度等级和钢筋强度级别。

求：梁的斜截面受剪承载力设计值 V_u，或验算 $V \leqslant V_u$ 截面是否安全。

这类问题只要将已知条件代入式（5-31）、式（5-32）或式（5-33）求得 V_{sb} 和 V_{cs}，再代入式（5-29）或式（5-30）即可求得解答，同时还应注意验算公式的适用条件。

三、斜截面受剪承载力计算实例

【例 5-6】　如图 5-22 所示矩形截面简支梁截面尺寸为 $b \times h = 200\text{mm} \times 500\text{mm}$，梁的净跨 $l_n = 4\text{m}$，承受均布荷载设计值 $q = 100\text{kN/m}$（包括梁自重），混凝土采用 C25

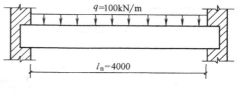

图 5-22　例 5-6 图

（$f_c = 11.9\text{N/mm}^2$，$f_t = 1.27\text{N/mm}^2$），箍筋采用 HPB235（$f_{yv} = 210\text{N/mm}^2$），求箍筋用量。

【解】　1. 计算剪力设计值

取支座边缘处的截面为计算截面，所以计算时用净跨。

$$V = \frac{1}{2}ql_n = \frac{1}{2} \times 100 \times 4 = 200\text{kN} = 200000\text{N}$$

2. 复核梁的截面尺寸

$$h_w = h_0 = 500 - 35 = 465\text{mm}$$

$$\frac{h_w}{b} = \frac{465}{200} = 2.32 < 4$$

$$0.25\beta_c f_c bh_0 = 0.25 \times 1 \times 11.9 \times 200 \times 465 = 276675\text{N} > V = 200000\text{N}$$

截面尺寸符合要求。

3. 验算是否需要按计算配箍筋

$$0.7 f_t b h_0 = 0.7 \times 1.27 \times 200 \times 465 = 82677 \text{N} < V = 200000 \text{N}$$

应按计算配置箍筋。

4. 计算箍筋用量

$$\frac{A_{sv}}{s} = \frac{V - 0.7 f_t b h_0}{1.25 f_{yv} h_0} = \frac{200000 - 82677}{1.25 \times 210 \times 465} = 0.96 \text{mm}^2/\text{mm}$$

按构造要求选箍筋双肢 $\phi 8$（$n=2$，$A_{sv1}=50.3\text{mm}^2$），则箍筋间距

$$s \leqslant \frac{A_{sv}}{0.96} = \frac{n A_{sv1}}{0.96} = \frac{2 \times 50.3}{0.96} = 104.7 \text{mm}$$

取箍筋间距 $s = 100\text{mm} < s_{max} = 200\text{mm}$，沿全梁等距布置。

5. 验算箍筋的最小配筋率

实际箍筋配筋率：$\rho_{sv} = \dfrac{n A_{sv1}}{bs} = \dfrac{2 \times 50.3}{200 \times 100} = 0.503\%$

箍筋最小配筋率：$\rho_{sv,min} = 0.24 \dfrac{f_t}{f_{yv}} = 0.24 \times \dfrac{1.27}{210} = 0.145\% < \rho_{sv} = 0.503\%$

箍筋的配筋率满足要求。

【例 5-7】 矩形截面简支梁，其跨度及荷载设计值（包括自重）如图 5-23 所示，截面尺寸 $b \times h = 250\text{mm} \times 600\text{mm}$，混凝土为 C25（$f_c = 11.9\text{N}/\text{mm}^2$，$f_t = 1.27\text{N}/\text{mm}^2$），箍筋为 HPB235 级（$f_{yv} = 210\text{N}/\text{mm}^2$），试求箍筋用量。

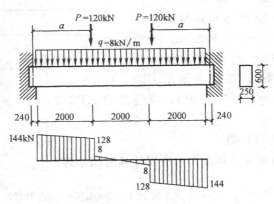

图 5-23 例 5-7 图

【解】 1. 计算剪力设计值

均布荷载在支座边缘处产生的剪力设计值为：$V_q = \dfrac{1}{2} q l_n = \dfrac{1}{2} \times 8 \times 6 = 24\text{kN}$

集中荷载在支座边缘处产生的剪力设计值为：$V_p = 120\text{kN}$

支座边缘处总剪力设计值为：$V = V_q + V_p = 24 + 120 = 144\text{kN}$

集中荷载在支座边缘处产生的剪力设计值与该截面总剪力设计值的百分比：$120/144 = 83.3\% > 75\%$，按集中荷载作用下相应公式计算受剪承载力。

2. 复核梁的截面尺寸

纵向受拉钢筋两排布置 $h_0 = 600 - 60 = 540\text{mm}$

$$\frac{h_w}{b} = \frac{h_0}{b} = \frac{540}{250} = 2.16 < 4$$

$$0.25\beta_c f_c bh_0 = 0.25 \times 1 \times 11.9 \times 250 \times 540 = 401600\text{N} = 401.6\text{kN} > V = 144\text{kN}$$

截面尺寸符合要求。

3. 验算是否需要按计算配置腹筋

剪跨比 $\lambda = \frac{a}{h_0} = \frac{2}{0.54} = 3.7 > 3$，取 $\lambda = 3$。

$$\frac{1.75}{\lambda+1} f_t bh_0 = \frac{1.75}{3+1} \times 1.27 \times 250 \times 540 = 75000\text{N} = 75\text{kN} < V = 144\text{kN}$$

需要按计算配置腹筋。

4. 计算箍筋用量

$$\frac{A_{sv}}{s} = \frac{V - \frac{1.75}{\lambda+1} f_t bh_0}{f_{yv} h_0} = \frac{144000 - 75000}{210 \times 540} = 0.608\text{mm}^2/\text{mm}$$

按构造要求选箍筋双肢 $\phi 8$（$n = 2$，$A_{sv1} = 50.3\text{mm}^2$），则箍筋间距

$$s \leqslant \frac{A_{sv}}{0.608} = \frac{nA_{sv1}}{0.608} = \frac{2 \times 50.3}{0.608} = 165\text{mm}$$

取箍筋间距 $s = 150\text{mm} < s_{max} = 250\text{mm}$，沿全梁等距布置。

5. 验算箍筋的最小配筋率

实际箍筋配筋率： $\rho_{sv} = \frac{nA_{sv1}}{bs} = \frac{2 \times 50.3}{250 \times 150} = 0.268\%$

箍筋最小配筋率：$\rho_{sv,min} = 0.24 \frac{f_t}{f_{yv}} = 0.24 \times \frac{1.27}{210} = 0.145\% < \rho_{sv} = 0.268\%$

箍筋的配筋率满足要求。

四、构造要求

（一）箍筋和弯筋的构造要求

（1）箍筋除能提高梁的抗剪承载力和抑制斜裂缝的开展外，还能承受温度应力和混凝土的收缩应力，增强纵向钢筋的锚固，以及加强梁的受压区和受拉区的联系等。因此，按计算不需要箍筋的梁，当截面高度 $h > 300\text{mm}$ 时，应沿全梁设置箍筋；当截面高度 $h = 150 \sim 300\text{mm}$ 时，可仅在构件端部各1/4跨度范围内设置箍筋；但当在构件中部1/2跨度范围内有集中荷载作用时，则应沿梁全长设置箍筋；当截面高度 $h < 150\text{mm}$ 时，可不设箍筋。

（2）为了使箍筋与纵筋联系形成的骨架具有一定刚性，箍筋的直径不能太小。规范规定：当梁高 $h \leqslant 800\text{mm}$ 时，箍筋直径不宜小于 6mm；当 $h > 800\text{mm}$ 时，箍筋直径不宜小

于 8mm。梁中配有计算需要的纵向受压钢筋时，箍筋直径还不应小于 $d/4$（d 为纵向受压钢筋最大直径）。

（3）梁中箍筋和弯起钢筋的间距不能过大，以防止斜裂缝发生在箍筋或弯起钢筋之间（图 5-24），避免降低梁的受剪承载力。根据混凝土设计规范，梁中箍筋和弯起钢筋的间距 s 不得超过见表 5-10 规定。

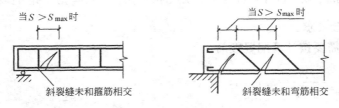

图 5-24　箍筋和弯起钢筋间距过大时的斜裂缝

梁中箍筋和弯起钢筋的最大间距 s_{max}（mm） 表 5-10

项　次	梁　高　h	$V>0.7f_t bh_0$	$V\leqslant0.7f_t bh_0$
1	$150<h\leqslant300$	150	200
2	$300<h\leqslant500$	200	300
3	$500<h\leqslant800$	250	350
4	$h>800$	300	400

（4）在钢筋混凝土梁中，承受剪力的钢筋，宜优先选用箍筋。当设置弯起钢筋时，弯起钢筋的弯终点处应留有平行于轴线方向的锚固长度，其长度在受拉区不应小于 $20d$，在受压区不应小于 $10d$（d 为弯起钢筋的直径），对光面钢筋末端还应设置弯钩（图 5-25）。

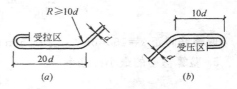

图 5-25　弯起钢筋的端部构造
（a）受拉区；（b）受压区

（5）弯起钢筋一般是由纵向受力钢筋弯起而成，当纵向钢筋弯起不能满足正截面和斜截面抗弯要求，而按斜截面受剪承载力又必须设置弯筋时，可单独设置只承受剪力的弯筋，并做成"鸭筋"的形式（图 5-26），但不允许采用锚固性能较差的"浮筋"。

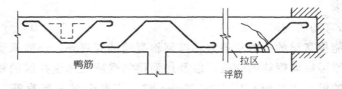

图 5-26　鸭筋与浮筋

（二）保证斜截面受弯承载力的构造要求

为了保证斜截面具有足够的承载力，必须满足斜截面受剪和受弯两个条件，其中，斜截面受剪条件已由经计算在梁中配置的箍筋和弯起钢筋来满足，而斜截面受弯条件则需由构造措施来保证，这些构造措施包括：纵向钢筋的截断、弯起和锚固等。

1. 纵向钢筋的锚固

图 5-27 为一根受集中力作用的简支梁，在其支座边缘处，正截面上的弯矩 M_{a-a} 以及相应的纵向钢筋拉力很小。但是在形成斜裂缝之后，斜截面上的弯矩 M_{b-b} 要比 M_{a-a} 大得多，纵向钢筋所受的拉力也就迅速增大。如果钢筋伸入支座的锚固长度不足，钢筋将被拔出而造成斜截面受弯破坏。因此规范规定：

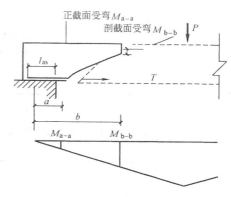

图 5-27 钢筋的锚固作用

（1）对于简支板，下部纵向受力钢筋伸入支座的锚固长度 l_{as} 不应小于 $5d$（d 为纵向受拉钢筋的直径）。

（2）对于简支梁，下部纵向受力钢筋伸入支座的锚固长度 l_{as} 应符合下列条件：

当 $V \leqslant 0.7 f_t b h_0$ 时，　　　　　　　$l_{as} \geqslant 5d$

当 $V > 0.7 f_t b h_0$ 时，带肋钢筋　　　　$l_{as} \geqslant 12d$

　　　　　　　　　　　　光面钢筋　　　　$l_{as} \geqslant 15d$

式中　d——纵向受力钢筋的直径。

2. 纵向钢筋的截断

承受跨中正弯矩的纵向受拉钢筋一般不在跨内截断，而是将其中一部分伸入支座，另一部分弯起；而对于支座附近负弯矩区段内的纵向受力钢筋，则常在一定位置截断以节约钢筋。

为此，首先需要介绍一下构件抵抗弯矩图的概念。所谓抵抗弯矩图就是以各截面实际配置的纵向受拉钢筋所能承受的弯矩为纵坐标，以相应的截面位置为横坐标，所作出的弯矩图（或称材料图）。它反映了沿梁长各正截面上材料的抗力，与构件的截面尺寸及配筋等条件有关。根据构件的抵抗弯矩图和荷载产生的弯矩图，就可以决定构件内纵向受拉钢筋的理论截断点及理论弯起点。为了保证构件各个截面均有足够的承载力，必须让荷载产生的弯矩图位于抵抗弯矩图的轮廓线之内。而抵抗弯矩图愈接近荷载产生的弯矩图，则构件的设计愈经济。

图 5-28 是一个受均布荷载作用的悬臂梁，其弯矩在嵌固端处为最大，在自由端处弯矩为零。如将根据嵌固端的最大弯矩值计算出的①号、②号纵向钢筋，全部伸到自由端，将会使大部分钢筋的强度没有被充分利用，不经济。为了节约钢材，应该把部分钢筋（图 5-28 中的①）截断，其理论截断点位置 a 可由在该处荷载产生的弯矩与余下钢筋（图 5-28 中的②）所能承担的弯矩相等的原则来确定。具体办法是：先将嵌固支座处弯矩值按截断和不截断钢筋的截面面积之比例进行划分，然后作平行于横轴的平行线和弯矩图相交，过交叉点再往下投影便得该纵向钢筋的理论截断点 a。

但是，如果①钢筋就在该处截断将会使斜截面抗弯承载力不够，因为若过理论截断点 a 有一条斜裂缝发生，斜截面上所受的弯矩作用将要比过 a 点的正截面上的弯矩要大，余下的钢筋②将显得不足。因此规范规定，钢筋混凝土梁支座截面负弯矩纵向受拉钢筋不宜在受拉区截断。如必须截断时，应符合下列规定：

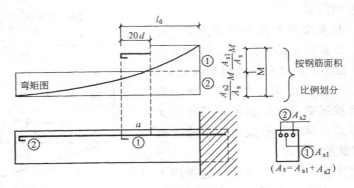

图 5-28 纵向受力钢筋的截断

(1) 当 $V \leqslant 0.7 f_t b h_0$ 时，应从正截面受弯承载力计算不需要该钢筋截面（理论截断点）向外延伸不小于 $20d$，且从该钢筋充分利用截面向外伸出的延伸长度 $l_d \geqslant 1.2 l_a$；

(2) 当 $V > 0.7 f_t b h_0$ 时，应从正截面受弯承载力计算不需要该钢筋截面向外延伸不小于 h_0，且不小于 $20d$，同时从该钢筋充分利用截面向外伸出的延伸长度 $l_d \geqslant 1.2 l_a + h_0$；

(3) 若按上述规定确定的截断点仍位于与支座最大负弯矩对应的受拉区内时，则应从正截面受弯承载力计算不需要该钢筋截面向外延伸不小于 $1.3 h_0$，且不小于 $20d$，同时从该钢筋充分利用截面向外伸出的延伸长度 $l_d \geqslant 1.2 l_a + 1.7 h_0$。

上式中，d 为纵向钢筋直径，l_a 为受拉钢筋的锚固长度见表 5-11。

受拉钢筋的最小锚固长度   表 5-11

钢 筋 种 类		混凝土强度等级								
		C20		C25		C30		C35		≥C40	
		$d \leqslant 25$	$d > 25$	$d \leqslant 25$	$d > 25$	$d \leqslant 25$	$d > 25$	$d \leqslant 25$	$d > 25$	$d \leqslant 25$	$d > 25$
HPB235	普通钢筋	$31d$	$31d$	$27d$	$27d$	$24d$	$24d$	$22d$	$22d$	$20d$	$20d$
HRB335	普通钢筋	$39d$	$42d$	$34d$	$37d$	$30d$	$33d$	$27d$	$30d$	$25d$	$27d$
	环氧树脂涂层钢筋	$48d$	$53d$	$42d$	$46d$	$37d$	$41d$	$34d$	$37d$	$31d$	$34d$
HRB400	普通钢筋	$46d$	$51d$	$40d$	$44d$	$36d$	$39d$	$33d$	$36d$	$30d$	$33d$
RRB400	环氧树脂涂层钢筋	$58d$	$63d$	$50d$	$55d$	$45d$	$49d$	$41d$	$45d$	$37d$	$41d$

注：1. 当弯锚时，有些部位的锚固长度为大于等于 $0.4 l_a + 15d$，见各类构件的标准构造详图；

2. 当钢筋在混凝土施工过程中易受扰动（如滑模施工）时，其锚固长度应乘修正系数 1.1；

3. 在任何情况下，锚固长度不得小于 250mm；

4. 光面钢筋（HPB235 级）受拉时，其末端应做 180°弯钩，弯后平直段长度不应小于 $3d$，但作受压钢筋时可不做弯钩。

3. 纵向钢筋的弯起

图 5-29 为梁靠近支座一端的情况。其抵抗弯矩图做法：首先在最大弯矩处将弯矩按各组成钢筋（图 5-29 中①②③号钢筋）的截面面积比例进行划分，然后作平行于横轴的平行线，平行线与弯矩图的交点则是按理论计算不需要该钢筋的截面。弯起钢筋从弯起点（图 5-29 中 A、C）开始将逐渐退出工作，在弯起钢筋与梁中心线的交点处（图 5-29 中 B、D）将完全退出工作。

当钢筋弯起之后，斜截面的抗弯能力可能要比原来正截面的抗弯承载力低，为了保证

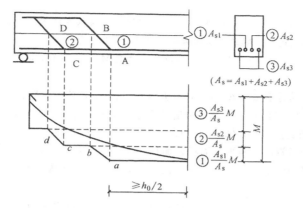

图 5-29 纵向钢筋的弯起

斜截面受弯承载力，规范规定：在梁的受拉区中，弯起钢筋与梁中心线的交点，应在不需要该钢筋的截面之外，同时，弯起点与按计算充分利用该钢筋的截面之间的距离不得小于 $h_0/2$。

思 考 题

1. 结构在规定设计使用年限内应满足哪些功能要求？

2. 什么是结构构件的极限状态？目前我国规范采用哪几类极限状态？

3. 什么是材料强度标准值？什么是材料强度设计值？

4. 永久荷载和可变荷载的分项系数在一般情况下取值多少？

5. 受弯构件中适筋梁从加载到破坏经历哪几个阶段？各阶段正截面上应力、应变分布规律是怎样的？各阶段的主要特征是什么？每个阶段是哪种极限状态的计算依据？

6. 什么是配筋率 ρ？配筋量对梁的正截面承载力有何影响？

7. 少筋梁、适筋梁与超筋梁的破坏特征有何区别？

8. 单筋矩形截面梁正截面承载力的计算应力图形是如何确定的？

9. 在适筋梁的承载力计算表达式中，为什么要规定适用条件？

10. 什么情况下采用双筋截面梁？为什么要求 $x \geqslant 2a'_s$？若这一条件不满足如何处理？

11. 梁的架立钢筋和板的分布钢筋各起什么作用？如何确定其位置和数量？

12. 梁、板中混凝土保护层的作用是什么？其最小值是多少？对梁内受力钢筋的净距有何要求？

13. 梁斜截面破坏的主要形态有哪几种？它们分别在什么情况下发生？如何防止这些破坏形态的发生？

14. 在斜截面抗剪承载力计算时，什么情况下须考虑集中荷载的影响？

15. 梁内箍筋有哪些作用？其主要构造要求有哪些？

16. 在一般情况下，限制箍筋及弯起钢筋的最大间距的目的是什么？

17. 应该采用哪些构造措施保证梁不发生斜截面受弯破坏？

18. 什么叫抵抗弯矩图？它与设计弯矩图有什么关系？

习 题

5-1 已知某钢筋混凝土矩形截面梁截面尺寸 $b \times h = 250\text{mm} \times 500\text{mm}$，承受弯矩设计值 $M = 125\text{kN} \cdot \text{m}$，混凝土强度等级 C20，钢筋强度等级为 HRB335 级。试用表格法求纵向受拉钢筋截面面

积 A_s。

5-2 单筋矩形截面简支梁，计算跨度 $l_0=6m$，承受均布荷载设计值 $q=40kN/m$，混凝土 C40，钢筋采用 HRB400 级，试确定梁的截面尺寸和所需纵向钢筋截面面积。

5-3 悬挑板厚 $h=70mm$，每米板宽承受的弯矩设计值 $M=6kN \cdot m$，混凝土 C20，采用 HPB235 级钢筋，计算板的配筋。

5-4 已知某砖砌地沟净宽 $l_n=2000mm$，盖板厚 $h=200mm$，盖板顶覆土厚 $H=3m$，地面可变荷载 $q=4kN/m^2$，混凝土强度等级为 C20，钢筋强度等级为 HRB335 级，试计算该现浇简支盖板的配筋，并绘配筋图。（提示：计算跨度 $l_0=1.05l_n$，$b=1000mm$，覆土属永久荷载，自重 $\gamma=18kN/m^3$）。

5-5 已知某单筋钢筋混凝土矩形截面梁截面尺寸 $b \times h=200mm \times 500mm$，混凝土强度等级 C20，采用 HRB335 级钢筋（2 Φ 18）$A_s=509mm^2$。试验算梁截面上承受弯矩设计值 $M=80kN \cdot m$ 时是否安全。

5-6 已知某钢筋混凝土矩形截面梁截面尺寸 $b \times h=200mm \times 450mm$，承受弯矩设计值 $M=225kN \cdot m$，混凝土强度等级 C25，钢筋强度等级为 HRB335 级。求纵向钢筋截面面积。

5-7 同上题，但在受压区已配置 2 Φ 22（$A_s'=760mm^2$）的纵向受压钢筋，试计算纵向受拉钢筋截面面积 A_s。

5-8 已知某单筋钢筋混凝土矩形截面梁截面尺寸 $b \times h=200mm \times 500mm$，混凝土强度等级 C25，采用 HRB335 级钢筋，设在梁的受压区已配置 2 Φ 16（$A_s'=402mm^2$）的纵向受压钢筋，在受拉区配置 4 Φ 18（$A_s=1018mm^2$）的纵向受拉钢筋，求该梁截面上所能承受的最大弯矩设计值 M_u。

5-9 已知某承受均布荷载的矩形截面简支梁，截面尺寸 $b \times h=200mm \times 500mm$，$a_s=35mm$，混凝土强度等级 C20，箍筋采用 HPB235 级，在支座边缘处由均布荷载产生的剪力设计值 $V=110kN$，仅配置箍筋时，试求采用 $\phi6$ 双肢箍筋间距 s。

5-10 已知某钢筋混凝土矩形截面简支梁，净跨 $l_n=5.5m$，截面尺寸 $b \times h=250mm \times 550mm$，混凝土强度等级 C20，纵向钢筋采用 HRB335 级，箍筋采用 HPB235 级，已知梁中纵向受力钢筋为 4 Φ 22，试求：当采用 $\phi6@200$ 双肢箍筋时，梁所能承受的均布荷载设计值（$g+q$）为多少？

第六章　钢筋混凝土受压、受拉构件承载力计算

第一节　受压构件承载力计算

钢筋混凝土受压构件可分轴心受压构件和偏心受压构件。当轴向压力作用线与截面形心重合（截面只有轴向压力）时，称为轴心受压构件；当轴向压力作用线与截面形心不重合（截面上既有压力，又有弯矩）时，称为偏心受压构件。

在实际工程中，由于施工时截面尺寸和钢筋位置的误差，混凝土本身的不均匀性、荷载实际作用位置的偏差等原因，理想的轴心受压构件是不存在的。但为了简化计算，对屋架受压腹件和一般对称框架的中柱，图 6-1（a），大型水池中无梁楼盖的支柱，可近似简化为轴心受压构件计算。其余情况，如有顶盖的矩形水池池壁、大型泵房的柱，图 6-1（b）、（c），应按偏心受压构件计算。

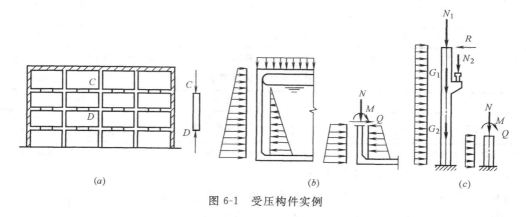

图 6-1　受压构件实例

一、轴心受压构件承载力计算

（一）轴心受压构件的破坏特征

钢筋混凝土轴心受压构件可分"短柱"和"长柱"两类。当矩形截面柱长细比 $\frac{l_0}{b} \leqslant 8$（式中 l_0 为构件计算长度，b 为矩形截面短边尺寸），称为短柱，否则为长柱。

为了建立钢筋混凝土轴心受压构件的计算公式，首先需要了解短柱在轴向压力作用下的破坏过程及混凝土与钢筋的应力状态。大量试验表明：配有纵筋和普通箍筋的短柱，在荷载作用下整个截面压应变是均匀分布的，轴向力在截面产生的压力由混凝土和钢筋共同承担。随荷载的增加，混凝土塑性变形有所发展，因此，混凝土应力增长减慢，而钢筋的应力增长加快。破坏时，一般是钢筋先达到抗压屈服强度，然后混凝土达到极限压应变，柱子四周出现明显的纵向裂缝，混凝土保护层剥落，箍筋间的纵向钢筋向外凸出，混凝土

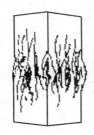

图 6-2 轴心受压构件的破坏形态

被压碎,整个柱子破坏(图6-2)。

试验还表明:对长细比较大的长柱,由于纵向弯曲的影响,其承载力低于条件完全相同的短柱。当构件长细比过大时还会发生失稳破坏。规范采用稳定系数 φ 来反映长柱承载力降低的程度(见表6-1)。由表6-1可以看出,长细比 $\dfrac{l_0}{b}$ 越大 φ 值越小,而对短柱,可不考虑纵向弯曲的影响,取 $\varphi=1$。

构件计算长度 l_0 与构件两端的支承情况及有无侧移等因素有关,对一般多层房屋中梁柱为刚接的框架结构,各层柱的计算长度可按表6-2采用。

钢筋混凝土轴心受压构件稳定系数 φ 表 6-1

l_0/b	≤8	10	12	14	16	18	20	22	24	26	28
l_0/d	≤7	8.5	10.5	12	14	15.5	17	19	21	22.5	24
l_0/i	≤28	35	42	48	55	62	69	76	83	90	97
φ	1.0	0.98	0.95	0.92	0.87	0.81	0.75	0.70	0.65	0.60	0.56
l_0/b	30	32	34	36	38	40	42	44	46	48	50
l_0/d	26	28	29.5	31	33	34.5	36.5	38	40	41.5	43
l_0/i	104	111	118	125	132	139	146	153	160	167	174
φ	0.52	0.48	0.44	0.40	0.36	0.32	0.29	0.26	0.23	0.21	0.19

注:l_0—构件计算长度;b—矩形截面的短边尺寸;d—圆形截面的直径;i—截面最小回转半径。

框架结构各层柱的计算长度 表 6-2

楼盖类型	柱的类别	l_0	楼盖类型	柱的类别	l_0
现浇楼盖	底层柱	1.0H	装配式楼盖	底层柱	1.25H
	其余各层柱	1.25H		其余各层柱	1.5H

注:表中 H 对底层柱为从基础顶面到一层楼盖顶面的高度;对其余各层柱为上、下两层楼盖顶面之间的高度。

(二)轴心受压构件承载力计算公式

根据上述分析可得轴心受压构件的应力图形,如图6-3所示。根据力的平衡条件,并考虑稳定系数 φ 后,可写出轴心受压构件当配有普通箍筋时,其正截面受压承载力计算公式:

$$N \leqslant 0.9\varphi(f_c A + f_y' A_s') \qquad (6-1)$$

式中　N——轴向压力设计值;

f_c——混凝土轴心抗压强度设计值,按表4-2确定;

A_s'——全部纵向钢筋的截面面积;

A——构件截面面积,当 $\rho' = \dfrac{A_s'}{A} > 3\%$ 时,A 应改用 $A\text{-}A_s'$ 代替;

φ——钢筋混凝土构件的稳定系数,按表6-1采用;

0.9——系数,为保证轴心受压与偏心受压构件正截面承载

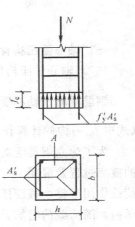

图 6-3 轴心受压构件
计算应力图形

116

力计算具有相近的可靠度。

（三）计算方法和步骤

1. 截面设计

已知：轴向压力设计值 N，柱的计算长度 l_0，截面尺寸 b、h，混凝土强度等级和钢筋级别。

求：截面配筋。

【解】（1）根据柱的长细比 $\dfrac{l_0}{b}$，由表 6-1 查得稳定系数 φ。

（2）计算纵向钢筋截面面积。

由式（6-1）得

$$A_s' = \frac{\dfrac{N}{0.9\varphi} - f_c A}{f_y'}$$

（3）验算配筋率。

$$\rho_{min}' \leqslant \rho' = \frac{A_s'}{A} \leqslant \rho_{max}'$$

（4）按构造配置箍筋。

2. 截面复核

已知：柱的计算长度 l_0，截面尺寸 b、h，纵向钢筋截面面积 A_s'，混凝土强度等级和钢筋级别。

求：轴心受压柱的承载力设计值 N_u，或复核 $N \leqslant N_u$ 截面是否安全。

此时，可先按构件长细比 $\dfrac{l_0}{b}$，由表 6-1 查得稳定系数 φ，然后验算配筋率 ρ'，并由式（6-1）直接求解。

二、偏心受压构件承载力计算

（一）偏心受压构件的破坏特征

偏心受压构件的破坏特征与轴向力的偏心距和配筋情况有关，可分为大偏心受压破坏和小偏心受压破坏两种情况。

1. 大偏心受压破坏

大偏心受压破坏发生在轴向力偏心距较大，且截面距纵向力较远一侧的钢筋 A_s 配置适量时，这时，在荷载作用下截面靠近纵向力作用的一侧受压，另一侧受拉。随荷载增加，受拉区混凝土首先产生横向裂缝，继续加荷载，裂缝不断开展延伸，受拉区钢筋 A_s 达到屈服强度，混凝土受压区高度迅速减小，压应变急剧增加，当受压区边缘混凝土的压应变达到其极限值时，受压区混凝土压碎而导致构件破坏，此时受压钢筋 A_s' 也达到受压屈服强度。破坏时的应力状态如图 6-4（a）所示。

2. 小偏心受压破坏

小偏心受压破坏发生在偏心距较小，或偏心距较大，但截面距轴向力较远一侧钢筋 A_s 配置过多时。这时，在荷载作用下截面大部分或全部受压。随荷载增加，离轴向压力近侧的受压区边缘混凝土压应变首先达到极限值，混凝土压碎而导致构件破坏。破坏时该

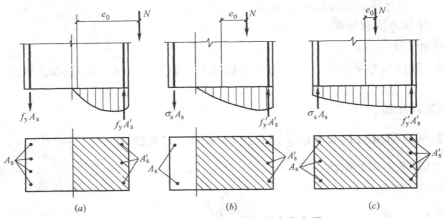

图 6-4　偏心受压构件截面应力分布图

侧受压钢筋 A_s' 达到屈服强度，而远离压力一侧的钢筋 A_s，无论受压还是受拉其强度均未达到屈服强度。当截面大部分受压时，其拉区可能出现细微的横向裂缝，而当截面全部受压时，截面无横向裂缝出现。破坏时的应力状态如图 6-4（b）、（c）所示。

此外，当偏心距很小，且轴向压力近侧的纵筋 A_s' 多于压力远侧的纵筋 A_s 时，混凝土和纵筋的压坏有可能发生在压力远侧而不是近侧，称反向破坏。如采用对称配筋，则可避免此情况发生。

3. 两类偏压破坏的界限

在大偏心受压破坏和小偏心受压破坏之间存在一种界限破坏，即受拉钢筋达到屈服强度 f_y 的同时，受压混凝土也达到极限压应变 ε_{cu}。根据界限破坏的特征和平截面假定，可知大小偏心受压破坏的界限与受弯构件正截面适筋与超筋的界限是相同的。因此，大小偏压界限破坏时截面的相对受压区高度 ξ_b 仍按表 5-3 查得。

当 $\xi \leqslant \xi_b$ 时，为大偏心受压；

当 $\xi > \xi_b$ 时，为小偏心受压。

（二）附加偏心距和初始偏心距及偏心距增大系数

1. 附加偏心距和初始偏心距

已知偏心受压构件截面上的弯矩 M 和轴向力 N，便可求出轴向力对截面重心的偏心距 $e_0 = M/N$。同时，由于工程中实际存在着荷载作用位置的不定性、混凝土质量的不均匀性及施工偏差等因素，还可能产生附加偏心距 e_a，因此，在偏心受压构件正截面承载力计算中，必须考虑附加偏心距 e_a 的影响。

我国规范参考国外规范的经验，并根据我国实际情况，取附加偏心距 e_a 为 20mm 和偏心方向截面最大尺寸的 1/30 两者中的较大值。

考虑附加偏心距后在计算偏心受压构件正截面承载力时，应将轴向力对截面重心的偏心距取为 e_i，称为初始偏心距，即 $e_i = e_0 + e_a$。

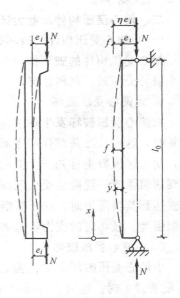

图 6-5　纵向挠曲变形

118

2. 偏心距增大系数

偏心受压长柱在偏心压力作用下将产生纵向挠曲变形（图 6-5），使偏心距由原来的 e_i 增加为 e_i+f，其中 f 为侧向挠度，相应作用在截面上的弯矩也由 Ne_i 增加为 $N(e_i+f)$，截面弯矩中的 Ne_i 称为一阶弯矩，Nf 称为二阶弯矩。显然由于二阶弯矩效应的影响，偏心受压长柱的承载力将显著降低。我国规范采用将轴向力对截面重心的初始偏心距 e_i 乘以一个偏心距增大系数 η 的办法，考虑上述二阶弯矩效应的影响。即：$e_i+f=(1+f/e_i)e_i=\eta e_i$。

根据对国内钢筋混凝土偏心受压构件的试验结果和理论分析，得出偏心距增大系数的计算公式：

$$\eta=1+\frac{1}{1400\frac{e_i}{h_0}}\left(\frac{l_0}{h}\right)^2\zeta_1\zeta_2 \tag{6-2}$$

$$\zeta_1=\frac{0.5f_cA}{N}$$

$$\zeta_2=1.15-0.01\frac{l_0}{h}$$

式中　l_0——构件计算长度；

　　　ζ_1——偏心受压构件的截面曲率修正系数，当 $\zeta_1>1$ 时，取 $\zeta_1=1$；

　　　A——构件截面面积；

　　　ζ_2——构件长细比对曲率的影响系数，当 $l_0/h\leqslant15$ 时，取 $\zeta_2=1$。

还须指出，上述 η 公式的适用条件对矩形截面是 $5<\frac{l_0}{h}\leqslant30$ 的长柱，对 $\frac{l_0}{h}\leqslant5$ 的短柱，侧向挠度很小，可认为纵向挠曲引起的二阶弯矩影响可忽略不计，即可取 $\eta=1$。而对 $\frac{l_0}{h}>30$ 的细长柱，破坏是由构件失稳引起的，材料强度不能充分发挥作用，故设计中应尽量避免采用。

（三）矩形截面偏心受压构件承载力计算

1. 基本公式及适用条件

（1）大偏心受压（$\xi\leqslant\xi_b$）。

大偏心受压构件破坏时截面的计算应力图形如图 6-6 所示。这时，受拉区混凝土不参加工作，受拉钢筋应力达强度设计值 f_y，受压区混凝土的应力图形为等效矩形，其压应力值为 α_1f_c，受压钢筋应力达到抗压强度设计值 f_y'，为考虑纵向弯曲对承载力的影响，图中偏心距为 ηe_i。根据截面应力图形，由平衡条件可写出大偏心受压破坏的基本计算公式：

$$\sum N=0 \qquad N\leqslant\alpha_1f_cbx+f_y'A_s'-f_yA_s \tag{6-3}$$

$$\sum M=0 \qquad Ne\leqslant\alpha_1f_cbx\left(h_0-\frac{x}{2}\right)+f_y'A_s'(h_0-a_s') \tag{6-4}$$

式中　e——轴向力作用点至受拉钢筋合力点的距离，其值为：

$$e = \eta e_i + \frac{h}{2} - a_s$$

N——轴向压力设计值。

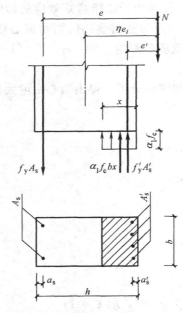

图 6-6 大偏心受压计算应力图形

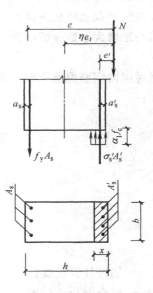

图 6-7 $x < 2a'_s$ 时大偏受压计算应力图形

基本公式的适用条件：

1) $\xi \leqslant \xi_b$ 或 $x \leqslant \xi_b h_0$

2) $x \geqslant 2a'_s$

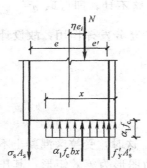

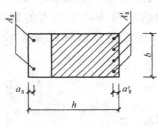

图 6-8 小偏心受压构件
计算应力图形

条件 1) 是保证截面为大偏心受压破坏。条件 2) 是使截面破坏时受压钢筋应力能达到其抗压强度设计值。当 $x < 2a'_s$ 时，可取 $x = 2a'_s$ 并对受压钢筋 A'_s 合力点取矩（图 6-7）得：

$$Ne' = f_y A_s (h_0 - a'_s) \tag{6-5}$$

式中 e'——轴向力作用点至受压钢筋合力点的距离，其值为：

$$e' = \eta e_i - \frac{h}{2} + a'_s$$

（2）小偏心受压（$\xi > \xi_b$）。

小偏心受压构件破坏时截面的计算应力图形如图 6-8 所示。这时，受压区混凝土的压应力图形为等效矩形，其压应力值为 $\alpha_1 f_c$，受压钢筋达到抗压强度设计值 f'_y，而远离轴向力一侧的钢筋应力无论受压还是受拉均未达到强度设计值，即 $-f'_y < \sigma_s < f_y$，根据截面应力图形，由平衡条件可写出小偏心受压破坏的基本公式：

$$\sum N = 0 \qquad N \leqslant \alpha_1 f_c b x + f'_y A'_s - \sigma_s A_s \qquad (6-6)$$

$$\sum M = 0 \qquad N e \leqslant \alpha_1 f_c b x \left(h_0 - \frac{x}{2} \right) + f'_y A'_s (h_0 - a'_s) \qquad (6-7)$$

式中 $\qquad\qquad\qquad\qquad e = \eta e_i + \dfrac{h}{2} - a_s$

该组公式与大偏压公式不同的是，远离轴向力一侧的钢筋应力为 σ_s，其大小和方向有待确定。规范根据大量试验资料的分析，建议按下列简化公式计算：

$$\sigma_s = \frac{\dfrac{x}{h_0} - \beta_1}{\xi_b - \beta_1} f_y = \frac{\xi - \beta_1}{\xi_b - \beta_1} f_y \qquad (6-8)$$

式中　β_1——系数，当混凝土强度等级不超过 C50 时，$\beta_1 = 0.8$；当混凝土强度等级为 C80 时，$\beta_1 = 0.74$；其间按线性内插法取用。

σ_s 计算值为正号时，表示拉应力；为负号时，表示压应力；其取值范围是：$-f'_y \leqslant \sigma_s \leqslant f_y$。

基本公式的适用条件：

1) $\xi > \xi_b$ 或 $x > \xi_b h_0$；

2) $x < h$。

如不满足适用条件 2) 即 $x > h$ 时，取 $x = h$ 计算。

上述小偏心受压公式仅适用于轴向压力近侧先压坏的一般情况，对于采用非对称配筋的小偏心受压构件，当 $N > f_c bh$ 时，尚应验算离偏心压力较远一侧混凝土先被压坏的反向破坏情况。

对于小偏心受压构件除了应计算弯矩作用平面的承载力，还应按轴心受压构件验算垂直于弯矩作用平面的受压承载力。

2. 对称配筋矩形截面偏心受压构件承载力计算方法和步骤

偏心受压构件的截面配筋方式有对称配筋和非对称配筋两种。由于非对称配筋在实际工作中很少采用，本书不再介绍该方法。对称配筋是在柱截面两侧配置相等的钢筋，即 $A_s = A'_s$　$f_y = f'_y$。采用这种配筋方式的偏心受压构件可以承受变号弯矩作用，施工也比较简单，对装配式柱还可以避免弄错安装方向而造成事故。因此，对称配筋在实际工作中广泛采用。

(1) 计算方法。

1) 对称配筋时大小偏心的判别。由于对称配筋时 $A_s f_y = f'_y A'_s$，在大偏心受压破坏的基本计算公式 (6-3) 中两者相互抵消，再将式中 x 用 ξh_0 表示，于是得：

$$\xi = \frac{N}{\alpha_1 f_c b h_0} \qquad (6-9)$$

当 $\xi \leqslant \xi_b$ 时，为大偏心受压构件；当 $\xi > \xi_b$ 时，为小偏心受压构件。

2) 大偏心受压 ($\xi \leqslant \xi_b$)。按式 (6-9) 求出 ξ 值。

当 $\dfrac{2a'_s}{h_0} \leqslant \xi \leqslant \xi_b$ 时，可将式 (6-4) 中的 x 用 ξh_0 表示得：

$$A_s = A_s' = \frac{Ne - \alpha_1 f_c b h_0^2 \xi (1 - 0.5\xi)}{f_y'(h_0 - a_s')} \tag{6-10}$$

式中

$$e = \eta e_i + \frac{h}{2} - a_s$$

当 $\xi < \dfrac{2a_s'}{h_0}$ 时，可由式（6-5）得：

$$A_s = A_s' = \frac{Ne'}{f_y(h_0 - a_s')} \tag{6-11}$$

式中

$$e' = \eta e_i - \frac{h}{2} + a_s'$$

3）小偏心受压（$\xi > \xi_b$）。将小偏心受压构件基本公式（6-6）和式（6-7）中的 σ_s 和 x 换成 ξ 的表达式，然后联立方程组求解 ξ 值。由于出现 ξ 的三次方程式，很难求解，于是规范给出 ξ 的近似计算公式：

$$\xi = \frac{N - \xi_b \alpha_1 f_c b h_0}{\dfrac{Ne - 0.43 \alpha_1 f_c b h_0^2}{(\beta_1 - \xi_b)(h_0 - a_s')} + \alpha_1 f_c b h_0} + \xi_b \tag{6-12}$$

当按式（6-12）求得的 $\xi > \xi_b$ 时，为小偏心受压构件，再将式（6-7）中的 x 用 ξh_0 表示，并将 ξ 代入得：

$$A_s = A_s' = \frac{Ne - \alpha_1 f_c b h_0^2 \xi (1 - 0.5\xi)}{f_y'(h_0 - a_s')} \tag{6-13}$$

式中

$$e = \eta e_i + \frac{h}{2} - a_s$$

计算时，无论大小偏心受压构件都要满足 $A_s = A_s' \geqslant 0.002bh$ 的最小配筋率要求。此外，对小偏心受压构件还需按轴心受压构件验算垂直于弯矩作用平面的承载力。

（2）计算步骤。

截面设计时已知：截面内力设计值 N、M，构件的计算长度 l_0，截面尺寸 b、h，混凝土强度等级和钢筋级别。

求：对称配筋时纵向钢筋的截面面积。

【解】 1）求初始偏心距。

$$e_0 = M/N, \quad e_i = e_0 + e_a$$

2）求偏心距增大系数。

当 $l_0/h \leqslant 5$ 时，$\eta = 1$；

当 $l_0/h > 5$ 时，η 按式（6-2）计算。

3）判断大小偏心受压。

由式（6-9）求 ξ 值：

$$\xi = \frac{N}{\alpha_1 f_c b h_0}$$

当 $\xi \leqslant \xi_b$ 时，为大偏心受压构件；当 $\xi > \xi_b$ 时，为小偏心受压构件。

4）计算纵向钢筋的截面面积。

当 $\dfrac{2a'_s}{h_0} \leqslant \xi \leqslant \xi_b$ 时，按式（6-10）求 $A_s = A'_s$；

当 $\xi < \dfrac{2a'_s}{h_0}$ 时，按式（6-11）求 $A_s = A'_s$；

当 $\xi > \xi_b$ 时，按式（6-12）重求 ξ 值，并代入式（6-13）求 $A_s = A'_s$。

5）验算最小配筋率。

6）小偏心受压构件还需验算垂直于弯矩作用平面的承载力。

三、受压构件的构造要求

1. 材料强度等级

为了减小构件截面尺寸、节约钢材，在设计中宜采用强度等级较高的混凝土，一般为 C20～C30。而钢筋通常采用热轧钢筋，这是因为在受压构件中高强度钢筋不能充分发挥作用。

2. 截面形式及尺寸

为了方便施工，轴心受压构件截面一般为正方形或圆形，偏心受压构件截面可采用矩形，截面长边布置在弯矩作用方向。当截面长边超过 600～800mm 时，为节省混凝土及减轻自重，也常采用工字形截面。

对于方形和矩形截面柱，其截面尺寸不宜小于 250mm×250mm，为避免长细比过大，常取截面长边 $h \geqslant l_0/25$，短边 $b \geqslant l_0/30$（l_0 为柱的计算长度），偏心受压柱长短边的比值可随偏心矩的增加而适当加大，但 h/b 最大不宜超过 3.0。此外，为了施工支模方便，当 $h \leqslant 800$mm 时，截面尺寸以 50 为模数；当 $h > 800$mm 时，以 100mm 为模数。

3. 纵向钢筋

柱内纵向钢筋，除了与混凝土共同受力，提高柱的抗压承载力外，还可改善混凝土破坏的脆性性质，减小混凝土徐变，承受混凝土收缩和温度变化引起的拉力。

轴心受压柱的纵向钢筋应沿截面周边均匀、对称布置，如图 6-9（a），偏心受压柱则在和弯矩作用方向垂直的两个侧边布置如图 6-9（c）。为了增加骨架的刚度，减少箍筋的用量，最好选用直径较粗的纵向钢筋，通常直径采用 12～32mm。同时矩形截面柱根数不应少于 4 根，圆形截面柱不应少于 6 根（以不少于 8 根为宜）。

当偏心受压柱的截面长边大于 600mm 时，在每侧长边中点还应加设直径为 10～16mm 的纵向构造钢筋，并相应地设置复合箍筋或拉筋如图 6-9（d）、（e）、（f）。

柱内纵向钢筋的净距不应小于 50mm；对水平浇筑的预制柱，其纵向钢筋的最小净距可按梁的有关规定取用，柱中纵向钢筋的中距不宜大于 300mm。混凝土保护层厚度见表 5-8。

柱中全部纵向钢筋的配筋率不宜超过 5%，且不小于表 5-4 中最小配筋率的要求，通常配筋率在 0.6%～2% 之间。

4. 箍筋

箍筋不但可以保证纵向钢筋位置的正确，防止纵向钢筋压曲，而且对混凝土受压后的侧向膨胀起约束作用，偏心受压柱中剪力较大时还可以起到抗剪作用。因此，柱及其他受

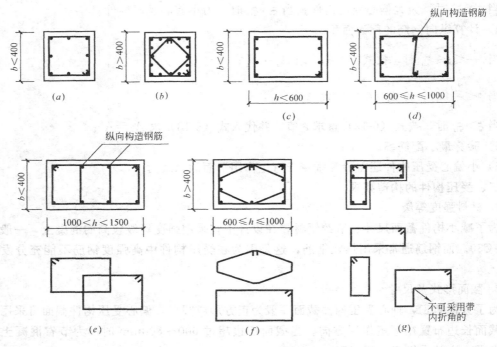

图 6-9　受压构件箍筋形式

压构件中的箍筋应做成封闭式。

柱内箍筋间距不应大于 400mm，及构件截面的短边尺寸，同时不应大于 $15d$（d 为纵向钢筋的最小直径）。此外，柱内纵向钢筋搭接范围内箍筋间距当为受拉时不应大于 $5d$，且不应大于 100mm；当为受压时不应大于 $10d$，且不应大于 200mm。

柱内箍筋直径不应小于 $d/4$，且不应小于 6mm（d 为纵向钢筋的最大直径）。当柱中全部纵向钢筋的配筋率超过 3％时，箍筋直径不宜小于 8mm，间距不应大于纵向钢筋最小直径的 10 倍，且不应大于 200mm。箍筋可焊成封闭环式，或在箍筋末端做成不小于 135°的弯钩，弯钩末端平直段长度不应小于 10 倍箍筋直径。

当柱截面短边尺寸大于 400mm，且各边纵向钢筋多于 3 根时，或当柱截面短边未超过 400mm，但各边纵向钢筋多于 4 根时，应设置复合箍筋（图 6-9b、f）。对截面复杂的柱，注意不可采用具有内折角的箍筋，以免产生向外拉力而使折角处混凝土破损。

四、受压构件承载力计算实例

【**例 6-1**】　某清水池装配式顶盖的中间支柱，承受轴向压力设计值 $N=1700$kN（包括自重），截面尺寸为 400mm×400mm，柱高 $H=6$m，混凝土强度等级 C20（$f_c=9.6$N/mm²），纵向钢筋采用 HRB335 级（$f'_y=300$N/mm²），试确定该柱纵向钢筋和箍筋。

【**解**】　（1）稳定系数 φ。

柱的计算长度　　　　　　　　$l_0=1.0$　　$H=6$m

长细比　　　　　　　　　　　$\dfrac{l_0}{b}=\dfrac{6000}{400}=15$

查表 6-1 稳定系数　　　　　　$\varphi=0.895$

（2）计算纵向钢筋截面面积。

$$A'_s = \frac{\frac{N}{0.9\varphi} - f_c A}{f'_y} = \frac{\frac{1700 \times 10^3}{0.9 \times 0.895} - 9.6 \times 400 \times 400}{300} = 1915 \text{mm}^2$$

纵向钢筋选用 4 ϕ 25（$A'_s = 1964 \text{mm}^2$）

（3）验算配筋率。 $\rho'_{min} = 0.6\% < \rho' = \frac{A'_s}{A} = \frac{1964}{400 \times 400} = 1.23\% < \rho'_{max} = 5\%$

（4）确定箍筋。箍筋选用 $\phi8@300$，箍筋间距 ≤ 400mm 且 $\leq 15d = 375$mm，箍筋直径 $> \frac{d}{4} = \frac{25}{4} = 6.25$mm 且 > 6mm，满足构造要求。柱截面配筋见图6-10。

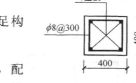

图 6-10 例 6-1 图

【例 6-2】 某轴心受压柱截面尺寸 $b \times h = 300\text{mm} \times 300\text{mm}$，配有 HRB400 级 4 ϕ 20 钢筋（$f'_y = 360\text{N/mm}^2$，$A'_s = 1256\text{mm}^2$），计算长度 $l_0 = 4$m，混凝土强度等级为 C25（$f_c = 11.9\text{N/mm}^2$），求该柱承载力设计值。

【解】 （1）确定稳定系数 φ。

长细比 $l_0/b = 4000/300 = 13.3$，查表 6-1 稳定系数 $\varphi = 0.931$。

（2）求柱截面承载力设计值。

验算配筋率 $\rho'_{min} = 0.6\% < \rho' = \frac{A'_s}{A} = \frac{1256}{300 \times 300} = 1.4\% < \rho'_{max} = 5\%$

$N_u = 0.9\varphi(f_c A + f'_y A'_s) = 0.9 \times 0.931(11.9 \times 300 \times 300 + 360 \times 1256) = 1276\text{kN}$

【例 6-3】 已知某泵房矩形截面偏心受压柱，截面尺寸 $b \times h = 400\text{mm} \times 600\text{mm}$，截面轴向力设计值 $N = 940\text{kN}$，弯矩设计值 $M = 470\text{kN} \cdot \text{m}$。混凝土 C30（$f_c = 14.3\text{N/mm}^2$），钢筋采用 HRB400 级（$f_y = f'_y = 360\text{N/mm}^2$），柱的计算长度 $l_0 = 3$m，$a_s = a'_s = 40$mm，采用对称配筋，求纵向钢筋截面面积。

【解】 （1）求初始偏心距。

$$h_0 = 600 - 40 = 560\text{mm}$$

$$e_0 = M/N = \frac{470 \times 10^6}{940 \times 10^3} = 500\text{mm}$$

$$e_a = 20\text{mm}（取 20\text{mm} 和 \frac{h}{30} = \frac{600}{30} = 20\text{mm} 中的较大者）$$

$$e_i = e_0 + e_a = 500 + 20 = 520\text{mm}$$

（2）求偏心距增大系数。

由于 $l_0/h = 3000/600 = 5$，所以 $\eta = 1$

（3）判断大小偏心受压。

$$\xi = \frac{N}{\alpha_1 f_c b h_0} = \frac{940 \times 10^3}{1 \times 14.3 \times 400 \times 560} = 0.293 < \xi_b = 0.518（查表 5-3）$$

且 $> \frac{2a'_s}{h_0} = \frac{80}{560} = 0.143$

属大偏心受压构件。

（4）计算纵向钢筋的截面面积。

$$e = \eta e_i + \frac{h}{2} - a'_s = 1 \times 520 + \frac{600}{2} - 40 = 780 \text{mm}$$

$$A_s = A'_s = \frac{Ne - \alpha_1 f_c b h_0^2 \xi (1 - 0.5\xi)}{f'_y (h_0 - a'_s)}$$

$$= \frac{940 \times 10^3 \times 780 - 1 \times 14.3 \times 400 \times 560^2 \times 0.293(1 - 0.5 \times 0.293)}{360 \times (560 - 40)}$$

$$= 1518 \text{mm}^2 > 0.2\% bh = 0.2\% \times 400 \times 600 = 480 \text{mm}^2$$

每侧选用 4Φ22 钢筋（$A_s = A'_s = 1520 \text{mm}^2$），$\phi 6@250$ 箍筋，同时在长边中点配置 2ϕ12 构造纵向钢筋及 $\phi 6@250$ 拉筋，截面配筋如图 6-11 所示。

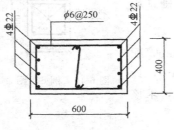

图 6-11 例 6-3 图

【例 6-4】 已知条件同上题，但截面轴向力设计值 $N = 2200 \text{kN}$，求纵向钢筋截面面积。

【解】（1）求初始偏心距。

$$e_0 = M/N = \frac{470 \times 10^6}{2200 \times 10^3} = 213.6 \text{mm}$$

$$e_a = 20 \text{mm}$$

$$e_i = e_0 + e_a = 213.6 + 20 = 233.6 \text{mm}$$

（2）判断大小偏心受压。

$$h_0 = 560 \text{mm}$$

$$\xi = \frac{N}{\alpha_1 f_c b h_0} = \frac{2200 \times 10^3}{1 \times 14.3 \times 400 \times 560} = 0.687 > \xi_b = 0.518 \text{（查表 5-3）}$$

属小偏心受压构件。

（3）求小偏心受压构件真实的 ξ 值。

$$e = \eta e_i + \frac{h}{2} - a'_s = 1 \times 233.6 + \frac{600}{2} - 40 = 493.6 \text{mm}$$

$$\xi = \frac{N - \xi_b \alpha_1 f_c b h_0}{\dfrac{Ne - 0.43 \alpha_1 f_c b h_0^2}{(\beta_1 - \xi_b)(h_0 - a'_s)} + \alpha_1 f_c b h_0} + \xi_b$$

$$= \frac{2200 \times 10^3 - 0.518 \times 1 \times 14.3 \times 400 \times 560}{\dfrac{2200 \times 10^3 \times 493.6 - 0.43 \times 1 \times 14.3 \times 400 \times 560^2}{(0.8 - 0.518)(560 - 40)} + 1 \times 14.3 \times 400 \times 560} + 0.518$$

$$= 0.619 > \xi_b = 0.518$$

（4）计算纵向钢筋的截面面积

$$A_s = A'_s = \frac{Ne - \alpha_1 f_c b h_0^2 \xi (1 - 0.5\xi)}{f'_y (h_0 - a'_s)}$$

$$= \frac{2200 \times 10^3 \times 493.6 - 1 \times 14.3 \times 400 \times 560^2 \times 0.619(1 - 0.5 \times 0.619)}{360 \times (560 - 40)}$$

$$= 1705 \text{mm}^2 > 0.2\% bh = 0.2\% \times 400 \times 600 = 480 \text{mm}^2$$

每侧选用 4Φ25 钢筋（$A_s = A'_s = 1964 \text{mm}^2$），经验算垂直于弯矩作用平面的承载力安全（过程略）。

126

第二节　受拉构件承载力计算

受拉构件可分轴心受拉构件和偏心受拉构件。当轴向拉力作用线与截面形心重合时，称为轴心受拉构件。如：钢筋混凝土屋架的下弦杆，自来水压力管和圆形水池环向池壁。当轴向拉力作用线与截面形心不重合（截面上既有拉力作用，又有弯矩作用）时，称为偏心受拉构件。如：矩形水池池壁等（图 6-12）。

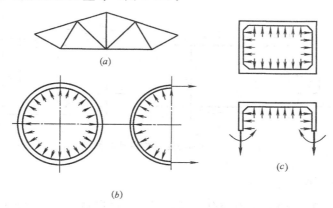

图 6-12　受拉构件实例

(a) 屋架；(b) 圆形水池；(c) 矩形水池

一、轴心受拉构件承载力计算

轴心受拉构件开裂前，拉力由混凝土与钢筋共同承受。开裂后，混凝土退出受拉工作，全部拉力由钢筋承担。当钢筋应力达到屈服时，构件即将破坏，所以，轴心受拉构件承载力计算公式为：

$$N \leqslant f_y A_s \tag{6-14}$$

式中　N——轴向拉力设计值；

　　　f_y——钢筋抗拉强度设计值，规范规定当轴心受拉和小偏心受拉构件的 f_y 大于 300N/mm^2 时，应取 $f_y = 300\text{N/mm}^2$；

　　　A_s——纵向受拉钢筋的全部截面面积。

二、偏心受拉构件承载力计算

（一）基本公式及适用条件

偏心受拉构件正截面承载力计算，按轴向拉力作用位置不同，分两种情况：当轴向力作用在钢筋 A_s 合力点及 A_s' 合力点之间时（$e_0 \leqslant \dfrac{h}{2} - a_s$），属小偏心受拉情况。当轴向力不作用在钢筋 A_s 合力点及 A_s' 合力点之间时（$e_0 > \dfrac{h}{2} - a_s$），属大偏心受拉情况。

1. 小偏心受拉（$e_0 \leqslant \dfrac{h}{2} - a_s$）

小偏心受拉构件破坏时，截面全部裂通，混凝土退出工作，拉力全部由钢筋承担，钢筋 A_s 及 A_s' 的拉应力达到屈服，其计算应力图形如图 6-13 所示。分别对钢筋合力点取矩，可得小偏心受拉构件的计算公式：

$$\sum M = 0 \qquad Ne \leqslant f_y A_s'(h_0 - a_s') \tag{6-15}$$

$$Ne' \leqslant f_y A_s(h_0' - a_s) \tag{6-16}$$

式中 $e = \dfrac{h}{2} - a_s - e_0$

$\quad\quad e' = \dfrac{h}{2} - a_s' + e_0$

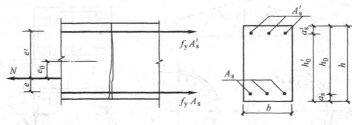

图 6-13 小偏心受拉构件计算简图

2. 大偏心受拉 $\left(e_0 > \dfrac{h}{2} - a_s\right)$

大偏心受拉构件破坏时，截面部分开裂，仍有压区存在，当采用非对称配筋时，钢筋 A_s 和 A_s' 的应力均能达到屈服，受压区混凝土压碎破坏，其计算应力图形如图 6-14 所示。根据平衡条件，大偏心受拉构件的计算公式为：

$$\sum N = 0 \qquad N \leqslant f_y A_s - f_y' A_s' - \alpha_1 f_c bx \tag{6-17}$$

$$\sum M = 0 \qquad Ne \leqslant \alpha_1 f_c bx \left(h_0 - \dfrac{x}{2}\right) + f_y' A_s'(h_0 - a_s') \tag{6-18}$$

式中 $e = e_0 - \dfrac{h}{2} + a_s$

公式适用条件 $\qquad 2a_s' \leqslant x \leqslant \xi_b h_0$

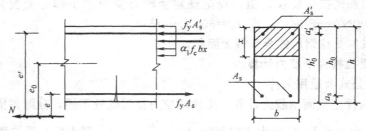

图 6-14 大偏心受拉构件计算简图

（二）偏心受拉构件承载力计算方法和步骤

截面设计时已知：截面尺寸 b、h，内力设计值 M、N，混凝土强度等级和钢筋级别。

求：纵向钢筋截面面积 A_s 和 A_s'。

偏心受拉构件也有非对称配筋和对称配筋两种情况。

1. 采用非对称配筋

（1）小偏心受拉构件。

可直接按式（6-15）、式（6-16）分别求出截面两侧的受拉钢筋 A_s 和 A'_s。

$$A'_s = \frac{Ne}{f_y(h_0 - a'_s)}$$

$$A_s = \frac{Ne'}{f_y(h'_0 - a_s)}$$

（2）大偏心受拉构件。

设计时为了使 $A_s + A'_s$ 最少，可取 $x = \xi_b h_0$，代入式（6-17）、式（6-18）得：

$$A'_s = \frac{Ne - \alpha_1 f_c b h_0^2 \xi_b (1 - 0.5\xi_b)}{f'_y(h_0 - a'_s)}$$

$$A_s = \frac{\alpha_1 f_c b h_0 \xi_b + f'_y A'_s + N}{f_y}$$

若由上式算出的 A'_s 为负值或小于 $\rho'_{min} bh$ 时，则应取 $A'_s = \rho'_{min} bh$ 来配筋，然后按 A'_s 已知情况由式（6-18）求 x 值，并代入式（6-17）求 A_s 值。

当 $x \leqslant 2a'_s$ 时，可取 $x = 2a'_s$ 对 A'_s 合力点取矩计算 A_s 值：

$$A_s = \frac{Ne'}{f_y(h_0 - a'_s)} \tag{6-19}$$

式中　$e' = \dfrac{h}{2} - a'_s + e_0$

2. 采用对称配筋

采用对称配筋时，由于 $A_s = A'_s$，$f_y = f'_y$，不论大小偏心受拉情况，离纵向力较远一侧的钢筋 A'_s 的应力均达不到设计强度。属于 $x \leqslant 2a'_s$ 情况，因此，均可按式（6-19）计算。

【例 6-5】 钢筋混凝土矩形截面偏心受拉构件，截面尺寸 $b \times h = 250mm \times 400mm$，$a_s = a'_s = 35mm$，混凝土采用 C25，钢筋 HRB335 级，承受轴向拉力设计值 $N = 530kN$，弯矩设计值 $M = 62kN \cdot m$，试计算截面中所需纵向钢筋 A_s 和 A'_s。

【解】 （1）判断大小偏心。

$$e_0 = \frac{M}{N} = \frac{62 \times 10^6}{530 \times 10^3} = 117mm < \frac{h}{2} - a_s = 200 - 35 = 165mm$$

属于小偏心受拉构件。

（2）求 A'_s 和 A_s。

$$e = \frac{h}{2} - a_s - e_0 = \frac{400}{2} - 35 - 117 = 48mm$$

$$e' = \frac{h}{2} - a'_s + e_0 = \frac{400}{2} - 35 + 117 = 282mm$$

$$A'_s = \frac{Ne}{f_y(h_0 - a'_s)} = \frac{530000 \times 48}{300(365 - 35)} = 257mm^2$$

$$A_s = \frac{Ne'}{f_y(h'_0 - a_s)} = \frac{530000 \times 282}{300(365 - 35)} = 1510mm^2$$

靠近 N 一侧选用 $4 \Phi 22$（$A_s = 1520\text{mm}^2$），远离 N 一侧选用 $2 \Phi 14$（$A_s' = 308\text{mm}^2$）截面配筋如图 6-15 所示。

【例 6-6】 某矩形水池，池壁 $h = 300\text{mm}$，通过内力计算，求得跨中水平方向的最大弯矩设计值 $M = 140\text{kN} \cdot \text{m}$，相应的轴向拉力设计值 $N = 280\text{kN}$（图 6-16），钢筋采用 HRB335 级（$f_y = f_y' = 300\text{N/mm}^2$），混凝土采用 C25（$f_c = 11.9\text{N/mm}^2$），$a_s = a_s' = 35\text{mm}$，求水池在该处需要的钢筋截面面积 A_s 和 A_s'。

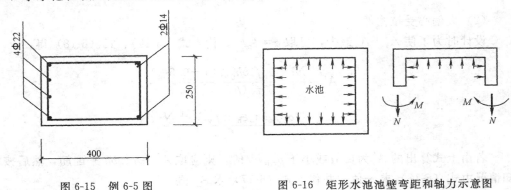

图 6-15　例 6-5 图　　　　　　　　　　图 6-16　矩形水池池壁弯距和轴力示意图

【解】（1）判断大小偏心。

$$e_0 = \frac{M}{N} = \frac{140 \times 10^6}{280 \times 10^3} = 500\text{mm} > \frac{h}{2} - a_s = 150 - 35 = 115\text{mm}$$

属于大偏心受拉构件。

（2）求 A_s'。

取 $\xi_b = 0.55$，$h_0 = h - a_s = 300 - 35 = 265\text{mm}$

$$e = e_0 - \frac{h}{2} + a_s = 500 - \frac{300}{2} + 35 = 385\text{mm}$$

$$
\begin{aligned}
A_s' &= \frac{Ne - \alpha_1 f_c b h_0^2 \xi_b (1 - 0.5\xi_b)}{f_y'(h_0 - a_s')} \\
&= \frac{280 \times 10^3 \times 385 - 1 \times 11.9 \times 1000 \times 265^2 \times 0.55(1 - 0.5 \times 0.55)}{300(265 - 35)} < 0
\end{aligned}
$$

受压钢筋按最小配筋率配置，取：

$$A_s' = \rho'_{\min} bh = 0.002 \times 1000 \times 300 = 600\text{mm}^2$$

选 A_s' 为 $\Phi 12@180$（$A_s' = 628\text{mm}^2$）

（3）求 A_s。

将以上确定的 A_s' 值代入式（6-18）得：

$$Ne = \alpha_1 f_c b x \left(h_0 - \frac{x}{2}\right) + f_y' A_s' (h_0 - a_s')$$

$$280 \times 10^3 \times 385 = 1 \times 11.9 \times 1000 x \left(265 - \frac{x}{2}\right)$$

$$+ 300 \times 628 \times (265 - 35)$$

解得　　$x = 21.2\text{mm} < 2a_s' = 70\text{mm}$

$$e' = e_0 + \frac{h}{2} - a_s' = 500 + \frac{300}{2} - 35 = 615\text{mm}$$

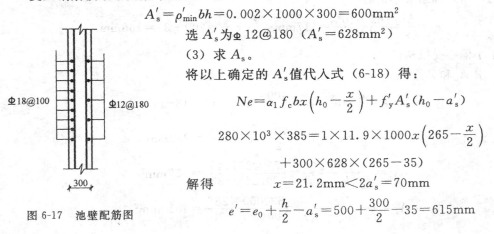

$\Phi 18@100$　　$\Phi 12@180$

300

图 6-17　池壁配筋图

$$A_s = \frac{Ne'}{f_y(h_0 - a_s')} = \frac{280000 \times 615}{300(265 - 35)} = 2495 \text{mm}^2$$

$$A_{s,\min} = 0.002bh = 0.002 \times 1000 \times 300 = 600 \text{mm}^2 < A_s = 2495 \text{mm}^2$$

选 A_s 为 $\Phi 18@100$（$A_s = 2545 \text{mm}^2$），池壁配筋如图 6-17 所示。

思 考 题

1. 在实际工程中，哪些结构构件可按轴心受压构件计算？哪些可按偏心受压构件计算？

2. 什么是短柱？什么是长柱？轴心受压构件计算时如何考虑长柱纵向弯曲使构件承载力降低的影响？

3. 大、小偏心受压破坏有何本质区别？各在什么条件下发生？

4. 偏心受压构件计算时为什么要考虑附加偏心距和偏心距增大系数？如何考虑？

5. 如何判别大、小偏心受压？

6. 试分别绘出大、小偏心受压构件截面的计算应力图形，并按应力图形写出基本计算公式及适用条件。

7. 如何进行偏心受压构件对称配筋时的设计计算？

8. 在实际工程中，哪些结构构件可按轴心受拉构件计算？哪些应按偏心受拉构件计算？

9. 怎样判别构件属于小偏心受拉还是大偏心受拉？它们的破坏特征有何不同？

10. 大偏心受拉构件正截面承载力计算公式的适用条件是什么？为什么计算中要满足这些适用条件？

11. 为什么受压构件宜采用高强度等级的混凝土，不宜采用高强度等级的钢筋？

12. 受压构件中纵向钢筋有什么作用？

13. 钢筋混凝土柱中放置箍筋的目的是什么？对箍筋直径、间距有哪些规定？

习 题

6-1 已知某水池装配式顶盖中柱截面尺寸 $b \times h = 350 \text{mm} \times 350 \text{mm}$，计算长度 $l_0 = 5 \text{m}$，混凝土 C20，纵向钢筋采用 HPB235 级，若包括自重在内柱承受的轴向压力设计值 $N = 1200 \text{kN}$，试确定该柱的配筋。

6-2 钢筋混凝土轴心受压柱，截面尺寸 $b \times h = 300 \text{mm} \times 300 \text{mm}$，已配有 $4\Phi20$ HRB335 级纵向钢筋，箍筋 $\phi8@250$，计算长度 $l_0 = 4 \text{m}$，混凝土强度等级 C25，试确定该柱的承载力设计值 N_u。

6-3 有一对称配筋矩形截面偏心受压柱，$b \times h = 400 \text{mm} \times 600 \text{mm}$，计算长度 $l_0 = 3 \text{m}$，承受轴向压力设计值 $N = 1530 \text{kN}$，弯矩设计值 $M = 345 \text{kN·m}$，混凝土强度等级 C25，纵向钢筋和箍筋的强度等级为 HPB235 级。试求纵向钢筋并绘配筋图。

6-4 有一对称配筋矩形截面偏心受压柱，$b \times h = 400 \text{mm} \times 500 \text{mm}$，计算长度 $l_0 = 7.5 \text{m}$，承受轴向压力设计值 $N = 2500 \text{kN}$，弯矩设计值 $M = 160 \text{kN·m}$，混凝土强度等级 C30，纵向钢筋强度等级 HRB335 级，箍筋为 HPB235 级。试求纵向钢筋并绘配筋图。

6-5 已知矩形截面偏心受拉构件，$b \times h = 200 \text{mm} \times 400 \text{mm}$，$a_s = a_s' = 40 \text{mm}$，混凝土采用 C20，钢筋 HRB335 级，承受轴向拉力设计值 $N = 560 \text{kN}$，弯矩设计值 $M = 50 \text{kN·m}$，试计算配筋 A_s 和 A_s'。

6-6 已知一钢筋混凝土矩形水池池壁厚 $h = 150 \text{mm}$，采用混凝土强度等级 C20，钢筋为 HPB235 级，沿池壁单位高度的垂直截面上作用的轴向拉力设计值 $N = 22.5 \text{kN}$，平面外的弯矩设计值 $M = 16.8 \text{kN·m}$（池外侧受拉）。试确定该单位长度的垂直截面中池壁内外所需的水平受力钢筋，并绘制配筋图。

第七章 钢筋混凝土受弯构件的裂缝控制和挠度计算

钢筋混凝土受弯构件的正截面受弯承载力及斜截面受剪承载力计算是保证结构构件安全可靠的前提条件，是为了保证结构构件不超过承载能力极限状态，以满足结构构件安全性的要求。建筑结构除了应该进行承载能力极限状态的验算以外，还应该进行正常使用极限状态的验算，使构件具有适用性和耐久性。钢筋混凝土受弯构件的正常使用极限状态的验算主要是对构件进行裂缝宽度验算和变形验算。

考虑到结构构件当其不满足正常使用极限状态时所带来的危害性比不满足承载力极限状态时要小，其相应的可靠度指标也要小些，故《混凝土结构设计规范》规定，验算变形及裂缝宽度时荷载不考虑分项系数，均采用标准值，材料的强度也采用标准值。另外，由于构件的变形及裂缝宽度都随时间而增大，因此验算裂缝及变形时，应按荷载效应的标准组合和准永久组合，或标准组合并考虑长期作用影响。

第一节 裂 缝 控 制 验 算

一、验算规定

由于混凝土的抗拉强度很低，在荷载不大时，梁的受拉区就已经开裂。引起裂缝的原因是多方面的，除了荷载作用之外，基础的不均匀沉降，当混凝土收缩和温度作用而产生变形受到约束时，以及因钢筋锈蚀而体积膨胀，都会在混凝土中产生拉应力。当拉应力超过混凝土的抗拉强度时混凝土即开裂。因此，截面受有拉应力的钢筋混凝土受弯构件在正常使用阶段出现裂缝是在所难免的，对于一般的工业与民用建筑，也是允许带裂缝工作的。

钢筋混凝土构件裂缝的出现和开展会使构件刚度降低，变形增大。当结构构件处于有侵蚀性介质或高湿度环境中，裂缝过宽将导致钢筋锈蚀，影响结构构件的耐久性。对承受水压力的给水排水构筑物，裂缝过宽还会降低结构的抗渗性和抗冻性，或造成漏水而影响结构的适用性，此外裂缝过宽还会影响建筑外观并引起人们心理上的不安全感。所以必须对构件的裂缝宽度进行控制。

混凝土结构的裂缝控制是一个复杂的问题，目前还只能对荷载作用引起的垂直裂缝通过计算加以控制。

在进行结构构件设计时，应根据使用要求选用不同的裂缝控制等级。《混凝土结构设计规范》将裂缝控制等级划分为三级：

1. 一级：严格要求不出现裂缝的构件

按荷载效应标准组合进行计算时，构件受拉边缘的混凝土不应产生拉应力。

2. 二级：一般要求不出现裂缝的构件

按荷载效应标准组合进行计算时，构件受拉边缘的混凝土拉应力不应大于混凝土轴心抗拉强度标准值；按荷载效应准永久值组合进行计算时，构件受拉边缘的混凝土不宜产生拉应力。

3. 三级：允许出现裂缝的构件

按荷载效应标准组合并考虑长期作用影响时，构件的最大裂缝宽度不应超过允许的最大裂缝宽度，即满足：

$$w_{max} \leqslant w_{lim} \tag{7-1}$$

式中　w_{max}——最大裂缝宽度；

　　　w_{lim}——最大裂缝宽度的限值，可根据环境类别及裂缝控制等级查表 7-1。

结构构件的裂缝控制等级及最大裂缝宽度　　　　表 7-1

环境类别	钢筋混凝土结构		预应力混凝土结构	
	裂缝控制等级	w_{lim}（mm）	裂缝控制等级	w_{lim}（mm）
一	三	0.3(0.4)	三	0.2
二	三	0.2	二	—
三	三	0.2	—	—

注：1. 表中的规定适用于采用热轧钢筋的钢筋混凝土构件和采用预应力钢丝、钢绞线及热处理钢筋的预应力混凝土构件；采用其他类别的钢丝或钢筋时，其裂缝控制要求可按专门标准确定。

2. 对处于年平均相对湿度小于 60% 的地区一类环境下的受弯构件，其最大裂缝宽度限值可采用括号内的数值。

3. 在一类环境下，对钢筋混凝土屋架、托架及需作疲劳验算的吊车梁，其最大裂缝宽度限值应为 0.2mm，对钢筋混凝土屋面梁及托梁，其最大裂缝宽的限值应取 0.3mm。

4. 在一类环境下，对预应力混凝土屋面梁、托梁、屋架、托架、屋面板和楼板，应按二级裂缝控制等级进行验算，在一类和二类环境下，对需作疲劳验算的预应力混凝土吊车梁，应按一级裂缝控制等级进行验算。

5. 表中规定的预应力混凝土构件的裂缝控制等级和最大裂缝宽度限值仅适用于正截面的验算；预应力混凝土构件的斜截面裂缝控制验算应符合《混凝土结构设计规范》的要求。

6. 对于烟囱、筒仓和处于液体压力下的结构构件，其裂缝控制要求应符合专门标准的有关规定。

7. 对于处于四、五类环境下的结构构件，其裂缝控制要求应符合专门标准的有关规定。

8. 表中的最大裂缝宽度限值用于验算荷载作用引起的最大裂缝宽度。

上述一、二级裂缝控制属于构件的抗裂能力控制，对于一般的钢筋混凝土构件，在使用阶段一般都是带裂缝工作的，故按三级标准来控制裂缝宽度。

二、裂缝的形成与开展

现以受弯构件纯弯段为例说明荷载作用引起的垂直裂缝的形成和开展过程。如图 7-1 所示，当截面上的弯矩较小时，构件受拉区边缘混凝土的拉应力小于混凝土的抗拉强度 f_{tk}，构件不会出现裂缝，如图 7-1（a）。当弯矩增加到开裂弯矩时，理论上纯弯段上各截面受拉区边缘的混凝土的拉应力都同时达到混凝土的抗拉强度，各截面均进入裂缝即将出现的极限状态。实际上由于混凝土强度分布的不均匀，它应该在混凝土最薄弱的截面（B 点）出现第一条裂缝，如图 7-1（b），第一条裂缝的出现具有随机性。

在第一条裂缝出现之后，裂缝截面处的受拉混凝土退出工作，拉应力全部由钢筋承担，使开裂截面处的纵向钢筋的拉应力突然增大，而裂缝处混凝土的拉应力降为零，裂缝两侧尚未开裂的混凝土必然试图也使其应力降为零，从而使该处的混凝土向裂缝两侧回缩，故裂缝一出现就有一定的宽度。由于钢筋和混凝土之间存在着粘结应力，因而裂缝处的钢筋应力又通过粘结应力传给混凝土，随着离开裂缝距离的增加，钢筋的拉应力逐渐减

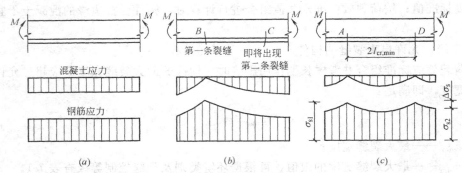

图 7-1 纯弯段裂缝产生前后应力变化情况

小而混凝土的拉应力则逐渐增加。到离开第一条裂缝一定的距离 $l_{cr,min}$ 处（C 点），混凝土的拉应力又达到了其抗拉强度，从而出现第二条裂缝。显然在距第一条裂缝两侧 $l_{cr,min}$ 范围之间不会出现新的裂缝。

当梁的两个截面上同时出现第一批裂缝如图 7-1（c），且这两条裂缝之间的距离不超过 $2l_{cr,min}$ 时，则在这两条裂缝之间不会产生新的裂缝，因此理论上，裂缝的平均间距应不超过 $2l_{cr,min}$，且不小于 $l_{cr,min}$。

三、裂缝宽度验算

（一）裂缝的平均间距 l_{cr}

计算受弯构件裂缝宽度时，需先计算裂缝的平均间距。根据试验结果并参考经验，裂缝的平均间距 l_{cr} 可以由下式计算：

$$l_{cr} = \left(1.9c + 0.08 \frac{d_{eq}}{\rho_{te}} \right) \tag{7-2}$$

式中 c——最外层纵向受拉钢筋外边缘至受拉区底边的距离（即混凝土保护层厚度），当 $c < 20$mm 时，取 $c = 20$mm；$c > 65$mm，取 $c = 65$mm；

ρ_{te}——按有效受拉混凝土面积计算的纵向钢筋的配筋率（简称有效配筋），$\rho_{te} = A_s / A_{te}$，当计算出的 $\rho_{te} < 0.01$ 时，取 $\rho_{te} = 0.01$；

A_s——纵向受拉钢筋的面积；

A_{te}——受拉区有效混凝土的截面面积，取值方法见图 7-2；受拉区为矩形截面时，$A_{te} = 0.5bh$，受拉区为 T 形时，$A_{te} = 0.5bh(b_f - b)h_f$；

d_{eq}——受拉区纵向钢筋的等效直径，$d_{eq} = \dfrac{\sum n_i d_i^2}{\sum n_i v_i d_i}$；

d_i——受拉区第 i 种纵向钢筋的公称直径；

n_i——受拉区第 i 种纵向钢筋的根数；

v_i——受拉区第 i 种纵向受拉钢筋的相对粘结特征系数，带肋钢筋 $v = 1.0$，光面钢筋 $v = 0.7$。

（二）平均裂缝宽度 w_m

与平均裂缝间距相应的裂缝宽度叫做平均裂缝宽度。由于裂缝的开展是混凝土的回缩造成的，因此两条裂缝之间受拉钢筋的伸长值与同一处受拉混凝土伸长值的差值就是构件

134

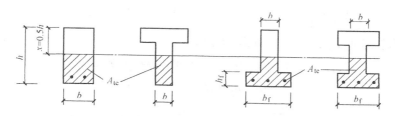

图 7-2　受拉区有效混凝土截面面积 A_{te} 的取值

的平均裂缝宽度，经推导可以得出受弯构件的平均裂缝宽度 w_m 的计算公式：

$$w_m = 0.85 \psi \frac{\sigma_{sk}}{E_s} l_{cr} \tag{7-3}$$

式中　E_s——混凝土弹性模量；

　　　ψ——裂缝间纵向受拉钢筋应变不均匀系数，应按下式计算：

$$\psi = 1.1 - \frac{0.65 f_{tk}}{\rho_{te} \sigma_{sk}} \tag{7-4}$$

　　　f_{tk}——混凝土抗拉强度标准值；

　　　σ_{sk}——按荷载短期效应组合计算的裂缝截面处纵向受拉钢筋的应力，按下式计算：

$$\sigma_{sk} = \frac{M_k}{0.87 h_0 A_s} \tag{7-5}$$

　　　M_k——按荷载短期效应组合计算的弯矩值；

　　　h_0——梁截面有效高度。

当 $\psi < 0.2$ 时，取 $\psi = 0.2$；当 $\psi > 1.0$ 时，取 $\psi = 1.0$。

（三）最大裂缝宽度 w_{max}

考虑到由于钢筋混凝土材料的不均匀性及裂缝出现的随机性，将导致裂缝间距和裂缝宽度的不均匀性，以及在长期荷载的作用下，由于混凝土的收缩、徐变等因素的影响，《混凝土结构设计规范》规定，钢筋混凝土受弯构件的最大裂缝宽度应该按下式计算：

$$w_{max} = 2.1 \psi \frac{\sigma_{sk}}{E_s} \left(1.9c + 0.08 \frac{d_{eq}}{\rho_{te}} \right) \tag{7-6}$$

按上式算得的最大裂缝宽度应满足式（7-1）的要求，即：

$$w_{max} \leqslant w_{lim}$$

【例 7-1】　某办公楼楼盖钢筋混凝土简支梁，计算跨度 $l_0 = 6$m，截面尺寸 $b \times h = 200$mm×500mm，混凝土强度等级 C20（$E_c = 2.55 \times 10^4$ N/mm^2），纵向钢筋采用 HRB335 级。在梁上作用均布永久荷载标准值 $g_k = 8$kN/m（包括梁的自重），均布可变荷载标准值 $q_k = 10$kN/m，准永久值系数 $\psi_q = 0.4$。经正截面承载力计算，在受拉区配制 3 Φ 20（$A_s = 941$mm^2，$E_s = 2.0 \times 10^5$ N/mm^2）的钢筋，构件安全等级为二级，试验算该梁的裂缝宽度是否满足要求。

【解】　（1）计算梁的最大弯距。

$$M_k = \frac{1}{8}(g_k + q_k)l_0^2 = \frac{1}{8} \times (8+10) \times 6^2 = 81 \text{kN} \cdot \text{m}$$

(2) 计算裂缝间受拉钢筋应变不均匀系数。

$$A_{te} = 0.5bh = 0.5 \times 200 \times 500 = 50000 \text{mm}^2$$

$$h_0 = h - a_s = 500 - 40 = 460 \text{mm}$$

$$\sigma_{sk} = \frac{M_k}{0.87h_0A_s} = \frac{81 \times 10^6}{0.87 \times 941 \times 460} = 215.1 \text{N/mm}^2$$

$$\rho_{te} = \frac{A_s}{A_{te}} = \frac{941}{50000} = 0.019 > 0.01$$

$$\psi = 1.1 - \frac{0.65f_{tk}}{\rho_{te}\sigma_{sk}} = 1.1 - \frac{0.65 \times 1.54}{0.019 \times 215.1} = 0.855$$

$0.2 < \psi < 1.0$

(3) 验算最大裂缝宽度。

查表 7-1 得 $w_{lim} = 0.3$mm

$$d_{eq} = \frac{\sum n_i d_i^2}{\sum n_i v_i d_i} = \frac{\sum 3 \times 20^2}{\sum 3 \times 1.0 \times 20} = 20$$

$$w_{max} = 2.1\psi \frac{\sigma_{sk}}{E_s}\left(1.9c + 0.08\frac{d_{eq}}{\rho_{te}}\right)$$

$$= 2.1 \times 0.855 \times \frac{215.1}{200 \times 10^3}\left(1.9 \times 30 + 0.08\frac{20}{0.019}\right) = 0.272 < w_{lim} = 0.3 \text{mm}$$

满足要求。

第二节 受弯构件挠度验算

一、受弯构件的挠度

钢筋混凝土受弯构件梁板在荷载的作用下，要产生变形。如果梁板的变形过大，会影响其正常使用。如吊车梁挠度过大会使吊车不能正常行驶，楼盖中的梁板变形过大会使粉刷开裂、剥落等，且变形过大也会影响建筑外观并引起人们心理上的不安全感。因此，受弯构件除了在设计计算时需要进行承载力计算外，还需要进行变形（挠度）验算。

匀质弹性材料受弯构件的挠度计算公式为：

$$f = S\frac{Ml_0^2}{EI} \tag{7-7}$$

式中　f——受弯构件的最大挠度；

S——与荷载形式、支座条件有关的系数，见表 7-2。如均布荷载作用下的简支梁，$S = \frac{5}{48}$；

M——受弯构件的最大弯矩；

l_0——受弯构件的计算跨度；

EI——匀质弹性材料受弯截面的抗弯刚度。

支座和荷载情况	S 系数	最大挠度	挠曲线方程式
（悬臂梁，端部集中荷载 F）	$S=\dfrac{1}{3}$	$y_{max}=\dfrac{Fl^3}{3EI_z}$	$y=\dfrac{Fx^2}{6EI_z}(3l-x)$
（悬臂梁，均布荷载 q）	$S=\dfrac{1}{4}$	$y_{max}=\dfrac{ql^4}{8EI_z}$	$y=\dfrac{qx^2}{24EI_z}(x^2+6l^2-4lx)$
（简支梁，跨中集中荷载 F）	$S=\dfrac{1}{12}$	$y_{max}=\dfrac{Fl^3}{48EI_z}$	$y=\dfrac{Fx}{48EI_z}(3l^2-4x^2);0\leqslant x\leqslant\dfrac{l}{2}$
（简支梁，均布荷载 q）	$S=\dfrac{5}{48}$	$y_{max}=\dfrac{5ql^4}{384EI_z}$	$y=\dfrac{qx}{24EI_z}(l^2-2lx^2+x^3)$
（简支梁，端部力矩 M_B）	$S=\dfrac{1}{9\sqrt{3}}$	$y_{max}=\dfrac{M_Bl^2}{9\sqrt{3}EI_z}$ 在 $x=\dfrac{1}{\sqrt{3}}$	$y=\dfrac{M_Bx}{6lEI_z}(l^2-x^2)$

当截面及材料给定后，EI 为常数，挠度 f 与弯矩 M 为直线关系。

试验表明，钢筋混凝土受弯构件的挠度可以利用匀质弹性材料受弯构件的挠度计算公式计算，但梁的刚度不是常数，它随着荷载的增加而降低，由于混凝土徐变的影响，它还会随着时间的增长而降低。所以，钢筋混凝土受弯构件的挠度计算的关键是计算出梁的刚度。规范规定：钢筋混凝土受弯构件在进行挠度计算时，应该采用按荷载效应的标准组合并考虑荷载长期作用影响的刚度 B 进行计算。

二、受弯构件的刚度计算

如上所述，钢筋混凝土受弯构件的挠度计算的关键，是计算出梁按荷载效应的标准组合并考虑荷载长期作用的影响的刚度即长期刚度 B。受弯构件的长期刚度 B 是在短期刚度 B_s 的基础上，考虑荷载长期作用的影响后确定的。

（一）受弯构件的短期刚度 B_s

钢筋混凝土受弯构件在短期荷载作用下所具有的刚度称为短期刚度，它应该按荷载效应的标准组合进行计算。经理论推导并考虑钢筋混凝土的受力变形特点，钢筋混凝土受弯构件的短期刚度 B_s 可按下式计算：

$$B_s=\dfrac{E_sA_sh_0^2}{1.15\psi+0.2+\dfrac{6\alpha_E\rho}{1+3.5\gamma_f}}\tag{7-8}$$

式中　E_s——纵向受拉钢筋的弹性模量；

　　　α_E——钢筋弹性模量与混凝土弹性模量的比值，$\alpha_E=\dfrac{E_s}{E_c}$，$E_c$ 为混凝土的弹性模量；

ρ——纵向钢筋的配筋率，$\rho = \dfrac{A_s}{bh_0}$；

γ'_f——T 形、I 形截面受压翼缘面积与腹板有效面积的比值；$\gamma'_f = \dfrac{(b'_f - b)h'_f}{bh_0}$，其中

b'_f、h'_f 为受压区翼缘的宽度和高度，当 $h'_f > 0.2h_0$ 时，取 $h'_f = 0.2h_0$；

公式中其余符号同前。

（二）按荷载效应的标准组合并考虑荷载长期作用影响的刚度 B

钢筋混凝土受弯构件在荷载长期作用下，受压区混凝土将产生徐变，另外受拉区裂缝间的混凝土应力松弛及受拉钢筋与混凝土之间的粘结滑移徐变，都会使构件变形增大，曲率增加，刚度降低。规范采用挠度增大系数 θ 来考虑荷载长期作用对构件刚度的影响，即长期刚度 B。矩形、T 形、倒 T 形、I 形截面的受弯构件长期刚度应该按下式计算：

$$B = \frac{M_k}{M_q(\theta - 1) + M_k} B_s \tag{7-9}$$

$$\theta = 2.0 - 0.4 \frac{\rho'}{\rho} \tag{7-10}$$

式中　M_k——按荷载效应的标准组合计算的弯矩；

M_q——按荷载的准永久值组合计算的弯矩；

θ——考虑荷载长期作用对挠度增大的影响系数；

ρ、ρ'——分别为纵向受拉、受压钢筋的配筋率。

对翼缘位于受拉区的倒 T 形截面，θ 应增加 20%。

三、受弯构件挠度验算

钢筋混凝土受弯构件正常使用极限状态的挠度，可根据考虑荷载长期作用下的刚度，用力学的计算方法计算，即用 B 代替力学公式的 EI，得：

$$f = s \frac{M_k l_0^2}{B} \leqslant f_{\lim} \tag{7-11}$$

式中　$f_{\lim}$——受弯构件的挠度限值，见表 7-3。

受弯构件的挠度限值　　　　　　　　　　　　　　表 7-3

项　次	构　件　类　型	允　许　挠　度
1	吊车梁：手动吊车 　　　　电动吊车	$l_0/500$ $l_0/600$
2	屋盖、楼盖及楼梯构件： 　当 $l_0 < 7$m 时 　当 7m$\leqslant l_0 \leqslant 9$m 时 　当 $l_0 > 9$m 时	 $l_0/200$（$l_0/250$） $l_0/250$（$l_0/300$） $l_0/300$（$l_0/400$）

注：1. 表中 l_0 为构件的计算跨度；

2. 如果构件制作时预先起拱，且使用上也允许，则在验算挠度时，可将计算所得的挠度减去起拱值，预应力混凝土构件尚可减去预加应力所产生的反拱值；

3. 表中括号中的数值适用于使用上对挠度有较高要求的构件；

4. 悬臂构件的计算跨度按实际悬臂长度的 2 倍取用。

如果构件挠度验算不满足要求时，最有效的措施是增大截面的高度来提高梁的刚度，也可以通过增加钢筋的面积和提高混凝土的强度等级的办法来减小梁的变形，但不很经济。

【例7-2】 已知条件同例7-1，梁的挠度限值 $f_{lim}=l_0/200$。试进行梁的挠度验算。

【解】 （1）由例7-1得：$M_k=81kN \cdot m$

$$M_q=\frac{1}{8}(g_k+\psi_q p_k)l_0^2=\frac{1}{8}\times(8+0.4\times10)\times6^2=54kN \cdot m$$

$$\psi=0.855$$

（2）计算梁的短期刚度：

$$\alpha_E=\frac{E_s}{E_c}=\frac{200}{25.5}=7.84$$

$$\rho=\frac{A_s}{bh_0}=\frac{941}{200\times460}=0.0102, \quad \rho'=0$$

矩形截面

$$\gamma_f'=0$$

$$B_s=\frac{E_s A_s h_0^2}{1.15\psi+0.2+\dfrac{6\alpha_E\rho}{1+3.5\gamma_f'}}$$

$$=\frac{200\times10^3\times941\times460^2}{1.15\times0.855+0.2+\dfrac{6\times7.84\times0.0102}{1+3.5\times0}}=2.39\times10^{13}N \cdot mm^2$$

（3）计算梁的长期刚度。

$$\theta=2.0$$

$$B=\frac{M_k}{M_q(\theta-1)+M_k}B_s$$

$$=\frac{81\times10^6}{59.4\times10^6(2-1)+81\times10^6}\times2.39\times10^{13}=1.38\times10^{13}N \cdot mm^2$$

（4）梁的挠度验算。

$$f=s\frac{M_k l_0^2}{B}=\frac{5}{48}\times\frac{81\times10^6\times6^2\times10^6}{1.38\times10^{13}}22mm \leqslant f_{lim}=\frac{l_0}{200}=\frac{6000}{200}=30mm$$

满足要求。

第三节　预应力混凝土基本知识

一、预应力混凝土的基本概念

在进行钢筋混凝土受弯构件设计时，为了节约材料，减小构件的截面尺寸，应该采用高强度钢筋和高强度混凝土。在普通钢筋混凝土结构中，由于混凝土的抗拉强度很低，当混凝土的应变达到极限应变使构件即将出现裂缝时，钢筋的应力只有 $20\sim30N/mm^2$。对于使用时允许开裂的构件，当裂缝宽度达到 $0.2\sim0.3mm$ 的限值时，钢筋的应力也只能达到 $150\sim250N/mm^2$，因此在普通钢筋混凝土结构的受弯构件中采用高强度钢筋是不能发挥充分钢筋作用的。如果采用高强混凝土来减小构件的截面尺寸，又会使构件的刚度降低，挠度过大而影响正常使用，因此普通钢筋混凝土结构也不宜采用高强混凝土。为了能充分发挥高强度材料的作用，应该采用预应力混凝土。

（一）预应力的基本原理

下面以预应力简支梁为例，说明预应力混凝土的基本原理。

如图 7-3 所示，在构件承受外荷载之前，预先在外荷载作用时受拉区的混凝土上施加一对偏心轴向压力 N，使梁的下边缘产生预压应力 σ_{pc} 如图 7-3（a）。如外荷载单独作用时，梁的下边缘将产生拉应力 σ_t 如图 7-3（b），如果施加了预压应力的构件同时又受有外荷载的作用，其截面上的应力应该是上述二者的叠加如图 7-3（c）。叠加后截面的下边缘的应力如果小于混凝土的抗拉强度，则构件就不会产生裂缝。即使超过混凝土的抗拉强度，产生的裂缝也比无预压应力的构件小，同时，施加了预压应力后构件的挠度也减小了。

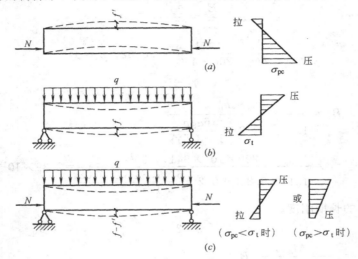

图 7-3 预应力混凝土的原理

（a）预应力作用下；（b）外荷载作用下；（c）预应力及外荷载共同作用下

（二）预应力混凝土的优缺点

和普通钢筋混凝土相比，预应力混凝土构件可延缓混凝土构件的开裂，提高构件的抗裂度和刚度，能充分利用高强度钢筋和高强度混凝土，从而能节约材料，减轻结构的自重，同时还可以增强构件的跨越能力，扩大房屋的使用净空。

预应力钢筋混凝土也存在着一些缺点，如设计计算较复杂，施工工艺较复杂，对技术及质量要求高，造价也较高等。随着预应力技术的发展，上述缺点正在不断地得以克服。

（三）预应力混凝土构件对材料的要求

因为预应力钢筋在张拉时就受到了很高的拉应力，在使用荷载下，钢筋的拉应力会继续提高，另外，混凝土也受到高压应力的作用。为了提高预应力的效果，预应力混凝土构件必须采用高强度的钢筋和等级较高的混凝土。

1. 混凝土

预应力混凝土结构对混凝土的基本要求是高强度、收缩徐变小和快硬早强，规范规定：

预应力混凝土结构的混凝土强度等级不应低于 C30，当采用钢绞线、钢丝、热处理钢筋作预应力钢筋时，混凝土强度等级不宜低于 C40。

2. 钢筋

预应力结构对预应力钢筋的基本要求是强度高、具有一定的塑性、和混凝土之间具有良好的粘结强度和良好的加工性能等。预应力钢筋宜采用预应力钢绞线、钢丝，也可采用热处理钢筋。近年来，后张法预应力混凝土构件多用钢丝束和钢绞线。

二、施加预应力的方法

对构件施加预应力的方法很多，目前最常用的方法是通过张拉配置在结构构件内的纵向预应力钢筋并使其产生回缩，达到对构件施加预应力的目的。根据张拉钢筋与浇灌混凝土的先后次序不同，可将施加预应力的方法分为先张法和后张法两种。

（一）先张法

先张法是指在浇灌混凝土前张拉钢筋的方法，主要工序如图7-4所示。首先设置台座或钢模并使预应力钢筋穿过台座或钢模，张拉钢筋至设计规定的拉力并用夹具临时固定钢筋，然后支模和浇捣混凝土。当混凝土达到设计强度的75%及以上时切断钢筋。被切断的钢筋将产生回缩，并通过钢筋和混凝土之间的粘结力带动混凝土产生回缩，使混凝土产生预压应力。

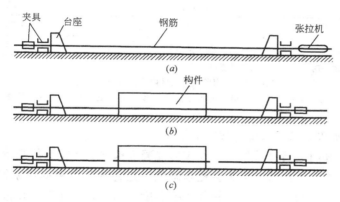

图 7-4　先张法主要工序

（二）后张法

后张法是指在混凝土结硬后，在构件上张拉钢筋的方法。其主要工序如图7-5所示。首先，在制作构件时预留孔道，待混凝土达到设计强度的75%及以上后，在孔道内穿过钢筋并在构件上张拉钢筋至设计拉力。这样在张拉钢筋的同时，混凝土受到预压，产生预应力。张拉完毕后用锚具将张拉端锚紧以阻止钢筋回缩。为防止预应力钢筋锈蚀并使预应力筋与混凝土形成整体并共同工作，应通过灌浆孔对孔道进行压力灌浆。

如果在制作构件时不预留孔洞，在浇筑混凝土之前，先把带有涂料层和外包层（在钢筋和混凝土之间起隔离、润滑作用使钢筋和混凝土之间不产生粘结力）的预应力筋布置在构件内，待构

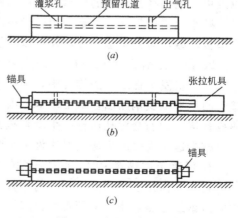

图 7-5　后张法主要工序

件浇筑混凝土且混凝土达到规定强度后，在构件上直接张拉预应力钢筋并进行锚固，这样即不用预留孔洞和灌浆，在预应力钢筋和混凝土之间不产生粘结力的预应力施工方法称为无粘结预应力。

三、张拉控制应力及预应力损失

（一）张拉控制应力

张拉控制应力是指张拉预应力钢筋时，钢筋所达到的最大应力值。其值为张拉设备（如千斤顶）上的测力计所指示的总拉力除以预应力钢筋面积所得的应力值，以 σ_{con} 表示。

为了提高构件的抗裂性，充分发挥预应力钢筋的作用，张拉控制应力应尽量定得高一些，但又不能定得太高。如过高，张拉过程中将可能发生钢筋拉断的现象，同时开裂荷载接近破坏荷载，使构件破坏前缺乏预兆。规范规定：预应力钢筋的张拉控制应力 σ_{con} 不宜超过表 7-4 的规定值，且不应小于 $0.4 f_{ptk}$。

张拉控制应力允许值　　　　　　　　　　　　　　　　表 7-4

钢筋种类	张 拉 方 法	
	先张法	后张法
消除应力钢丝、钢绞线	$0.75 f_{ptk}$	$0.75 f_{ptk}$
热处理钢筋	$0.70 f_{ptk}$	$0.65 f_{ptk}$

注：符合下列情况之一时，表中 σ_{con} 限值可提高 $0.05 f_{ptk}$：

1. 要求提高构件在施工阶段抗裂性能而在使用阶段受压区内设置预应力钢筋；
2. 要求部分抵消由于应力松弛、摩擦、钢筋分批张拉以及预应力钢筋与台座之间的温差等因素产生的预应力损失。

（二）预应力损失及减少预应力损失的措施

由于张拉工艺和材料特性等原因，预应力混凝土构件从张拉钢筋开始直到构件使用的整个过程中，预应力钢筋的张拉应力会逐渐降低，这种预应力降低现象称为预应力损失。预应力损失会降低预应力效果，降低构件的抗裂度和刚度，故在设计和施工中应设法减少预应力损失。预应力损失的产生原因主要有以下几个方面：

1. 张拉端锚具变形和钢筋内缩引起预应力损失

预应力筋张拉完毕后，当锚具锚固后，由于锚具、垫板与构件三者之间的缝隙被挤紧以及由于钢筋在锚具内的滑移，使钢筋松动内缩而产生预应力损失。

减小此项损失的方法是选用变形小以及使预应力钢筋内缩值小的锚具、夹具，尽量减少垫板块数，对先张法构件，还可以增加台座长度。

2. 预应力钢筋与孔道壁之间的摩擦引起预应力损失

它主要发生在后张法构件中，采用直线孔道时，由于直线孔道轴线的局部偏差、孔道壁凹凸不平以及钢筋因自重下垂等原因，使钢筋某些部位贴近孔道壁而产生损失；当采用曲线孔道时钢筋会对孔道壁产生垂直压力而引起预应力损失。

减少这项损失的方法是对构件采用两端张拉或超张拉工艺。

3. 混凝土加热养护时，受张拉的钢筋与承受拉力的设备之间温差引起预应力损失

它主要存在于采用蒸汽养护的先张法构件中。升温时由于新浇筑的混凝土尚未硬结，预应力钢筋受热膨胀，但两端的台座是固定不动的，因而张拉后的钢筋变松，产生预应力损失，而降温时混凝土已硬结，与钢筋之间产生粘结力使所产生的损失无法恢复。

减少这项损失的主要办法是采用二次升温养护和采用钢模生产。

4. 预应力钢筋的应力松弛引起预应力损失

在预应力混凝土构件中，由于高应力的作用，钢筋在长度保持不变的情况下，拉应力会随时间的增长而降低，这种现象称为预应力钢筋的应力松弛，所降低的应力值就是这项损失。

减少这项损失的措施是采用超张拉工艺。

5. 混凝土收缩和徐变引起预应力损失

混凝土的收缩和在压力作用下的徐变都会使构件长度缩短，使预应力钢筋产生回缩而引起预应力损失。

通过减小混凝土的徐变和收缩的各种措施来减少此项损失。

6. 环向预应力钢筋挤压混凝土引起预应力损失

后张法环向构件当采用螺旋式预应力钢筋时，由于预应力钢筋对混凝土的挤压，使环向构件的直径减小，构件中预应力钢筋的拉应力降低而产生预应力损失。

减少这项损失的措施有搞好骨料级配、加强振捣、养护以提高混凝土的密实性。

四、预应力混凝土构件的计算内容

预应力混凝土构件的设计计算，一般包括以下内容：

（一）使用阶段的计算

1. 承载力计算

对预应力混凝土轴心受拉构件，应进行正截面承载力计算；对预应力混凝土受弯构件，除应进行正截面承载力计算外，还须进行斜截面承载力计算。

2. 裂缝控制验算

根据结构使用及耐久性能要求，对于使用阶段不允许开裂的构件，应进行抗裂验算；对于使用阶段允许开裂的构件，则需进行裂缝宽度的验算。对于预应力混凝土构件，裂缝控制往往成为主要控制因素。

3. 变形验算

对于预应力混凝土受弯构件，还应进行挠度验算。

（二）施工阶段的验算

为防止预应力构件在制作、运输、吊装时开裂或破坏，还应根据具体情况对构件制作、运输、吊装等施工阶段进行验算。

思 考 题

1. 受弯构件设计时为什么要对裂缝和变形进行控制？

2. 为什么在进行受弯构件的裂缝和变形验算时，荷载和材料强度应该采用标准值？

3. 裂缝的宽度与哪些因素有关？

4. 采取哪些措施可以提高梁的刚度？哪个措施最有效？

5. 和钢筋混凝土相比，预应力混凝土有哪些优缺点？

6. 施加预应力的方法都有哪几种？

7. 什么是张拉控制应力？为什么要对钢筋的张拉应力进行控制？

8. 预应力损失都有哪几种？各应该采取哪种方法减少预应力损失？

习 题

7-1 某教学楼楼盖一钢筋混凝土简支梁，构件的安全等级为二级，梁的计算跨度为 $l_0 = 6.0\mathrm{m}$，截面尺寸为 $250\mathrm{mm} \times 500\mathrm{mm}$，梁上作用的均布永久荷载标准值 $g_k = 7.98\mathrm{kN/m}$（包括梁的自重），均布可变荷载标准值 $p_k = 7.8\mathrm{kN/m}$，混凝土强度等级 C20，纵向钢筋采用 HRB335 级。经正截面承载力计算，在受拉区配置 3 Φ 18 （$A_s = 763\mathrm{mm}^2$）的纵向钢筋，试验算该梁的裂缝宽度是否满足要求。

7-2 某办公楼楼盖，一根承受均布荷载的钢筋混凝土矩形截面简支梁，构件的安全等级为二级，梁的计算跨度为 $l_0 = 7.0\mathrm{m}$，截面尺寸为 $b \times h = 250\mathrm{mm} \times 700\mathrm{mm}$，梁上作用的永久荷载标准值 $g_k = 19.74\mathrm{kN/m}$（包括梁的自重），均布可变荷载标准值 $p_k = 10.50\mathrm{kN/m}$，准永久值系数为 $\varphi = 0.5$。混凝土强度等级 C20 （$E_c = 2.55 \times 10^4 \mathrm{N/mm}^2$），纵向钢筋采用 HRB335 级。经正截面承载力计算，在受拉区配制钢筋 2 Φ 22 ＋ 2 Φ 20 （$A_s = 1388\mathrm{mm}^2$，$E_s = 2.0 \times 10^5 \mathrm{N/mm}^2$），梁的挠度限值 $f_{\lim} = \dfrac{l_0}{250}$，试验算该梁的挠度是否满足要求。

第八章　钢筋混凝土水池

第一节　水 池 的 类 型

在给水排水工程上，比较常用的结构是水池。给水排水工程中的水池，从用途上可以分为水处理用池和贮水池两大类。其中水处理用池包括沉淀池、滤池和曝气池等，贮水池包括清水池、高位水池和调节水池等。水池常用的平面形状有圆形或矩形，水池的池体结构一般由池壁、顶盖和底板三部分组成。

按照水池工艺条件的不同，又可以将水池分为有顶盖水池（封闭水池）和无顶盖水池（开敞水池）两类。给水工程的贮水池多数是有顶盖的封闭水池，而其他水池则多数是不设顶盖的开敞水池。

按照建造在地面上下位置的不同，水池又可分为地下式、半地下式及地上式。为了尽量缩小水池的温度变化幅度，降低温度变化的影响，水池应优先采用地下式或半地下式。对于有顶盖的水池，顶盖以上应覆土保温。水池的底面标高应尽可能高于地下水位以避免地下水对水池的浮托作用。必须建在地下水位以下时，池顶覆土也是最简便的抗浮措施。

水处理用池的容量、形式和空间尺寸主要由工艺设计决定，而贮水池的容量、标高和水深由工艺确定，池型及尺寸则由结构的经济性和场地、施工条件等因素来确定。经验表明，对贮水池来说，当容量在 $3000m^3$ 以内时，一般圆形水池比矩形水池具有更好的技术经济指标，容量大于 $3000m^3$ 的水池，矩形比圆形经济。

就场地布置来说，矩形水池对场地地形的适应较强，便于节约用地及减少场地开挖的土方量。

水池池壁根据其内力大小及其分布情况，可以做成等厚或变厚的。现浇整体式钢筋混凝土圆水池容量在 $1000m^3$ 以下时，可采用等厚池壁；容量在 $1000m^3$ 及 $1000m^3$ 以上时，用变厚池壁较经济。变厚池壁的厚度应按直线变化，变化率以 2%～5% 为宜，即为每米高增厚 2～5mm。

目前，除预应力圆水池多采用装配式池壁外，一般钢筋混凝土圆水池都采用现浇整体式池壁，矩形水池的池壁绝大多数采用现浇整体式。贮水池的顶盖和底板大多采用平顶和平底，比较常用的是整体式无梁顶盖和无梁底板。当水池底板位于地下水位以下或地基较弱时，贮水池的底板通常作成整体式反无梁底板。当底板位于地下水位以上，且基土较坚实，底板和池壁支柱基础则可以分开考虑，此时底板和池壁支柱基础按独立基础设计，底板的厚度和配筋均由构造确定，这种底板称为分离式底板。见图 8-1。

水处理用池中，由于工艺的特殊要求，池底常做成倒锥形、倒壳形或多个旋转壳体组成的复杂水池。图 8-2 为倒锥壳和倒球壳组合池底的加速澄清池。

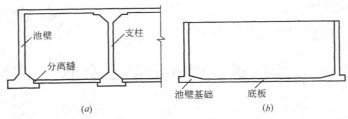

图 8-1 分离式底板水池

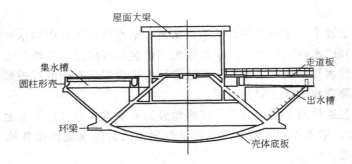

图 8-2 倒锥壳和倒球壳组合池底水池

本章主要介绍钢筋混凝土矩形水池的设计方法。

第二节 水池的荷载

作用于水池上的主要荷载如图 8-3 所示。池顶、池底及池壁的各种荷载必须分别计算，必要时还应考虑温度、湿度变化和地震等因素对水池结构的作用。

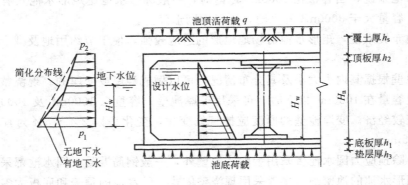

图 8-3 水池的荷载

一、池顶荷载

作用在水池顶板上的荷载主要是竖向的荷载。永久荷载主要包括顶板结构自重、防水层自重、顶板覆土重等；可变荷载包括池顶活荷载和雪荷载。

顶板结构自重和防水层自重可根据结构尺寸和材料的标准容重确定。池顶覆土自重则根据其覆土厚度和覆土重度标准值确定（一般取 $\gamma = 18kN/m^3$）。池顶覆土的作用主要是

146

保温与抗浮，保温要求的覆土厚度根据室外计算温度来确定，当计算最低气温在−10℃以上时，覆土厚可取 0.3m，在−10～−20℃，可取 0.5m，−20～−30℃时，可取 0.7m，低于−30℃时应取 1.0m。

池顶活荷载是考虑上人、临时堆放少量材料等的重量，活荷载的标准值一般取 1.5kN/m²。建造在靠近道路处的地下式水池，为避免车辆开上池顶，应使覆土顶面高出附近地面至少 30～50cm，或采取其他相应措施。

池顶雪荷载的标准值应根据《建筑结构荷载规范》（GB 50009—2001）中的有关规定来确定。在进行设计时，雪荷载和活荷载不同时考虑，即应该取这两种荷载中数值较大的一种进行计算。

二、池底荷载

采用整体式底板时，底板相当于一个筏板基础。水池的整体式底板通常采用反无梁板，池底荷载是指能使底板产生弯矩和剪力的那一部分地基反力或地下水浮力。水池的地基反力一般可按直线分布计算。直接作用于底板上的池内水重和底板自重将与其引起的部分地基反力直接抵消而不会使底板产生弯矩，因此，只有池壁、池顶和支柱作用于底板上的集中力所引起的地基反力才会使底板产生弯曲应力，这部分地基反力由下列三项组成：

（1）由池顶活荷载引起的，可直接取池顶活荷载值；

（2）由池顶覆土引起的，可直接取池顶单位面积上覆土重；

（3）由池顶板自重、池壁自重及支柱自重引起的，可将池壁和所有支柱的总重除以池底面积再加上单位面积顶板自重。

当池壁与底板按弹性固定设计时，为了便于进行最不利内力组合，池底荷载的上述三个分项应分别单独计算。

三、池壁荷载

池壁承受的荷载除池壁自重和池顶荷载引起的竖向压力和可能的端弯矩外，主要是侧向的水压力和土压力。

水压力按三角形分布，池底最大水压力标准值为：

$$p_{wk} = \gamma_w H_w \tag{8-1}$$

式中　　p_{wk}——池底处的水压力标准值；

　　　　γ_w——水的重度，取 $\gamma_w = 10kN/m^3$；

　　　　H_w——设计水深。

一般水池设计水位离池内顶面 200～300mm，但为了简化计算，可取水压力的分布高度等于池壁的计算高度。

池壁外侧的压力包括土压力、地面活荷载引起的附加侧压力及有地下水时的地下水压力。为了简化计算，通常将有地下水时按折线分布的侧压力简化成梯形分布图形，如图 8-3 所示。

池壁土压力按主动土压力计算，作用在池壁顶端的土压力标准值 p_{ak2} 按下式计算：

$$p_{ak2} = \gamma_s (h_s + h_2) tg^2 \left(45° - \frac{\varphi}{2} \right) \tag{8-2}$$

无地下水时，池壁底端的土压力标准值 p_{ak1} 按下式计算：

$$p_{ak1} = \gamma_s (h_s + h_2 + H_n) \operatorname{tg}^2 \left(45° - \frac{\varphi}{2}\right) \tag{8-3}$$

当有地下水时池壁底端的土压力标准值 p'_{ak1} 按下式计算：

$$p'_{ak1} = \left[\gamma_s (h_s + h_2 + H_n - H'_w) + \gamma'_s H'_w\right] \operatorname{tg}^2 \left(45° - \frac{\varphi}{2}\right) \tag{8-4}$$

地面活荷载引起的附加侧压力沿池壁高度为一常数，其标准值 p_{qk} 可按下式计算：

$$p_{qk} = q_k \operatorname{tg}^2 \left(45° - \frac{\varphi}{2}\right) \tag{8-5}$$

地下水压力按三角形分布，池壁底端处的地下水压力标准值 p'_{wk} 为：

$$p'_{wk} = \gamma_w H'_w \tag{8-6}$$

式中　　　γ_s——回填土自重，取 $\gamma_s = 18 \text{kN/m}^3$；

　　　　　γ'_s——地下水位以下回填土的有效自重，取 $\gamma'_s = 10 \text{kN/m}^3$；

　　　　　φ——回填土的内摩擦角，根据土壤试验确定，当缺乏试验资料时，可取 $\varphi = 30°$；

　　　　　q_k——地面活荷载标准值，一般取 1.5kN/m^2；

h_s、h_2、H_n——分别为池顶覆土厚度、顶板厚度和池壁净高；

　　　　　H'_w——地下水位至池壁底部的距离。

池壁外侧压力应根据实际情况取上述各种侧压力的组合值。对于大多数水池，池顶处于地下水位以上，顶端外侧压力组合标准值为：

$$p_{k2} = p_{qk} + p_{ak2} \tag{8-7}$$

当底端处于地下水位以上时，底端外侧压力组合标准值为：

$$p_{k1} = p_{qk} + p_{ak1} \tag{8-8}$$

当底端处于地下水位以下时，底端外侧压力组合标准值为：

$$p_{k1} = p_{qk} + p'_{ak1} + p'_{wk} \tag{8-9}$$

以上所述各项荷载的取值，均指标准值。荷载的设计值则是荷载标准值与分项系数的乘积，各种荷载的分项系数的取值应按有关规范的规定取值。

四、其他作用对水池的影响

除了上述荷载的作用以外，温度和湿度变化、地震作用等也将在水池结构中引起附加内力，在设计时必须予以考虑。

当混凝土结构所处环境的温度和湿度发生改变时，会使混凝土产生收缩和膨胀，当收缩和膨胀受到约束而不能自由发展时，就会在结构中引起附加应力，这种应力称为温度应力或湿度应力。在水池结构中，温度应力的产生原因一种情况是由于池内水温与池外气温或土温的不同而形成的壁面温差，另一种情况是水池施工期间混凝土浇筑完毕时的温度与使用期间的季节最高和最低温度之差，称为中面季节温差。湿度应力产生原因一种是水池开始装水或放空一段时间后再装水时池壁内外侧产生的壁面湿差，另一种是水池尚未装水或放空一段时间后相对于池内有水时池壁中面平均湿度产生降低而产生的中面平均湿差。湿差和温差对结构的作用是类似的，故计算时可以将湿差换算成等效温差（或称当量温差）来进行计算。

在水池结构设计时，主要采取以下措施来消除或控制温差和湿差造成的不利影响：

(1) 设置伸缩缝或后浇带，以减少对温度或湿度变形的约束；

(2) 配置适量的构造钢筋，以抵抗可能出现的温度应力或湿度应力；

(3) 通过计算来确定温差和湿差造成的温度应力和湿度应力，在承载力和抗裂计算中加以考虑。

此外，合理地选择结构形式；采用保温隔热措施，如用水泥砂浆护面、用轻质保温材料或覆土保温，对地面式水池的外壁面涂以白色反射层；注意水泥品种和集料性质，如采用水化热低的水泥和热膨胀系数较低的集料，避免使用收缩性集料；严格控制水泥用量和水灰比；保证混凝土施工质量，特别是加强养护，避免混凝土干燥失水等等。所有这些都可以减少温度和湿度变形的不利影响。

圆形水池不宜设置伸缩缝，其中面平均温（湿）差和壁面温（湿）度差的作用原则上都应通过计算来解决。

矩形水池中通过设缝可以减少中面季节温差和中面湿差的影响，对壁面温（湿）差的作用引起的内力一般通过计算加以考虑。

对于地下式水池或采用了保温措施的地面水池，一般可不考虑温（湿）差的作用，对于直接暴露在大气中的水池池壁应考虑壁面温差或湿度当量温差的作用。

建造在地震区的水池，应根据所在地区的抗震设防烈度进行必要的抗震设计。一般来说，钢筋混凝土水池本身具有相当好的抗震能力，因此，下列情况下的水池只需采取一定的抗震构造措施，可不作抗震设计：

(1) 设防烈度为 7 度的地上式及地下式水池；

(2) 设防烈度为 8 度的地下式钢筋混凝土圆形水池；

(3) 设防烈度为 8 度的长宽比小于 1.5，无变形缝的有顶盖地下式矩形水池。

五、荷载组合

地下式水池进行承载力极限状态计算时，一般应考虑下列三种不同的荷载组合分别计算内力：

(1) 池内满水，池外无土；

(2) 池内无水，池外有土；

(3) 池内满水，池外有土。

第一种荷载组合出现在回填土以前的试水阶段，第二、三种荷载组合是使用阶段的放空和满池时的荷载状态。在任何一种荷载组合中，结构自重总是存在的。对于第二、三两种荷载组合，应考虑活荷载和池外地下水压力。

对于无保温措施的地上式水池，在承载力极限状态计算时，应考虑下列两种荷载组合：

(1) 池内满水；

(2) 池内满水及温（湿）度差引起的作用。

第二种荷载组合中的温（湿）度差引起的作用应取壁面温差与当量温差中的较大者进

149

行计算。对于有顶盖的地上式水池，应考虑池顶活荷载的作用参与组合。对于有保温措施的地上式水池，只需考虑第一种荷载组合。对于水池的底板，不论是否采取了保温措施，都可不计温度作用。

对于多格的矩形水池，还应考虑某些格满水，某些格无水的不利组合。

水池结构按正常使用极限状态设计时应考虑哪些荷载组合可根据正常使用极限状态的设计要求来确定，水池结构构件正常使用极限状态设计的设计要求主要是进行裂缝控制。

第三节　水池内力计算

一、超静定结构概述

在工程力学基础中，结构或结构构件的反力、内力用平衡方程可直接求解，对这种结构或结构构件称为静定结构。静定结构，在结构组成上是没有多余约束的几何不变体系。超静定结构是结构或结构构件的反力、内力不能用平衡方程全都求解，在结构组成上是有多余约束的几何不变体系。

（一）超静定结构的组成

由于超静定结构在结构组成上是几何不变，但存在多余约束的体系。根据选择的不同，超静定结构的多余约束可能存在于结构内部，也可能存在于结构外部，而且也不是固定不变的。如图 8-4（a）所示超静定是外部存在多余约束，图 8-4（b）把 B 支座看成多余约束，图 8-4（c）是把 C 支座看成多余约束。图 8-5（a）所示为内部存在多余约束的超静定桁架。图 8-5（b）是把 CD 杆视为多余约束，图 8-5（c）是把 CF 杆视为多余约束。

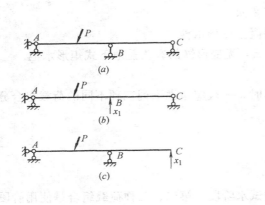

图 8-4　超静定梁及其多余未知力表示方法　　图 8-5　超静定桁架及其多余未知力表示方法

（二）超静定次数的确定

超静定结构由于有多余约束的存在，支座反力未知量的数目多于平衡方程数目，仅靠平衡方程不能确定结构的支座反力。从几何方面来说，结构的超静定次数就是多余约束的个数；从静力平衡看，超静定次数就是运用平衡方程分析计算结构未知力时所缺少的方程个数，即多余未知力的个数。

所以超静定次数可以这样确定：从超静定结构中去掉多余约束，使原结构变为几何不变的静定结构，所去掉的多余约束个数，即为结构的超静定次数。

解除多余约束，使超静定结构变为静定结构是确定超静定次数的直接方法。除去多余约束的方式，通常有以下几种：

（1）去链杆的方法。每去掉一个链杆相当于去掉一个约束。每去掉一个固定端支座相当于去掉三个约束。如图 8-6（b）所示。

（2）加铰（单铰）的方法。将刚节点改为铰接点，或在连续杆上插入一个单铰，相当于去掉一个约束。如图 8-6（c）和图 8-7（c）所示。

（3）去铰的方法。去掉一个连接两刚片的铰，相当于去掉两个约束。如图 8-7（b）所示。

（4）切断的方法。切断一个链杆，相当于去掉一个约束，如图 8-8（b）所示；切断一个连续杆，相当于去掉三个约束，如图 8-9（b）、（c）所示。

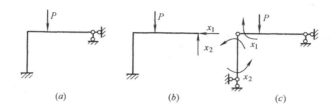

图 8-6　原超静定结构与相应的静定结构

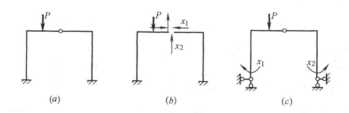

图 8-7　原超静定结构与相应的静定结构

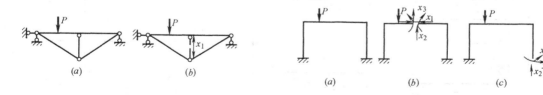

图 8-8　原超静定结构与相应的静定结构　　　图 8-9　原超静定结构与相应的静定结构

超静定结构的内力计算方法有力法、位移法和力距分配法等，水工结构的水池池壁计算时常用力矩分配法计算内力。

二、力矩分配法

力矩分配法是工程上广为采用的实用计算方法。它是一种渐进计算方法，可以不解联立方程而直接求得杆端弯矩。它是以位移法为基础。

（一）力矩分配法的基本要素

1. 固端弯矩 M_{ij}^F

由荷载（或其他外因）引起的杆端弯矩。力矩分配法杆端弯矩以顺时针转向为正，作用于节点上的弯矩以逆时针转向为正，节点上外力偶（荷载）以顺时针转向为负。单跨超静定梁杆端弯矩见表 8-1。

单跨超静定梁杆端弯矩和杆端剪力　　　　　　　　　　表 8-1

编号	梁的简图	弯 矩 图	杆端弯矩		杆
			M_{AB}	M_{BA}	V_{AB}
1	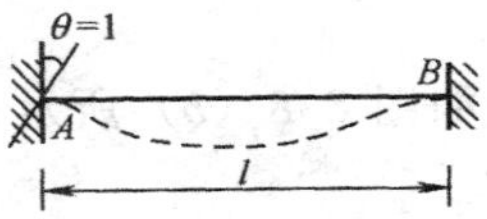	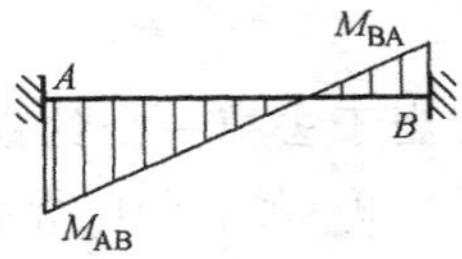	$\dfrac{4EI}{l}=4i$	$2i$ $\left(i=\dfrac{EI}{l}\text{以下同}\right)$	$-\dfrac{6i}{l}$
2	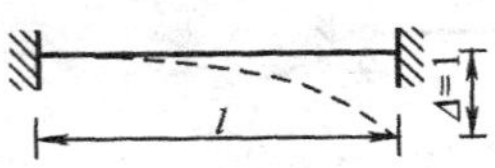	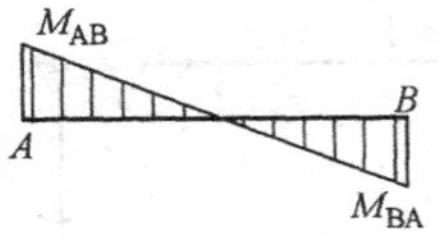	$-\dfrac{6i}{l}$	$-\dfrac{6i}{l}$	$\dfrac{12i}{l^2}$
3	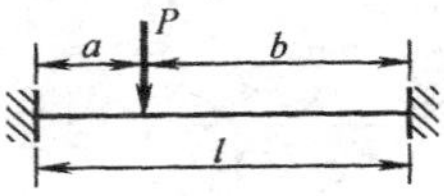	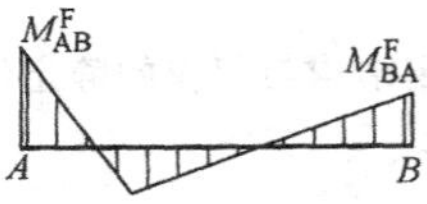	$-\dfrac{Pab^2}{l^2}$ 当 $a=b$ 时 $-Pl/8$	$\dfrac{Pa^2b}{l^2}$ $\dfrac{Pl}{8}$	$\dfrac{Pb^2}{l^2}\left(1+\dfrac{2a}{l}\right)$ $\dfrac{P}{2}$
4	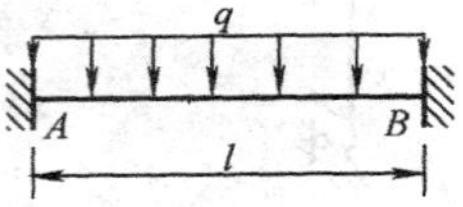	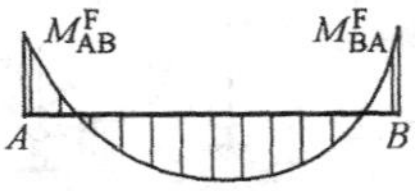	$-\dfrac{ql^2}{12}$	$\dfrac{ql^2}{12}$	$\dfrac{ql}{2}$
5	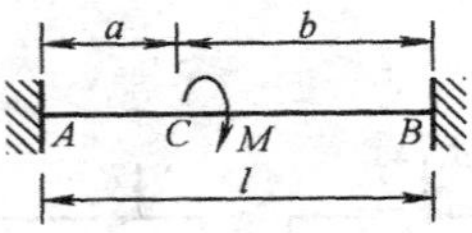	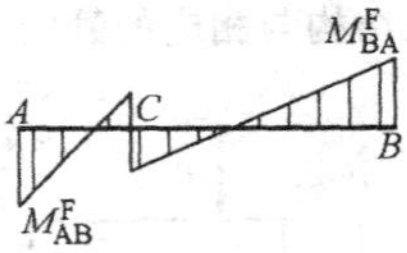	$\dfrac{Mb(3a-l)}{l^2}$	$\dfrac{Ma(3b-l)}{l^2}$	$-\dfrac{6ab}{l^2}M$
6	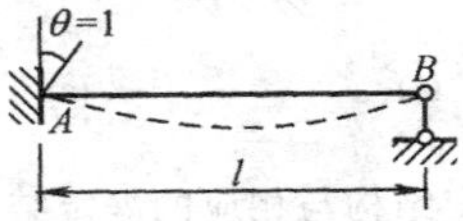	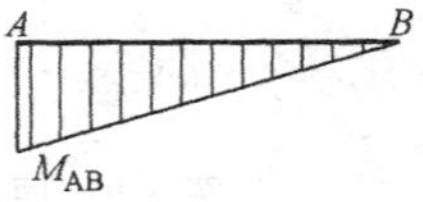	$3i$	0	$-\dfrac{3i}{l}$
7	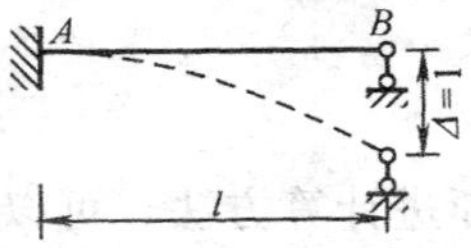	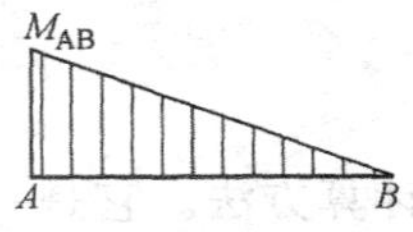	$-\dfrac{3i}{l}$	0	$\dfrac{3i}{l^2}$

152

编号	梁的简图	弯矩图	杆端弯矩		杆
			M_{AB}	M_{BA}	V_{AB}
8	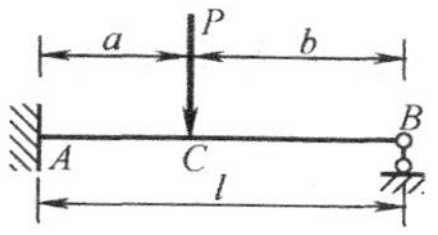	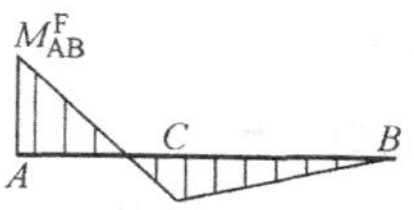	$-\dfrac{Pab(l+b)}{2l^2}$ 当 $a=b=\dfrac{l}{2}$ 时 $-3Pl/16$	0	$\dfrac{Pb(3l^2-b^2)}{2l^3}$ $\dfrac{11}{16}P$
9	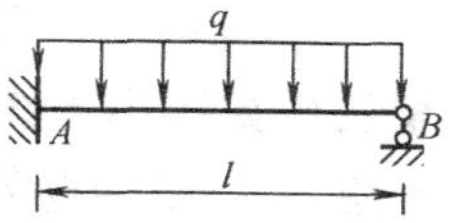	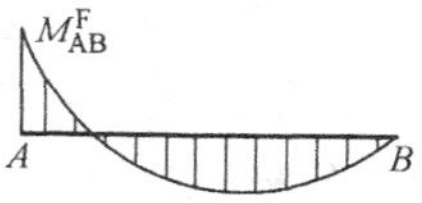	$-\dfrac{ql^2}{8}$	0	$\dfrac{5}{8}ql$
10	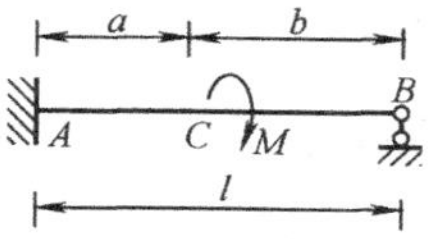	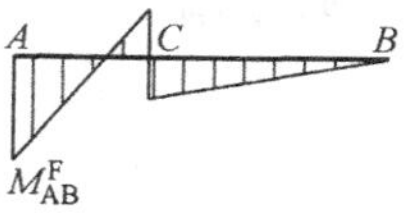	$\dfrac{M(l^2-3b^2)}{2l^2}$	0	$-\dfrac{3M(l^2-b^2)}{2l^3}$
11	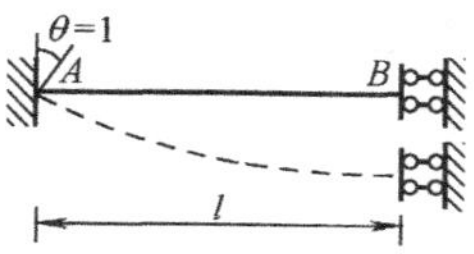	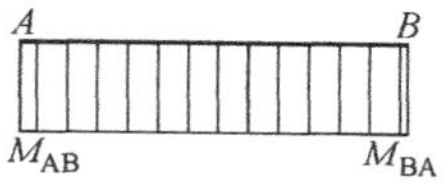	i	$-i$	0
12	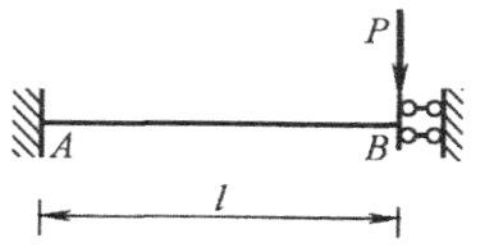	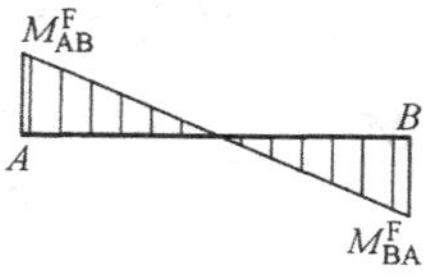	$-\dfrac{Pl}{2}$	$-\dfrac{Pl}{2}$	P
13	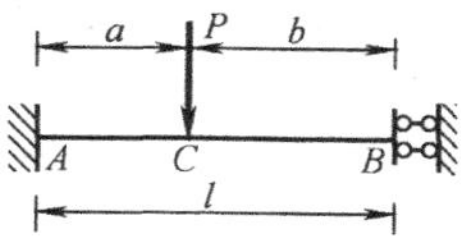	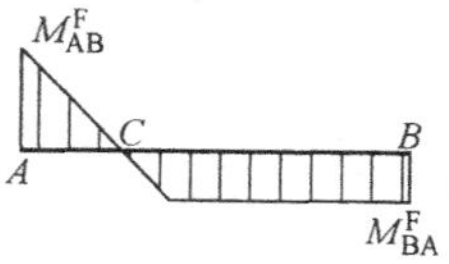	$-\dfrac{Pa(l+b)}{2l}$ 当 $a=b$ 时 $-\dfrac{3Pl}{8}$	$-\dfrac{P}{2l}a^2$ $-\dfrac{Pl}{8}$	P
14	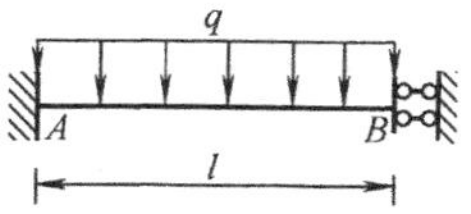	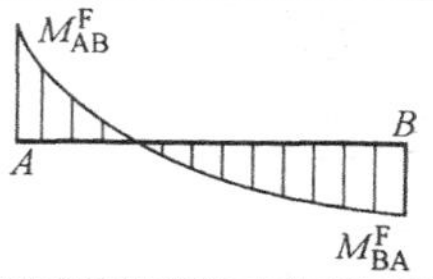	$-\dfrac{ql^2}{3}$	$-\dfrac{ql^2}{6}$	ql

2. 近端与远端

产生转角的一端称为近端，另一端称为远端。

3. 线刚度 i

线刚度为杆件横截面的抗弯刚度 EI 除以杆件长度 l，即

$$i=\dfrac{EI}{l}$$

153

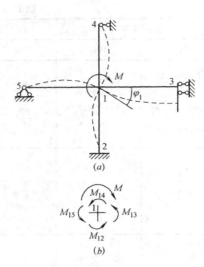

图 8-10 节点力偶的分配

4. 转动刚度 S_{ij}

单跨超静定梁 ij，使 i 端转动单位转角 $\varphi_i = 1$ 时，在 i 端所需施加的力矩称为 ij 杆 i 端的转动刚度，用 S_{ij} 表示，其中第一个下标代表施力端或称近端，第二个下标代表远端。各种单跨超静定梁的转动刚度查表 8-1。

5. 分配系数 μ_{ij}

如图 8-10（a）所示由等截面杆件组成的刚架，只有一个刚节点 1，它只能转动不能移动。当有个力距 M 作用于节点 1 时，刚架发生如图中虚线所示的变形，各杆的 1 端均发生转角 φ_1，最后达到平衡，试求杆端弯矩。

由转动刚度的定义可知：

$$\left.\begin{array}{l} M_{12} = S_{12}\,\varphi_1 \\ M_{13} = S_{13}\,\varphi_1 \\ M_{14} = S_{14}\,\varphi_1 \\ M_{15} = S_{15}\,\varphi_1 \end{array}\right\} \tag{8-10}$$

由节点 1 的平衡条件得

$$M = M_{12} + M_{13} + M_{14} + M_{15}$$

$$M = S_{12}\,\varphi_1 + S_{13}\,\varphi_1 + S_{14}\,\varphi_1 + S_{15}\,\varphi_1 = (S_{12} + S_{13} + S_{14} + S_{15})\,\varphi_1$$

所以

$$\varphi_1 = \frac{M}{S_{12} + S_{13} + S_{14} + S_{15}} = \frac{M}{\sum S_{1j}}$$

其中 $\sum S_{1j}$ 为汇交于节点 1 各杆件在 1 端的转动刚度之和。

将求得的 φ_1 代入式（8-10），得

$$\left.\begin{array}{l} M_{12} = \dfrac{S_{12}}{\sum S_1}M \\[2mm] M_{13} = \dfrac{S_{13}}{\sum S_1}M \\[2mm] M_{14} = \dfrac{S_{14}}{\sum S_1}M \\[2mm] M_{15} = \dfrac{S_{15}}{\sum S_1}M \end{array}\right\} \tag{8-11}$$

式（8-11）表明，各杆近端产生的弯矩与该杆杆端的转动刚度成正比，转动刚度越大，则所产生的弯矩越大。

设

$$\mu_{1j} = \frac{S_{1j}}{\sum S_1} \tag{8-12}$$

式中的下标 j 为汇交于节点 1 的各杆之远端，在本例中即为 2、3、4、5。于是，式 (8-11) 可写成

$$M_{1j} = \mu_{1j} M \tag{8-13}$$

μ_{1j} 称为各杆件在近端的分配系数。汇交于同一节点的各杆杆端的分配系数之和应等于 1，即 $\sum \mu_{1j} = \mu_{12} + \mu_{13} + \mu_{14} + \mu_{15} = 1$。

由上述可见，加于节点 1 的外力矩 M，按各杆杆端的分配系数分配给各杆的近端。因而杆端弯矩 M_{1j} 称为分配弯矩。

6. 传递系数 C_{ij}

图 8-10 (a) 中，当外力矩 M 加于节点 1 时，该节点发生转角 φ_1，于是各杆的近端和远端都产生杆端弯矩。由表可得这些杆端弯矩分别为

$$M_{12} = 4i_{12}\varphi_1, \quad M_{21} = 2i_{12}\varphi_1$$

$$M_{13} = i_{13}\varphi_1, \quad M_{31} = -i_{13}\varphi_1$$

$$M_{14} = 3i_{14}\varphi_1, \quad M_{41} = 0$$

$$M_{15} = 3i_{15}\varphi_1, \quad M_{51} = 0$$

将远端弯矩与近端弯矩的比值称为由近端向远端的传递系数，并用 C_{ij} 表示。即

$$C_{1j} = \frac{M_{j1}}{M_{1j}} \tag{8-14}$$

$$M_{j1} = C_{1j} M_{1j} \tag{8-15}$$

等截面直杆的各种支承情况下的传递系数见表 8-2。

转动刚度和传递系数　　　　　　　　　　　　表 8-2

远端支承情况	转动刚度 S	传递系数 C
固定	$4i$	0.5
铰支	$3i$	0
滑动	i	-1
自由或轴向支杆	0	

式 (8-15) 表明，远端弯矩 M_{j1}（又称为传递弯矩）它等于传递系数与分配弯矩的乘积。

（二）力矩分配法的基本原理

如图 8-11 (a) 所示两跨连续梁，只有一个刚性节点 B，在 AB 跨中作用有集中荷载 P，BC 跨作用有均布荷载 q，刚节点 B 处有转角 θ_B，变形曲线如图中虚线所示。

首先固定节点，在节点 B 处加入刚臂，约束节点 B 的转动。连续梁被附加刚臂分隔为两个单跨的超静定梁 AB 和 BC，在荷载作用下其变形曲线如图 8-11 (b) 中虚线所示。各单跨超静定梁的固端弯矩可由表 8-1 查得。一般情况下，汇交于刚节点 B 处的 BA 杆和 BC 杆的固端弯矩彼此不相等，因此，在附加刚臂中产生附加约束力矩 M_B，见图 8-11 (b)，也称为节点不平衡力矩，其数值可由图 8-11 (d) 求得

$$M_B = M_{BA}^F + M_{BC}^F = \sum M_{Bj}^F \tag{8-16}$$

上式表明节点不平衡力矩等于相交于该节点的各杆固端弯矩代数和,其正负与固端弯矩代数和是一致的。

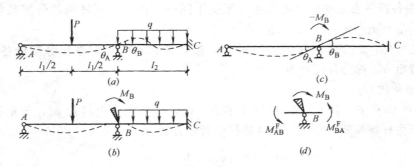

图 8-11　单节点力矩分配的基本原理

其次,放松节点。为了使图 8-11 (b) 所示有附加刚臂的连续梁能和图 8-11 (a) 所示连续梁等效,必须放松附加刚臂,使节点 B 产生转角 θ_B。为此,在节点 B 加上一个与节点不平衡力矩 M_B 大小相等,转向相反的力矩($-M_B$),即反号的节点不平衡力矩如图 8-11 (c) 所示,($-M_B$) 将使节点 B 产生所需的 θ_B 转角。

由以上分析可见,图 8-11 (a) 所示连续梁的受力和变形情况,应等于图 8-11 (b) 和图 8-11 (c) 所示情况的叠加。也就是说,要计算连续梁相交于 B 节点各杆的近端弯矩,应分别计算图 8-11 (b) 所示情况的杆端弯矩即固端弯矩和图 8-11 (c) 所示情况的杆端弯矩即分配弯矩,然后将它们叠加,其中分配弯矩等于分配系数乘以反号的节点不平衡力矩($-M_B$)。同样,连续梁相交于 B 节点各杆的远端弯矩,应是图 8-11 (b) 所示情况的固端弯矩和图 8-11 (c) 所示情况的传递弯矩相加。

（三）力矩分配法的计算步骤

下面举例说明力矩分配法的计算步骤

【例 8-1】　试作图 8-12 所示连续梁的弯矩图。

【解】　（1）计算固端弯矩和约束力矩。

1）由附录二查得各固端弯矩为:

$$M_{AB}^F = 0$$

$$M_{BA}^F = \frac{ql^2}{8} = \frac{1}{8} \times 10 \times 12^2 = 180 \text{kN} \cdot \text{m}$$

$$M_{BC}^F = -\frac{Pl}{8} = -\frac{1}{8} \times 100 \times 8 = -100 \text{kN} \cdot \text{m}$$

$$M_{CB}^F = \frac{Pl}{8} = \frac{1}{8} \times 100 \times 8 = 100 \text{kN} \cdot \text{m}$$

2）求节点 B 处刚臂的约束力矩:

$$M_B = M_{BA}^F + M_{BC}^F = 180 - 100 = 80 \text{kN} \cdot \text{m}$$

（2）计算分配系数。

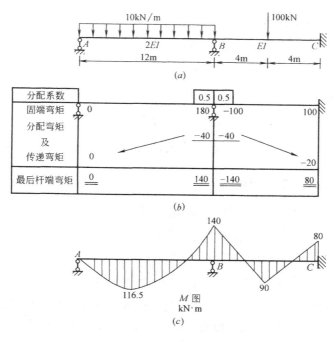

图 8-12 例 8-1 图

1) 由表 8-1 查得转动刚度 S：

$$S_{BA} = 3i_{BA} = 3 \times \frac{2EI}{12} = \frac{1}{2}EI$$

$$S_{BC} = 4i_{CA} = 4 \times \frac{EI}{8} = \frac{1}{2}EI$$

2) 计算分配系数：

$$\mu_{BA} = \frac{S_{BA}}{S_{BA} + S_{BC}} = \frac{\frac{1}{2}EI}{\frac{1}{2}EI + \frac{1}{2}EI} = \frac{1}{2}$$

$$\mu_{BC} = \frac{S_{BC}}{S_{BA} + S_{BC}} = \frac{\frac{1}{2}EI}{\frac{1}{2}EI + \frac{1}{2}EI} = \frac{1}{2}$$

校核 $\sum \mu = 1$，说明计算无误。

3) 计算分配弯矩：

将分配系数乘以约束力矩的负值即得分配弯矩

$$M_{BA}^{\mu} = \mu_{BA} \cdot (-M_B) = -\frac{1}{2} \times 80 = -40 \text{kN} \cdot \text{m}$$

$$M_{BC}^{\mu} = \mu_{BC} \cdot (-M_B) = -\frac{1}{2} \times 80 = -40 \text{kN} \cdot \text{m}$$

（3）计算传递弯矩。

1）查表 8-1 得各杆传递系数：

$$C_{BA} = 0$$

$$C_{BC} = \frac{1}{2}$$

2）计算传递弯矩：

$$M_{BA}^C = C_{BA} \cdot M_{BA}^\mu = 0$$

$$M_{CB}^C = C_{BC} \cdot M_{BC}^\mu = \frac{1}{2} \times (-40) = -20 \text{kN} \cdot \text{m}$$

（4）计算各杆的杆端最后弯矩。

$$M_{AB} = M_{AB}^F + M_{AB}^C = 0$$

$$M_{BA} = M_{BA}^F + M_{BA}^\mu = 180 - 40 = 140 \text{kN} \cdot \text{m}$$

$$M_{BC} = M_{BC}^F + M_{BC}^\mu = -100 - 40 = -140 \text{kN} \cdot \text{m}$$

$$M_{CB} = M_{CB}^F + M_{CB}^C = 100 - 20 = 80 \text{kN} \cdot \text{m}$$

实际计算时，可以将分配弯矩、传递弯矩和最后杆端弯矩的计算用表格形式进行，如图 8-12（b）所示。表中分配弯矩下面划一横线，表示该节点已经平衡。箭头表示弯矩的传递方向。杆端弯矩的最后结果下面划双横线。

（5）画弯矩图。

根据各杆杆端最后弯矩和已知荷载，用叠加法画连续梁的弯矩图，如图 8-12（c）所示。

【例 8-2】 用力矩分配法作图 8-13（a）所示封闭框架的弯矩图。已知各杆 EI 等于常数。

【解】 因为这个框架的结构和荷载均有 x、y 两个对称轴，可以只取 1/4 结构计算如图 8-13（b）所示。画出此部分弯矩图后，其余部分根据对称结构对称荷载作用弯矩图亦是正对称的关系便可画出。

（1）计算固端弯矩。

由表 8-1 查得各杆的固端弯矩为

$$M_{1A}^F = -\frac{ql^2}{3} = -\frac{1}{3} \times 1.5^2 \times 10 = -7.5 \text{kN} \cdot \text{m}$$

$$M_{A1}^F = -\frac{ql^2}{6} = -\frac{1}{6} \times 10 \times 1.5^2 = -3.75 \text{kN} \cdot \text{m}$$

写入图 8-13（c）各相应杆端处。

（2）计算分配系数。

1）由表 8-1 查得转动刚度 S：

$$S_{1A} = i = \frac{EI}{1.5} = \frac{1}{1.5}EI$$

$$S_{1C} = i = \frac{EI}{1} = EI$$

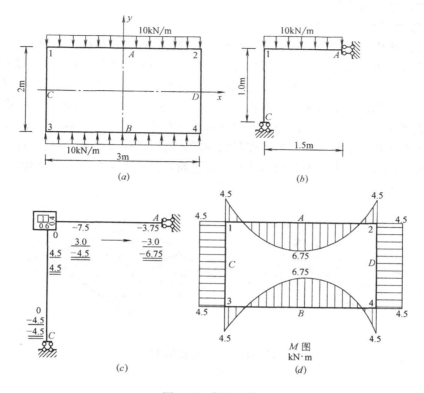

图 8-13　例 8-2 图

2）计算分配系数：

$$\mu_{1A} = \frac{S_{1A}}{S_{1A} + S_{1C}} = \frac{\dfrac{1}{1.5}EI}{\dfrac{1}{1.5}EI + EI} = 0.4$$

$$\mu_{1C} = \frac{S_{1C}}{S_{1A} + S_{1C}} = \frac{EI}{\left(\dfrac{1}{1.5} + 1\right)EI} = 0.6$$

将分配系数写入图 8-13（c）节点处。

（3）进行力矩的分配和传递，求最后杆端弯矩。

1）节点 1 的约束力矩 $M_1 = M_{1A}^F + M_{1C}^F = -7.5 \text{kN} \cdot \text{m}$，将其反号并乘以分配系数，便得到各杆近端的分配弯矩。

2）由表 8-1 查得传递系数（均为 -1），将各杆分配弯矩乘以传递系数便得到远端的传递弯矩。

3）最后将各杆端的固端弯矩和分配弯矩（或传递弯矩）相叠加即可得到各杆端的最后杆端弯矩。在最后弯矩下划双线。

以上均在图 8-13（c）中进行。

（4）画弯矩图。

根据对称关系画出弯矩图如图 8-13（d）所示。

三、双向板内力计算

(一) 双向板的基本概念

在工程结构中，板是常见的钢筋混凝土受弯构件。按支承情况，钢筋混凝土板可以分为单边支承板（也称悬臂板）、两边支承板、三边支承板和四边支承板等。实际水工结构的矩形水池常见的池壁板应该为三边支承或四边支承板。对于四边支承的板，在荷载的作用下，两个方向都会发生弯曲，荷载沿两个方向传递给支承。但当板的长短边比值 l_2/l_1 超过一定数值时，沿长边方向的分配的荷载可以忽略不计，荷载主要沿短边方向传递。这样的四边支承板称为单向板，它的工作与梁相同，所以又叫梁式板。如果当板的两个方向尺寸接近时，板沿长边方向所分配的荷载不可忽略，荷载沿两个方向传递时，这种板称为双向板。如图 8-14 所示。

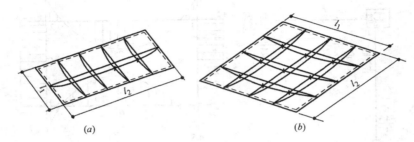

图 8-14　单向板和双向板
(a) 单向板；(b) 双向板

规范规定：对于四边支承板，当长短边比值 $l_2/l_1 \geqslant 3$ 时，可按沿短边方向的单向板计算；当 $l_2/l_1 \leqslant 2$ 时，应按双向板计算。当 $2 < l_2/l_1 < 3$ 时，宜按双向板计算，亦可按沿短边方向的单向板计算，但应沿长边方向布置足够数量的钢筋。

三边支承的板一般应为双向板。

(二) 双向板的内力计算

双向板的内力计算有弹性法和塑性法两种，水工结构中构筑物的双向板一般采用弹性计算法。对于一般常见的分布荷载和支承情况，单跨双向板的内力可查现成的内力系数表，弯矩的计算公式为：

跨中弯矩
$$M_x = \alpha_x^\mu q l^2 ; \quad M_y = \alpha_y^\mu q l^2 \tag{8-17}$$

支座弯矩
$$M_x^0 = \alpha_x^0 q l^2 ; \quad M_y^0 = \alpha_y^0 q l^2 \tag{8-18}$$

$$\alpha_x^\mu = \alpha_x + \mu \alpha_y \quad \alpha_y^\mu = \alpha_y + \mu \alpha_x$$

式中　M_x、M_x^0——沿 l_x 方向的跨中和支座弯矩；

$\qquad M_y$、M_y^0——沿 l_y 方向的跨中和支座弯矩；

$\qquad\qquad q$——均布荷载值或三角形分布荷载的最大值；

$\qquad\qquad l$——l_x 和 l_y 方向的较小者；

$\qquad\quad \alpha_x^0$、α_y^0——$\mu = 0$ 时，沿 l_x 和 l_y 方向的跨中弯矩系数；

$\qquad\quad \alpha_x^\mu$、α_y^μ——$\mu \neq 0$ 时，沿 l_x 和 l_y 方向的跨中弯矩系数。

各种不同支座情况的单跨双向板在均布荷载和三角形荷载作用下的弯矩系数可由附录

二查得。表中凡是有一边为自由边的板，直接给出了 α_x^v 和 α_y^v 值，不必再用公式计算。

在均布荷载作用下的多跨连续双向板常常简化为单跨板并利用单跨双向板的弯矩系数表来计算，但在计算跨中弯矩时应该考虑活荷载的不利作用位置。

（三）双向板的配筋

双向板两个方向的钢筋均为受力钢筋，其中沿短向的受力钢筋应配置在长向受力钢筋的外侧。

板的配筋方式有弯起式和分离式两种。

按弹性理论分析内力时，由于跨度中部范围比周边范围弯矩大，跨中配筋时可将板在两个方向上划分为三个板带（图 8-15）。边缘板带宽度为跨度的 1/4，其余为中间板带。中间板带按最大弯矩配筋，边缘板带减少一半，但每米宽度内不得少于 4 根。支座配筋时则在全范围均匀布置，而不在边缘板带内减少。

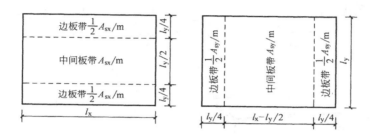

图 8-15　按弹性理论计算正弯矩配筋板带

四、钢筋混凝土矩形水池的设计

（一）矩形水池的类型

矩形水池的池壁左右互为约束，下有底板支承。有顶盖时，池壁的上部由顶盖支承，池壁按四边支承板计算；无顶盖时，则为三边支承板。在水平荷载的作用下，两个方向都弯曲，沿两个方向把力传给支承。根据池壁的长高比的不同，矩形水池可以分成以下几种类型。

1. 浅水池

四边支承板，并符合 $\dfrac{a}{H_w}$ 和 $\dfrac{b}{H_w} > 2$ 及三边支承板并符合 $\dfrac{a}{H_w}$ 和 $\dfrac{b}{H_w} > 3$ 的情况下（图 8-16a），池壁主要沿竖向传力，水平方向的作用可忽略不计，即这种水池又长又矮，左右的互相约束可忽略不计。这种浅池壁像挡土墙，故又称为挡墙式池壁。大容量的贮水池、平流沉淀池等属于这种类型。

2. 双向板式水池

四边支承板并符合 $0.5 \leqslant \dfrac{a}{H_w} \leqslant 2$ 和 $0.5 \leqslant \dfrac{b}{H_w} \leqslant 2$，以及三边支承板并符合 $0.5 \leqslant \dfrac{a}{H_w} \leqslant 3$ 和 $0.5 \leqslant \dfrac{b}{H_w} \leqslant 3$ 的情况（图 8-16b），池壁沿竖直及水平两个方向传力，称为双向板式池壁。小容量的贮水池、普通快滤池等属于这种类型。

3. 水平框架式水池

当 $\dfrac{a}{H_w} < 0.5$ 和 $\dfrac{b}{H_w} < 0.5$ 时（图 8-16c），池壁主要沿水平方向受力，竖向作用可略而

不计，即不计上下约束的作用。从一块池壁来说，它是两端弹性固定的、水平方向的单向板；但从水池整体来说，池壁形成水平的、封闭的框架，因此称为水平框架式水池，也称为深井。

有时水池两个方向的池壁属于不同类型。如图 8-16（d）所示水池，长向是浅池壁，短向是双向板式池壁；图 8-16（e）所示水池，短向是单向板，但长向是双向板，不再形成水平框架。

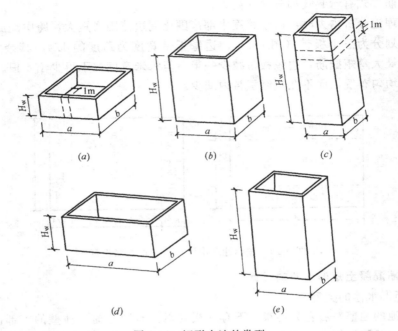

(a)　　　　　　　(b)　　　　　　　(c)

(d)　　　　　　　(e)

图 8-16　矩形水池的类型

（二）浅壁水池的计算与配筋

当水池的平面尺寸较大，地基良好，且地下水位低于池底面时，池壁下可设置带形基础，底板采用铺砌式（图 8-17a），也称分离式；有地下水，或水池平面的一个方向尺寸不大，或者地基不好，可采用整体式底板（图 8-17b）。

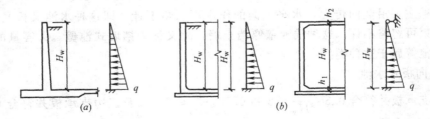

图 8-17　浅壁水池
(a) 带形基础；(b) 整体式底板

1. 计算简图和荷载组合

挡墙式池壁的计算简图为单位宽度的悬臂板，如图 8-17（a）。

地基较好时，整体式底板的浅池壁的计算简图如图 8-17（b）所示，底端看作固定。

无顶盖时,上端按自由考虑,有顶盖时上端看作铰支。

浅池壁通常只考虑池内满水、池外无土和池内无水、池外有土两种荷载组合。对于无保温措施的水池尚应按照规范考虑温度、湿度变化的作用。

2. 内力计算和截面设计

浅池壁是单向受力构件,内力可用力学方法求出。

池壁的截面设计的主要内容:

(1) 竖向设计。

池壁截面应满足

$$V \leqslant 0.7 f_t b h_0 \tag{8-19}$$

式中,取 $b = 1000 \text{mm}$。如不满足上式要求,应加厚池壁。

无盖水池的池壁是竖向传力的悬臂板,受力钢筋应竖直布置,其数量应根据不同荷载组合的最大弯矩确定,并根据弯矩变化的情况,在适当部位分批切断。

对于有盖水池,必须根据相对偏心距的大小确定是否需要考虑顶盖传给池壁的竖向力的影响。当相对偏心距小于 2 时,竖向力必须考虑,应按偏心受压构件计算,否则不计竖向力,仍按受弯构件计算。

池壁还要根据其受力情况,进行裂缝宽度验算。

(2) 角隅处和水平方向。

浅水池池壁在水平荷载的作用下主要沿竖向传力,但在角隅处(相邻池壁连接处)因为相邻池壁的约束,竖直方向和水平方向都传力,板的受力应该为双向板。虽然此处竖向弯矩比板壁中间的部分小,但水平弯矩不能忽略。此外,由于相邻池壁的作用,在所研究的池壁上沿水平方向是处于偏心受拉状态。

规范规定池壁侧端单位高度上水平弯矩值按下式计算:

$$M_{jx} = m_j p H_w^2 \quad (\text{kN} \cdot \text{m/m}) \tag{8-20}$$

式中　M_{jx}——壁板水平向角隅处的局部负弯矩;

　　　m_j——角隅处水平向弯矩系数,按表 8-3 采用;

　　　p——均布荷载集度或三角形荷载的最大集度(kN/m^2);

　　　H_w——壁板高度,m。

壁板等厚时角隅处最大水平向弯矩系数 (m_j)　　　　表 8-3

荷载类别	池壁顶端制承条件	m_j
均布荷载	自由	−0.426
	铰支	−0.076
	弹性固定	−0.053
三角形荷载	自由	−0.104
	铰支	−0.035
	弹性固定	−0.029

角隅处壁板的水平方向弯矩分布见图 8-18。

侧端水平拉力是由相邻池壁引起,其值等于相邻池壁的侧反力。三边固定、顶端自由

163

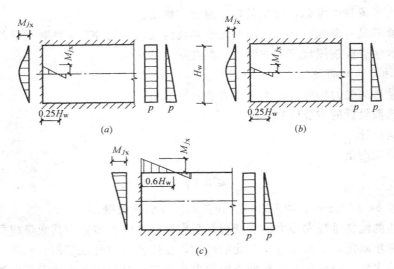

图 8-18 壁板角隅处水平方向弯矩分布
（a）顶端弹性固定、底端嵌固；（b）顶端铰支、底端嵌固；
（c）顶端自由、底端嵌固

的双向板侧边反力用下式计算：

$$R_{Hm} = \gamma_{Hm} p L_W \quad (kN/m) \tag{8-21}$$

$$R_{Ho} = \gamma_{Ho} p L_W \quad (kN/m) \tag{8-22}$$

式中　R_{Hm}——板的 H_W 边缘上的最大边缘反力；

　　　R_{Ho}——板的 H_W 边缘上的平均边缘反力；

　　　γ_{Hm}——板的 H_W 边缘上的最大边缘反力系数，按表 8-4 采用；

　　　γ_{Ho}——板的 H_W 边缘上的平均边缘反力系数，按表 8-4 采用。

三边固定、顶端自由的双向板在三角形荷载作用下的边缘反力系数表　　　表 8-4

边缘反力系数	L_W/H_W					
	0.50	0.75	1.00	1.50	2.00	3.00
γ_{Hm}	0.2988	0.3160	0.2421	0.1695	0.1282	0.1041
γ_{Ho}	0.1909	0.1911	0.1491	0.1172	0.0944	0.0652

注：当 $\dfrac{L_W}{H_W} > 3.0$ 时，H_W 边上的边缘反力系数可按 $\dfrac{L_W}{H_W} = 3.0$ 计算。

　　池壁侧边的水平钢筋按偏心受拉构件计算，轴心拉力可取平均值。

　　池壁中间只有很小的水平弯矩，但为了抵抗由于温度、湿度变化所引起的次应力，仍需按构造配置一定数量的构造钢筋，里外构造钢筋的配筋率均应不小于受弯构件的最小配筋率的要求。

　　中间水平钢筋应均匀地布置在池壁内外侧，并伸过池壁侧端后弯入相邻池壁。在池壁侧端除了由中间伸过来的水平钢筋外，还应根据偏心受拉计算的角隅处水平钢筋数量补充附加钢筋，并视角隅处水平向局部弯矩分布情况，在适当的部位切断。

（三）双向板式池壁的计算

各块池壁看作三边固定顶边自由或简支的双向板。单块双向板的弯矩，按前述方法，利用附录二内力系数表进行计算。当相邻两块双向板在节点处的水平弯矩不平衡时，可近似按水平方向单位宽度线刚度进行分配，并相应调整跨中水平弯矩。调整方法如下：

如图 8-19 所示的双向板式水池的平面图，p_w 为作用的水压力。在节点 A 处，如池壁的固端弯矩为 $\overline{M}_{AB}$，池壁 AD 的固端弯矩为 $\overline{M}_{AD}$，则节点 A 的不平衡弯矩为 $\overline{M}_{AB}+\overline{M}_{AD}$。

设节点的弯矩互不传递，则将不平衡弯矩经一次分配后的池壁 A 端弯矩分别为：

池壁 AB

$$M_{AB}=\overline{M}_{AB}-(\overline{M}_{AB}+\overline{M}_{AD})\frac{i_{AB}}{i_{AB}+i_{AD}} \tag{8-23}$$

池壁 AD

$$M_{AB}=\overline{M}_{AB}-(\overline{M}_{AB}+\overline{M}_{AD})\frac{i_{AB}}{i_{AB}+i_{AD}} \tag{8-24}$$

式中　$\overline{M}_{AB}$、$\overline{M}_{AD}$——池壁 AB 和 AD 的固端弯矩，采用力距分配法规定的正负号规则，即对节点而言，逆时针转向的弯矩为正；

i_{AB}、i_{AD}——分别为池壁 AB 和 AD 的单位宽度线刚度：

$$i_{AB}=\frac{E_c b h_{AB}^3}{12 l_{AB}}；\quad i_{AD}=\frac{E_c b h_{AD}^3}{12 l_{AD}}$$

其中，h_{AB} 和 h_{AD} 为池壁 AB 和 AD 的厚度，l_{AB} 和 l_{AD} 为池壁 AB 和 AD 的长度。

调整跨中水平弯矩可采用下述方法：

设图 8-20 中虚线表示没有调整前的弯矩及其分布，如果弯矩分布规律不变，则固端弯矩调整后的弯矩如图 8-20 中的实线，显然

$$M_x=\overline{M}_x\pm|\Delta M|$$

式中　M_x、$\overline{M}_x$——调整后和调整前的跨中水平弯矩，仍以壁外受拉为正；

$|\Delta M|$——固端弯矩调整值（绝对值），$|\Delta M|=M_{AB}-\overline{M}_{AB}$。

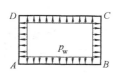

图 8-19　双向板式水池平面图

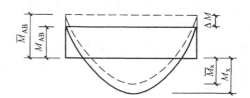

图 8-20　跨中水平弯矩的调整

从图 8-20 可以看出，如固端弯矩减少（绝对值计），则跨中弯矩增大，上式中应取正号；如固端弯矩增大（绝对值计），则跨中弯矩减小，取负号。

竖向弯矩一般不作调整，直接采用单块双向板计算得到的弯矩值。

池壁在水压力的作用下，除了承受弯矩值外，还承受由相邻壁板引起的水平轴向拉力，此轴向拉力应等于相邻壁板的侧边反力，其值应用式（8-22）进行计算。表中的支承条件为顶边自由、三边固定。当顶边铰支时，侧边平均反力仍可查用该表。

池壁在土压力的作用下，将承受轴向压力，但仅当轴力的相对偏心距小于2时，才予以考虑。池壁是否考虑由顶板传来的轴向压力，也按同样的原则确定。

（四）水平框架式池壁

水平框架式池壁的计算简图如图8-21（b）所示。为了方便配筋，可将水池沿高度分成几段计算。每一段均取该段中的最大侧压力作为框架的荷载。框架的内力可由力学方法求得。

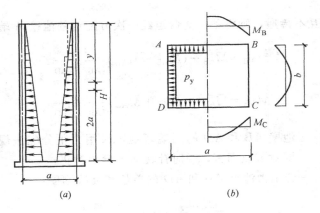

图8-21　水平框架式池壁的计算简图和弯矩图

第四节　水池的构造

一、圆形水池

（一）构件最小厚度

圆形水池池壁厚度一般不小于180mm，当单面配筋时，池壁厚度应可不小于120mm。采用现浇整体式肋梁楼盖时，顶板的厚度不宜小于100mm，采用现浇无梁顶盖时，顶板厚度不宜小于120mm。当采用现浇整体式肋梁底板时，底板厚度不宜小于120mm，采用现浇整体式平板或无梁板时，底板厚度不宜小于150mm。

（二）池壁钢筋和保护层厚度

池壁环向钢筋的直径不应小于6mm，钢筋间距不应小于70mm，当壁厚$h \leqslant 150mm$时，钢筋间距不应大于200mm；当壁厚$h > 150mm$时，钢筋间距不应大于$1.5h$，且不应大于250mm。

池壁竖向钢筋的直径不应小于8mm，间距的要求与环向钢筋相同。

受力钢筋的最小保护厚度，对池壁、顶板的钢筋和基础底板的上层钢筋，一般为25mm，当与污水接触或受水气影响时，应取30mm。基础底板的下层钢筋，当有垫层时，为35mm；无垫层时，为70mm。池内梁、柱受力钢筋保护层最小厚度为30mm；当与污水接触或受水气影响时应取35mm。梁、柱箍筋及构造钢筋的保护层最小厚度一般为20mm；当与污水接触或受水气影响时应取25mm。

（三）池壁与顶板和底板的连接构造

池壁与顶板连接有自由、铰接和弹性固定三种方式，一般做法见图8-22。

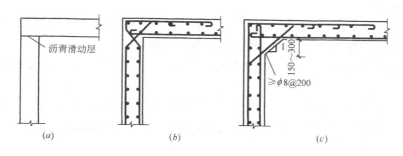

图 8-22　池壁与顶板的连接构造

(a) 自由；(b) 铰接；(c) 弹性固定

池壁与池底的连接有铰接、弹性固定和固定三种方式，连接构造应该既要保证足够的抗渗漏能力，又要尽量符合计算假定。一般以采用固定或弹性固定较好，见图 8-23 (c) 和图 8-23 (d)。但对于大型水池，采用这两种连接可能使池壁产生过大的竖向弯矩，此外当地基较弱时，这两种连接的实际工作性能与计算假定的差距可能很大，因此最好采用铰接。图 8-23 (a) 为橡胶垫及橡胶止水带的铰接构造，这种做法的防渗漏性也比较好，且实际工作性能与计算假定比较一致，但橡胶垫及橡胶止水带必须用抗老化橡胶特制，造价较高。如地基良好，不会产生不均匀沉降时，可不用止水带而只用橡胶垫。图 8-23 (b) 为一种简易的铰接构造，可用于抗渗要求不高的水池。

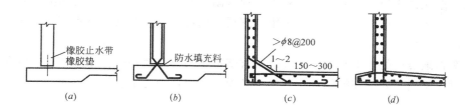

图 8-23　池壁与底板的连接构造

(a)、(b) 铰接；(c) 弹性固定；(d) 固定

（四）地震区水池的抗震构造要求

加强整体性是水池抗震构造措施的基本原则。水池的整体性主要取决与各部分构件之间连接的可靠程度及结构本身的刚度和强度。对顶盖有支柱的水池来说，保证水池整体性的关键是顶板与池壁的可靠连接。当水池采用预制装配式顶盖时，钢筋混凝土池壁的顶部应设置预埋件，并与顶盖构件通过预埋件焊牢。为了加强装配式顶盖的整体性，应该在每条板缝内配置不少于 1ϕ6 钢筋并用 M10 的水泥砂浆灌缝；预制板也应通过预埋件与大梁焊接，每块板应不少于三个角与大梁焊在一起。当设防烈度为 9 度时，应在预制板上浇筑钢筋混凝土叠合层。

由于柱子是细长构件，对水平地震力比较敏感，故其配筋也适当加强。当设防烈度为 8 度时，柱内纵筋的总配筋率不宜小于 0.6%，而且在柱两端 1/8 高度范围内的箍筋应加密到间距不大于 100mm；当设防烈度为 9 度时，柱内纵筋的总配筋率不宜小于 0.8%，而且在柱两端 1/8 高度范围内的箍筋应加密到间距不大于 100mm，柱与顶盖应连接牢靠。

二、矩形水池

矩形水池的各部分的截面最小尺寸、钢筋的最小直径、钢筋的最大和最小间距、受力钢筋的的保护层厚度等基本构造要求，均与圆形水池相同。

敞口水池的顶端应配置水平加强钢筋，直径不小于池壁的竖向受力钢筋，且不应小于 12mm。

池壁的拐角处以及池壁与顶、底板的连接处（按弹性连接或固定连接设计时）均宜设置腋角，并应配置构造钢筋，腋角的边宽不宜小于 150mm。见图 8-24。

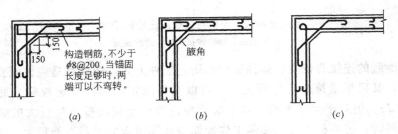

图 8-24　池壁拐角处的腋角和水平钢筋布置

池壁与顶、底板的连接和配筋可参照圆形水池。

池壁采用网状配筋，水池池壁的配筋方式一般采用分离式配筋，配筋原则和构造要求均参照双向板。

为了避免由于池壁长度过大而可能出现的温度和收缩裂缝，较长的现浇整体式的钢筋混凝土矩形水池应设置伸缩缝，其间距应按规范确定。伸缩缝的宽度不应小于 20mm，应从顶到底完全贯通。

建造在地震区的矩形水池，其构造要求基本与圆形水池相同。除此之外，矩形水池还必须注意池壁拐角处的连接构造，其构造必须满足规范的要求。

第五节　水池设计案例

设计资料：无顶盖地上式钢筋混凝土矩形水池，平面尺寸为 5m×7m，池壁净高 3.5m（设计水深近似取 3.5m），池壁厚 200mm，如图 8-25 所示。混凝土强度等级为 C25，钢筋为 HPB235 级，地基较好，无地下水。底板采用分离式，池壁下设带形基础与底板连成整体，底板厚 150mm，内配 $\phi 8@200$ 的双层钢筋网。

设计内容：按第一种荷载组合（池内满水，池外无土）对池壁进行截面设计。

【解】 1. 确定池壁类型

$$\frac{a}{H_w}=\frac{7}{3.5}=2; \quad \frac{b}{H_w}=\frac{5}{3.5}=1.43$$

属于双向板式池壁。长向池壁和短向池壁均可按顶边自由、三边固定的双向板计算。以下仅设计长向池壁，短向池壁的设计略。

2. 计算简图

长向板的计算简图如图 8-26 所示。

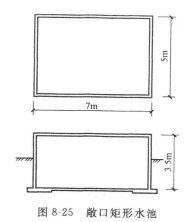

图 8-25　敞口矩形水池

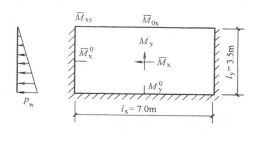

图 8-26　长向板计算简图

3. 荷载计算

池壁承受的水压力　　　$p_w = \gamma_w H_w = 10 \times 3.5 = 35 \text{kN/m}^2$

4. 内力计算

（1）计算单块池壁的弯矩。

长向板 $\dfrac{l_y}{l_x} = \dfrac{3.5}{7.0} = 0.5$，短向板 $\dfrac{l_y}{l_x} = \dfrac{3.5}{5.0} = 0.7$，内力计算见表 8-5。系数查自附录二，使壁外受拉的弯矩设为正。

单块池壁的弯矩计算（kN·m/m）　　　　　　　　　　　　　　表 8-5

	长 向 板	短 向 板
$\overline{M}_{xy}^0$	$-0.0126 \times 35 \times 7^2 = -21.6$	$-0.0107 \times 35 \times 5^2 = -9.4$
$\overline{M}_x^0$	$-0.0124 \times 35 \times 7^2 = -21.3$	$-0.0202 \times 35 \times 5^2 = -17.7$
$\overline{M}_{0x}$	$0.0068 \times 35 \times 7^2 = 11.7$	$0.0095 \times 35 \times 5^2 = 8.3$
$\overline{M}_x$	$0.0040 \times 35 \times 7^2 = 6.9$	$0.0078 \times 35 \times 5^2 = 6.8$
$\overline{M}_y$	$0.0038 \times 35 \times 7^2 = 6.5$	$0.0071 \times 35 \times 5^2 = 6.2$
$\overline{M}_y^0$	$-0.0215 \times 35 \times 7^2 = -36.9$	$-0.0279 \times 35 \times 5^2 = -24.4$

（2）水平弯矩的调整。

1）高度中间的水平弯矩：

节点 A 处固端弯矩如图 8-27（b）所示。

节点 A 处的不平衡弯矩为：$-21.3 + 17.7 = -3.6 \text{kN·m/m}$

这里的弯矩正负号按力矩分配法的符号规则确定，对节点而言，逆时针转向的弯矩取正号。

池壁的单位宽度线刚度为：

$$i_{AB} = \frac{E_c b h_{AB}^3}{12 l_{AB}} = \frac{E_c b h^3}{12 \times 7}$$

$$i_{AD} = \frac{E_c b h_{AD}^3}{12 l_{AD}} = \frac{E_c b h^3}{12 \times 5}$$

因此
$$\frac{i_{AB}}{i_{AB}+i_{AD}}=\frac{\dfrac{E_c bh^3}{12\times7}}{\dfrac{E_c bh^3}{12\times7}+\dfrac{E_c bh^3}{12\times5}}=\frac{5}{12}$$

$$\frac{i_{AD}}{i_{AB}+i_{AD}}=\frac{\dfrac{E_c bh^3}{12\times5}}{\dfrac{E_c bh^3}{12\times7}+\dfrac{E_c bh^3}{12\times5}}=\frac{7}{12}$$

调整后的支座弯矩标准值：

长向板　　$M^0_{xAB}=-21.3-(-3.6)\times\dfrac{5}{12}=-19.8\text{kN}\cdot\text{m/m}$（壁内受拉）

短向板　　$M^0_{xAB}=17.7-(-3.6)\times\dfrac{7}{12}=19.8\text{kN}\cdot\text{m/m}$（壁内受拉）

长向板支座弯矩绝对值减小 $21.3-19.8=1.5\text{kN}\cdot\text{m/m}$，短向板支座弯矩绝对值增大 $1.5\text{kN}\cdot\text{m/m}$。因此调整后的高度中间的跨中水平弯矩（标准值）为：

长向板　　　　$M_{xAB}=6.9+1.5=8.4\text{kN}\cdot\text{m/m}$（壁外受拉）

短向板　　　　$M_{xAD}=6.8-1.5=5.3\text{kN}\cdot\text{m/m}$（壁外受拉）

2）顶边的水平弯矩：

不平衡弯矩由图 8-27（a）可知：

$$-21.6+9.4=-12.2\text{kN}\cdot\text{m/m}$$

调整后的支座弯矩标准值：

长向板　　$M^0_{xzAB}=-21.6-(-12.2)\times\dfrac{5}{12}=-16.5\text{kN}\cdot\text{m/m}$（壁内受拉）

短向板　　$M^0_{xzAB}=9.4-(-12.2)\times\dfrac{7}{12}=16.5\text{kN}\cdot\text{m/m}$（壁内受拉）

长向板支座弯矩绝对值减少 $21.6-16.5=5.1\text{kN}\cdot\text{m/m}$，短向板支座弯矩绝对值增大 $5.1\text{kN}\cdot\text{m/m}$，因此调整后的顶边跨中水平弯矩（标准值）为：

长向板　　　　$M^0_{xAB}=11.7+5.1=16.8\text{kN}\cdot\text{m/m}$（壁外受拉）

短向板　　　　$M^0_{xAD}=8.3-5.1=3.2\text{kN}\cdot\text{m/m}$（壁外受拉）

（3）水平拉力计算。

短向板 $\dfrac{L_w}{H_w}=\dfrac{5}{3.5}=1.43$，由表 8-3 查得 $\gamma_{H0}=0.1216$。

短向板侧边平均反力

$$R_{H0}=\gamma_{H0}\cdot p\cdot L_w=0.1216\times35\times5=21.28\text{kN/m}$$

故长向板承受的轴向拉力标准值为 21.28kN/m。

综合以上计算，长向板水平弯矩标准值如图 8-28 所示，水平拉力为 21.28kN/m。

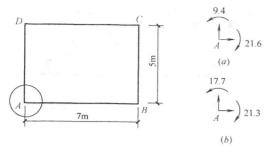

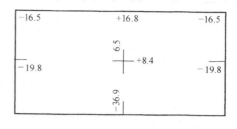

图 8-27 节点 A 的固端弯矩
(a) 顶边水平弯矩；(b) 中部水平弯矩

图 8-28 长向板弯矩值

5. 配筋计算

壁厚 $h=200$mm，竖向钢筋混凝土保护层取 25mm，$a_s=30$mm，则 $h_0=200-30=170$mm。水平钢筋置于竖向钢筋的内侧，取 $a_s=40$mm，则 $h_0=200-40=160$mm。

（1）竖向钢筋计算，计算见表 8-6。

竖向钢筋计算   表 8-6

计 算 项 目	截 面	
	跨 中	底 端
设计弯矩（N·mm）	$1.2 \times 6.5 \times 10^6$	$1.2 \times 36.9 \times 10^6$
$a_s = \dfrac{M}{\alpha_1 f_c b h_0^2} = \dfrac{M}{1.0 \times 11.9 \times 1000 \times 170^2}$	0.023	0.129
γ_s	0.988	0.931
$A_s = \dfrac{M}{f_y h_0 \gamma_s} = \dfrac{M}{210 \times 170 \gamma_s}$	221	1332
选用钢筋（mm²）	$\phi 8@200, A_s=251$	$\phi 12/14@100, A_s=1335$
实际配筋率 ρ（%）	0.15	0.91
布置	外侧	内侧

（2）水平钢筋计算。

水平方向按偏心受拉计算，计算见表 8-7。表中：

$$a_s = a_s' = 40\text{mm}; \quad h_0 = 160\text{mm}, \quad \frac{h}{2} - a_s = \frac{200}{2} - 40 = 60\text{mm}.$$

$$2a_s' b \alpha_1 f_c (h_0 - a_s') = 2 \times 40 \times 1000 \times 1.0 \times 11.9 (160-40) = 114.2 \times 10^6 \text{N} \cdot \text{mm} > Ne$$

不考虑受压钢筋。

水平钢筋的计算与配置   表 8-7

计算项目	截 面			
	池 壁 中 部		池 壁 侧 边	
	顶边	中部	顶边	中部
M（kN·m）	1.2×16.8	1.2×8.4	-1.2×16.5	-1.2×19.8
N（kN）	1.2×21.28	1.2×21.28	1.2×21.28	1.2×21.28

计算项目	截 面			
	池 壁 中 部		池 壁 侧 边	
	顶边	中部	顶边	中部
e_0(m)	0.798	0.395	0.775	0.930
类型	大偏心受拉	大偏心受拉	大偏心受拉	大偏心受拉
$e=e_0-\dfrac{h}{2}+a_s$ (mm)	729	335	715	870
Ne(N・mm)	18.62×10^6	8.55×10^6	18.26×10^6	22.22×10^6
计算假设	不考虑受压钢筋	不考虑受压钢筋	不考虑受压钢筋	不考虑受压钢筋
$a_s=\dfrac{Ne}{\alpha_1 f_c b h_0^2}$	0.061	0.028	0.060	0.073
γ_s	0.969	0.986	0.969	0.962
$A_s=\dfrac{N}{f_y}\left(\dfrac{e}{\gamma_s h_0}+1\right)$ (mm²)	693	380	682	809
选用钢筋（mm²）	$\phi10/12@140,A_s=684$	$\phi8/10@160,A_s=403$	$\phi10@100,A_s=785$	$\phi10/12@100,A_s=958$
实际配筋率 ρ(%)	0.43	0.25	0.49	0.60
布置	外侧 上部$\dfrac{H}{2}$范围内	外侧 中下部$\dfrac{H}{4}$范围内	内侧 上部$\dfrac{H}{4}$范围内	内侧 中下部范围内

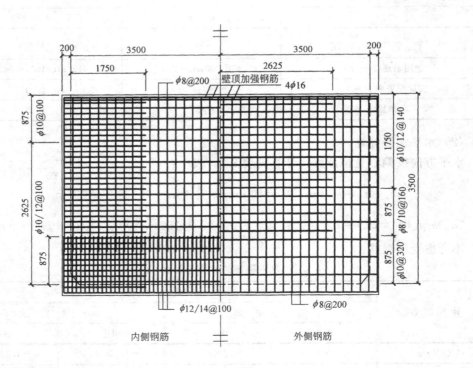

图 8-29 长向板配筋图

172

6. 配筋图

根据池壁的内力分布情况和双向板的配筋原则绘制出长向板的配筋图,见图 8-29。

外侧水平钢筋随着正弯矩向两端逐渐减少在离支承边为短边 1/4 长度处,即 $\frac{H}{4}=$ 875mm 处可切断一半,其余一半直伸池壁侧边后弯入相邻池壁。如图 8-29 所示,在上部 1700mm 高度内切断 $\phi12@280$,在中部 875mm 内切断 $\phi8@320$,但在下部 875mm 的范围内,因弯矩已相当小,池壁中仅配置 $\phi10@320$,两端不再切断。

外侧竖向钢筋的配筋率仅为 0.15%,故 $\phi8@200$ 沿全高布置不予折减。

内侧水平钢筋离支承边为 $\frac{7000}{4}=1750$mm 处切断一半。这样,在上部 875mm 范围内,支承边附近布置了 $\phi10@100$,跨中附近只留 $\phi10@200$;其余 2625mm 范围内的钢筋,靠支承边布置了 $\phi10/12@100$,靠跨中只留 $\phi10@200$。

内侧底部竖向钢筋 $\phi12/14@100$ 在离底边 $\frac{H}{4}=875$mm 处全部切断,然后在上部搭接 $\phi8@200$,即每两根搭接一根。

思 考 题

1. 作用在水池上的荷载有哪些?
2. 水池设计时应考虑哪几种荷载组合?
3. 在水池结构设计时,应采取哪些措施来消除或控制温差和湿差造成的不利影响?
4. 什么是超静定结构?超静定次数应如何确定?
5. 什么叫固端弯矩?什么叫转动刚度?分配系数和转动刚度有什么关系?
6. 根据池壁的长高比的不同,矩形水池可以分成哪几种类型?

习 题

8-1 如图 8-30 所示,试用力矩分配法求图示两跨连续梁的杆端弯矩,作弯矩图。

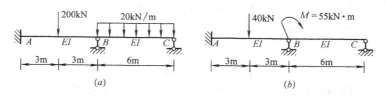

图 8-30 习题 8-1 图

8-2 完成设计例题中短向池壁的设计。

第九章　砌体结构基本知识

砌体结构系指将各种块材用砂浆砌筑而成的结构。在我国砌体结构应用极其广泛，除大量应用于一般工业与民用房屋外，工业建筑中的烟囱、储仓、挡土墙、地沟以及对抗渗性要求不高的水池等特种构筑物，有很多也是采用砖石砌筑的砌体结构。砌体结构的基本组成材料是块材和砂浆。

第一节　块　　材

砌体结构所用的块材种类繁多，目前我国常用的块材主要有砖、砌块以及天然石材等。用于建筑结构中的砖有黏土类砖和硅酸盐类砖，黏土类砖中应用较多的是烧结普通砖和烧结多孔砖。砌块按有无孔洞分为实心砌块与空心砌块；按原材料不同分为水泥混凝土砌块、粉煤灰砌块、加气混凝土砌块、轻骨料混凝土砌块等。石材按其加工后的外形规则程度可分为料石和毛石，料石又可以分为细料石、半细料石、粗料石和毛料石等。目前各地比较常用的块材主要有烧结普通砖、烧结空心砖和混凝土小型空心砌块。

一、烧结普通砖的技术性质

烧结普通砖是以黏土、页岩、煤矸石、粉煤灰等为主要原料，经成型、干燥及焙烧而成的砖，按主要原料，分为黏土砖（N）、粉煤灰砖（F）、煤矸石砖（M）及页岩砖等4种，砖体为实心或孔洞率不大于15%。

根据《烧结普通砖》（GB/T 5101—1998）规定，烧结普通砖的外形为直角六面体，公称尺寸为长240mm、宽115mm、高53mm。按技术指标分为优等品（A）、一等品（B）和合格品（C）三个质量等级。按抗压强度分为 MU30、MU25、MU20、MU15、MU10五个强度等级，各项指标应满足下列要求。

（一）尺寸偏差

烧结普通砖的尺寸偏差应符合表9-1的规定。通常将 240mm×115mm 面称大面，将 240mm×53mm 面称条面，将 115mm×53mm 面称顶面。考虑砌筑灰缝厚度10mm，则4块砖长，8块砖宽，16块砖厚分别为1m，每立方米砖砌体需用512块。

烧结普通砖尺寸允许偏差（mm） 表 9-1

公称尺寸	优等品		一等品		合格品	
	样本平均偏差	样本极差 ≤	样本平均偏差	样本极差 ≤	样本平均偏差	样本极差 ≤
240	±2.0	8	±2.5	9	±3.0	8
115	±1.5	6	±2.0	6	±2.5	7
53	±1.5	4	±1.6	5	±2.0	6

（二）外观质量

烧结普通砖外观质量应符合表9-2的规定。

烧结普通砖外观质量（mm）　　　　表9-2

项　目		优等品	一等品	合格品
两条面高度差	≤	2	3	5
弯曲	≤	2	3	5
杂质凸出高度	≤	2	3	5
缺楞掉角的三个破坏尺寸	≤	15	20	30
裂纹长度	≤			
（1）大面上宽度方向及其延伸至条面的长度		70	70	110
（2）大面上长度方向及其延伸至顶面的长度或条顶面上水平裂纹的长度		100	100	150
完整面不少于		一条面和一顶面	一条面和一顶面	—
颜色		基本一致	—	—

注：1. 为装饰而施加的色差、凹凸纹、拉毛、压花等不算作缺陷；

2. 凡有下列缺陷之一者，不得称为完整面：

（1）缺陷在条面或顶面上造成的破坏面尺寸同时大于10mm×10mm；

（2）条面上或顶面上裂纹宽度大于1mm，其长度超过30mm；

（3）压陷、粘底、焦花在条面或顶面上的凹痕或凸出超过2mm，区域尺寸同时大于10mm×10mm。

（三）强度

烧结普通砖强度等级应符合表9-3的规定。

烧结普通砖强度等级（MPa）　　　　表9-3

强度等级	抗压强度平均值	变异系数 $\delta \leqslant 0.21$	变异系数 > 0.21
		强度标准值 $f_k \geqslant$	单块最小抗压强度值 $f_k \geqslant$
MU30	30.0	22.0	25.0
MU25	25.0	18.0	22.0
MU20	20.0	14.0	16.0
MU15	15.0	10.0	12.0
MU10	10.0	6.5	7.5

（四）泛霜

泛霜是砖使用过程中的一种盐析现象，它是因为砖内过量的可溶盐类受潮吸水而溶解后，随水分蒸发迁移至砖表面，并在过饱和状态下结晶析出使砖表面呈白色附着物。它影响建筑物的美观，或产生膨胀，使砖面与砂浆抹面层剥离。标准规定：优等品无泛霜，一等品不允许出现中等泛霜，合格品不允许出现严重泛霜。

（五）石灰爆裂

是指砖坯中夹杂有石灰块，在砖吸水后，由于石灰逐渐熟化而膨胀产生爆裂现象，这种现象影响砖的质量，并降低砌体强度。

（六）抗风化性能

是指砖在长期受风、雨、冻融等作用下，抵抗破坏的能力。一般认为，凡开口孔隙小、水饱和系数小的烧结制品，抗风化能力就强。

不同地区的自然条件对烧结砖的风化作用不同，我国的黑龙江省、吉林省、辽宁省、内蒙古自治区、新疆维吾尔族自治区、宁夏回族自治区、甘肃省、青海省、山西省、陕西省、河北省、北京市、天津市属于严重风化区，其他省区属于非严重风化区。严重风化区的前五个省区用烧结砖必须进行冻融试验（经 15 次冻融试验后每块砖不允许出现裂纹、分层、掉皮、缺棱、掉角等冻坏现象，质量损失不得大于 2％）。严重风化区的其他省区及非严重风化区用烧结砖的抗风化性能符合表 9-4 规定时，可不做抗冻性试验。否则必须作抗冻性试验。

烧结普通砖的抗风化性能　　　　　　　　　表 9-4

项目 砖种类	严重风化区				非严重风化区			
	5h煮沸吸水率(%)≤		饱和系数		5h煮沸吸水率(%)≤		饱和系数	
	平均值	单块最大值	平均值	单块最大值	平均值	单块最大值	平均值	单块最大值
黏土砖	21	23	0.85	0.87	23	25	0.88	0.90
粉煤灰砖	23	25			30	32		
页岩砖	16	18	0.74	0.77	18	20	0.78	0.80
煤矸石砖	19	21			21	23		

注：粉煤灰掺入量（体积比）＜30％时，抗风化性能指标按黏土砖规定。

烧结普通砖是传统的墙体材料，具有强度高，耐久性和绝热性均较好和价廉等特点，因而主要用于砌筑建筑物的内墙、外墙、柱、拱、烟囱、沟道及其他构筑物。

需要指出的是，烧结普通砖中的黏土砖，因其有着大量破坏农田、能耗大、砌体自重大、抗震性差和施工效率低等缺点，已由工业废料煤矸石、粉煤灰部分或全部替代，制成煤矸石砖、粉煤灰砖，用于墙体。按照国家当前墙体改革，限制黏土实心砖的使用要求，应重视烧结多孔砖、空心砖的推广使用，因地制宜的发展新型墙体材料。

二、烧结多孔砖的技术性质

烧结多孔砖是以黏土、页岩、煤矸石等为主要原料，经成型、焙烧而成的，孔洞率不小于 15％且小于 35％的承重砖。与普通砖相比，它具有节省黏土、节约燃料、节省砂浆、减轻自重及改善墙体的绝热和吸声性能等特点。根据《烧结多孔砖》（GB 13544—1992）规定，其主要技术要求如下。

（一）形状与规格尺寸

烧结多孔砖的孔为竖向孔洞，孔洞方向与受压方向一致，规格有 190mm×190mm×190mm（M）和 240mm×115mm×90mm（P）两种，其中 P 型砖可与普通砖配套使用。M 型砖比 P 型砖节省材料，但是施工不便。烧结多孔砖形状和尺寸如图 9-1 所示，砖型及孔径的规定见表 9-5。

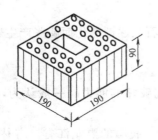

图 9-1　烧结多孔砖

代号	长	宽	高	圆孔直径	非圆孔内切圆直径	手抓孔
M	190	190	90	≤22	≤15	(30～40)×(75～80)
P	240	115	90			

（二）强度与质量等级

烧结多孔砖按抗压强度分为 MU30、MU25、MU20、MU15、MU10、MU7.5 六个强度等级，其强度指标见表 9-6。强度和抗风化性能合格的烧结多孔砖，根据尺寸偏差、外观质量、孔型及孔洞排列、泛霜、石灰爆裂等分为优等品（A）、一等品（B）和合格品（C）三个质量等级。

烧结多孔砖强度等级　　　　　　　　　　表 9-6

产品等级	强度等级	抗压强度（MPa）		抗折强度（MPa）	
		平均值 ≥	单块最小值 ≥	平均值 ≥	单块最小值 ≥
优等品	MU30	30.0	22.0	13.5	9.0
	MU25	25.0	18.0	11.5	7.5
	MU20	20.0	14.0	9.5	6.0
一等品	MU15	15.0	10.0	7.5	4.5
	MU10	10.0	6.0	5.5	3.0
合格品	MU7.5	4.5	4.5	4.5	2.5

三、混凝土小型空心砌块

由于烧结黏土砖有着大量破坏农田、能耗大、砌体自重大等缺点，国家已经在主要大、中城市及地区禁止使用。这些地区必须因地制宜发展和使用新型墙体材料，砌块就是一种取代黏土砖的新型墙体材料，推广和使用砌块是墙体材料改革的有效途径之一。和砌墙砖相比砌块具有适应性强、原料来源广泛、可充分利用地方资源和工业废料、砌筑方便灵活等特点，同时可以提高施工效率及施工的机械化程度，减轻房屋自重，改善建筑物功能。

砌块的规格目前尚不统一，通常把高度在 390mm 以下的砌块称为小型砌块。目前比较常用的是混凝土小型空心砌块。混凝土小型空心砌块是以水泥、砂石等普通混凝土材料制成。孔洞率为 25%～50%，常用的混凝土砌块外形见图 9-2。

根据《普通混凝土小型空心砌块》（GB 8239—1997）的规定，其主要技术指标如下。

（一）规格

混凝土小型砌块的主规格尺寸为 390mm×190mm×190mm，其他规格尺寸可由供需双方协商。

（二）强度等级与质量等级

混凝土小型空心砌块按抗压强度的大小分为 MU5、MU7.5、MU10、MU15、MU20

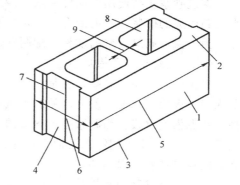

图 9-2　小型空心砌块示意

1—条面；2—坐浆面（肋厚较小的面）；

3—铺浆面（肋厚较大的面）；4—顶面；

5—长度；6—宽度；7—高度；

8—壁；9—肋

五个强度等级，它是根据 5 个试块试样毛面积截面抗压强度的平均值和最小值进行划分的，见表 9-7。按尺寸偏差和外观质量分为优等品（A）、一等品（B）和合格品（C）三个质量等级。

普通混凝土小型空心砌块强度等级 表 9-7

强度等级	抗压强度（MPa）		强度等级	抗压强度（MPa）	
	平均值≥	单块最小值≥		平均值≥	单块最小值≥
MU5	5.0	4.0	MU15	15.0	12.0
MU7.5	7.5	6.0	MU20	20.0	16.0
MU10	10.0	8.0			

混凝土小型空心砌块应用十分广泛，适用于建造地震设计烈度为 8 度及 8 度以下地区的各种建筑墙体，包括高层及大跨度的建筑，也可以用于围墙、挡土墙、桥梁、花坛等市政设施。

第二节 砂　浆

砂浆是由胶凝材料、细骨料、掺加料和水等材料配制而成的建筑工程材料。它与普通混凝土的主要区别是组成材料中没有粗骨料，因此，建筑砂浆也称为细骨料混凝土。

按其用途不同，建筑砂浆分为砌筑砂浆和抹面砂浆，以及其他特殊用途的砂浆，如防水、保温、吸声、装饰等砂浆；按所用的胶凝材料不同，建筑砂浆分为水泥砂浆、石灰砂浆、混合砂浆和聚合物水泥砂浆等。

砌筑砂浆是砌体的重要组成部分，它的主要作用是把块材粘结成整体，并使块材间应力均匀分布，用砂浆填满块材之间的缝隙，同时还能减少砌体的透气性，从而提高砌体的隔热性能和抗冻性。

一、砂浆的组成材料

砌筑砂浆主要使用的品种有水泥砂浆和水泥混合砂浆。水泥砂浆是由水泥、细骨料和水配制而成的砂浆；水泥混合砂浆是由水泥、细骨料、掺加料和水配制而成的砂浆。

为了保证砌筑砂浆的质量，配制砂浆的各组成材料均应满足一定的技术要求。

（一）胶凝材料和掺加料

砌筑砂浆常用的胶凝材料是水泥，常用的水泥品种主要有普通水泥、矿渣水泥、粉煤灰水泥、火山灰水泥、复合水泥及砌筑水泥等，其品种应根据砂浆的用途及使用环境来选择。水泥强度等级宜为砂浆强度等级的 4～5 倍，用于配制水泥砂浆的水泥强度等级不宜大于 32.5 级，用于配制水泥混合砂浆的水泥强度等级不宜大于 42.5 级。若水泥强度过高，应加掺加料予以调整。

为了改善砂浆的和易性，降低水泥用量，往往在水泥砂浆中加入石灰膏、电石膏、粉煤灰、黏土膏等掺加料。

（二）细骨料

砌筑砂浆用细骨料主要为天然砂，一般宜选用中砂，如果是毛石砌体宜选用粗砂。砂中的含泥量（天然砂中粒径小于 $75\mu m$ 的颗粒含量）不宜过高，对水泥砂浆和强度等级不小于 M5 的水泥混合砂浆，含泥量不应超过 5%，强度等级小于 M5 的水泥混合砂浆，含泥量不应超过 10%。

（三）水

拌制砂浆应采用不含有害杂质的洁净水，一般要求与混凝土用水要求相同。

（四）外加剂

为改善和提高砂浆的和易性、保温性、抗裂性、防水性等性能，更好地满足施工条件和使用功能的要求，可在砂浆中掺入一定种类的外加剂。常用的外加剂有微沫剂、早强剂、防水剂、缓凝剂、防冻剂等，但所选的外加剂的品种和掺量必须通过砂浆性能试验确定。

二、砂浆的性质

砂浆的重要性质是新拌砂浆的和易性，硬化后的强度和与块材的粘结力等几个方面。

（一）砂浆的和易性

砂浆的和易性是指新拌砂浆能否容易在粗糙的砖、石基面上铺成均匀、连续的薄层，且与基层紧密粘结的性能。新拌制的砂浆应具有良好的和易性，这样既便于施工操作，提高劳动生产率，又能保证工程质量。砂浆的和易性包括稠度（流动性）和保水性两个方面的含义。

1. 砂浆的稠度（流动性）

新拌砂浆的稠度也称砂浆的流动性，是指砂浆在重力或外力的作用下产生流动的性质。砂浆的稠度用稠度测定仪测定，以沉入度（mm）表示。影响砂浆稠度的因素很多，如胶凝材料的种类及用量、用水量、砂子的粗细和粒形、级配、砂浆的搅拌时间等，也与掺入的混合材料及外加剂的品种、用量有关。沉入度值大则表示砂浆流动性好。

砂浆流动性的选择，应根据施工方法、基层材料的吸水性质和施工环境温湿度等条件来决定，一般可根据施工操作经验来确定。

2. 砂浆的保水性

保水性是指新拌制砂浆在存放、运输和施工过程中保持其内部水分不析出的能力。保水性不好的砂浆在上述过程中容易产生泌水和离析，当铺抹于基底后，水分易被基面很快吸走，从而使砂浆干涩，不便于施工，不宜铺成均匀密实的砂浆薄层。同时也影响水泥的正常水化硬化，使强度和粘结力下降。

砂浆的保水性用砂浆的分层度测量仪测定，以分层度（mm）表示。分层度过大，表示砂浆易产生分层离析，不利于施工及水泥硬化；分层度过小，或接近于零的砂浆，易发生干缩裂缝。影响新拌制砂浆保水性的主要因素是胶凝材料的种类及用量、砂的品种、细度及用量以及水的用量等。掺入适量的石灰膏、微沫剂或塑化剂等，能明显改善砂浆的保水性。

（二）强度和强度等级

砂浆硬化后应与砖石结合成一个整体，并具备承受和传递相应荷载外力的抗压强度、粘结强度与耐久性。

砂浆以抗压强度作为其强度指标。抗压强度系用边长为 $70.7mm \times 70.7mm \times 70.7mm$ 的立方体，在标准条件下养护至 28 天龄期测定的抗压强度平均值（MPa），并考虑具有 95% 的保证率时为砂浆的强度等级，砌筑砂浆按抗压强度划分为 M15、M10、M7.5、M5、M2.5 等五个强度等级。

（三）粘结力

砖石砌体是靠砂浆把块材粘结为一坚固整体的，因此要求砂浆对于砖石要有一定的粘结力。一般情况下，砂浆的抗压强度越高，其粘结力越大。此外，砂浆的粘结力与砖石表面状态、清洁程度、湿润情况以及施工养护条件等都有关系。如在砌砖前要把砖先浇水湿润，表面不沾泥土，就可以提高砂浆和块材之间的粘结力，保证砌体的质量。

三、砂浆的配合比

配合比是指砂浆中各组成材料之间的比例关系。砌筑砂浆的配合比应满足施工和易性的要求；满足砌体强度对砂浆的要求；满足使用环境下对砂浆耐久性等要求。

砌筑砂浆在制备前应先进行配合比设计。

水泥混合砂浆配合比可按下列方法和步骤计算。

1. 确定配制强度 $f_{m,o}$

$$f_{m,o} = f_2 + 0.645\sigma \tag{9-1}$$

式中　$f_{m,o}$——砂浆的配制强度，MPa；

f_2——砂浆抗压强度平均值（即砂浆设计强度等级）；

σ——砂浆现场强度标准值，见表 9-8。

砂浆现场强度标准差 σ 选用表　　　　　表 9-8

施工水平	砂浆强度等级					
	M2.5	M5.0	M7.5	M10	M15	M20
优良	0.50	1.0	1.50	2.00	3.00	4.00
一般	0.62	1.25	1.88	2.50	3.75	5.00
较差	0.75	1.50	2.25	3.00	4.50	6.00

2. 计算每立方米砂浆中水泥的用量 Q_c(kg)

$$Q_c = \frac{1000(f_{m,o} - \beta)}{\alpha f_{ce}} \tag{9-2}$$

式中　Q_c——每立方米砂浆中水泥用量；

f_{ce}——水泥的实测强度，在无法取得实测强度值时，可按 $f_{ce} = \gamma_c f_{ce,k}$ 式计算；

$f_{ce,k}$——水泥强度等级值；

γ_c——水泥强度的富余系数，按实际统计资料确定。无统计资料时，γ_c 取 1.0；

α，β——砂浆的特征系数，其中 $\alpha = 3.03$，$\beta = -15.09$。

3. 计算掺加料用量 Q_D(kg)

$$Q_D = Q_A - Q_C \tag{9-3}$$

式中　Q_D——每立方米砂浆的掺加料用量；石灰膏、黏土膏使用时稠度为 150 ± 5mm；

Q_A——每立方米砂浆的水泥和掺加料的总量，宜在 $300 \sim 350$kg/m³ 之间。

4. 确定每立方米砂浆中砂的用量 Q_s(kg)

砂的用量为 1m³（含水率 0.5%），其质量等于砂的堆积密度值。当含水率大于 0.5% 时，应考虑砂的含水率。

5. 确定每立方米砂浆用水量 Q_w(kg)

根据砂浆稠度要求可选用 240~310kg。当采用细砂或粗砂时，用水量分别取上限或下限，施工时现场气候炎热或干燥季节，可酌量增加用水量。

6. 配合比的调整与确定

（1）试配检验、调整和易性，确定基准配合比。

按计算配合比进行试拌，测定拌合物的稠度和分层度。若不能满足要求，则应调整用水量或掺合料，直到符合要求为止。由此得到的即为基准配合比。

（2）砂浆强度调整与确定。

检验强度时至少采用三个不同的配合比，其中一个为基准配合比，另外两个配合比的水泥用量按基准配合比分别增加和减少 10%，在保证稠度和分层度合格的条件下，可将用水量或掺合料用作相应的调整。按这三组配合比分别成型、养护，测定 28 天强度，由此选定符合强度要求的水泥用量较少的配合比。

第三节　砌体构件的承载力

根据采用的块体材料的不同，砌体可以分为砖砌体、石砌体和砌块砌体；按是否配筋可以分为无筋砌体和配筋砌体等。砌体结构的基本受力构件有受压构件、轴心受拉构件和受弯构件等。

一、受压构件的承载力计算

实际工程中的砌体构件大部分为受压构件（包括轴心受压和偏心受压）。对于无筋砌体，荷载的偏心距越大则构件的承载力越低，构件的高厚比越大，构件的承载力也越低。在承载力计算时，应考虑荷载的偏心距和构件的高厚比对受压构件承载力的影响。

轴心受压和偏心受压构件均采用同一计算公式：

$$N \leqslant \varphi f A \qquad (9\text{-}4)$$

式中　N——轴向力设计值；

φ——高厚比 β 和轴向力的偏心距 e 对受压构件承载力的影响系数，应该按下式计算：

$$\varphi = \frac{1}{1+12\left[\dfrac{e}{h}+\sqrt{\dfrac{1}{12}\left(\dfrac{1}{\varphi_0}-1\right)}\right]^2} \qquad (9\text{-}5)$$

e——荷载设计值产生的偏心距，$e = \dfrac{M}{N}$；

M，N——荷载设计值产生的弯矩和轴向力；

h——矩形截面偏心力方向的边长，当轴心受压为截面较小边长；对于 T 形或十字形截面应换成折算厚度 h_T，$h_T = 3.5i$，i 为截面的回转半径；

φ_0——轴心受压构件的稳定系数，按下式计算：

$$\varphi_0 = \frac{1}{1+\alpha\beta^2} \qquad (9\text{-}6)$$

α——与砂浆强度等级有关的系数，当砂浆的强度等级大于或等于 M5 时，$\alpha =$

0.0015；当砂浆的强度等级等于 M2.5 时，$\alpha=0.002$；当砂浆的强度等级等于 M0 时，$\alpha=0.009$；

β——构件的高厚比，矩形截面 $\beta=\gamma_\beta\dfrac{H_0}{h}$，T 形或十字形截面 $\beta=\gamma_\beta\dfrac{H_0}{h_T}$，$H_0$ 为构件的计算高度，应按有关规定确定；当 $\beta\leqslant 3$ 时，取 $\varphi=1$；

γ_β——不同砌体材料的高厚比修正系数，烧结普通砖和烧结多孔砖，取 $=1.0$；混凝土砌块时，取 $=1.1$；

A——构件的截面积；

f——砌体抗压强度设计值；烧结普通砖和烧结多孔砖砌体的抗压强度设计值见表 9-9，排孔混凝土和轻骨料混凝土砌块砌体的抗压强度设计值见表 9-10。其余块材抗压强度设计值可查有关规范。

把式（9-6）代入式（9-5）得：

$$\varphi=\dfrac{1}{1+12\left[\dfrac{e}{h}+\beta\sqrt{\dfrac{\alpha}{12}}\right]^2}\qquad(9\text{-}7)$$

用式（9-7）计算 φ 值时比较繁琐，在应用时，可以直接根据砂浆强度等级、高厚比 β 及 $\dfrac{e}{h}$ 或 $\dfrac{e}{h_T}$ 查表 9-11～表 9-13 得到 φ 值。

烧结普通砖和烧结多孔砖砌体的抗压强度设计值　　　　表 9-9

砖强度等级	砂浆强度等级					砂浆强度
	M15	M10	M7.5	M5	M2.5	0
MU30	3.94	3.27	2.93	2.59	2.26	1.15
MU25	3.60	2.98	2.68	2.37	2.06	1.05
MU20	3.22	2.67	2.39	2.12	1.84	0.94
MU15	2.79	2.31	2.07	1.83	1.60	0.82
MU10		1.89	1.69	1.50	1.30	0.67

单排孔混凝土和轻骨料混凝土砌块砌体的抗压强度设计值　　　　表 9-10

砌块强度等级	砂浆强度等级				砂浆强度
	Mb15	Mb10	Mb7.5	Mb5	0
MU20	5.68	4.95	4.44	3.94	2.33
MU15	4.61	4.02	3.61	3.20	1.89
MU10	—	2.97	2.50	2.22	1.31
MU7.5	—	—	1.93	1.71	1.01
MU5	—	—	—	1.19	0.70

注：1. 对错孔砌筑的砌体，应按表中数值乘以 0.8。

2. 对独立柱或厚度为双排组砌的砌块砌体，应按表中数值乘以 0.7。

3. 对 T 形截面砌体应按表中数值乘以 0.85。

4. 表中轻骨料混凝土为煤矸石和水泥煤渣混凝土砌块。

β	$\dfrac{e}{h}$或$\dfrac{e}{h_{\mathrm{T}}}$						
	0	0.025	0.05	0.075	0.10	0.125	0.15
≤3	1.00	0.99	0.97	0.94	0.89	0.84	0.79
4	0.98	0.95	0.90	0.85	0.80	0.74	0.60
6	0.95	0.91	0.86	0.8	0.75	0.69	0.64
8	0.91	0.86	0.81	0.76	0.70	0.64	0.59
10	0.87	0.82	0.76	0.71	0.65	0.60	0.55
12	0.82	0.77	0.71	0.66	0.60	0.55	0.51
14	0.77	0.72	0.66	0.61	0.56	0.51	0.47
16	0.72	0.67	0.61	0.56	0.52	0.47	0.44
18	0.67	0.62	0.57	0.52	0.48	0.44	0.40
20	0.62	0.57	0.53	0.48	0.44	0.40	0.37
22	0.58	0.53	0.49	0.45	0.41	0.38	0.35
24	0.54	0.49	0.45	0.41	0.38	0.35	0.32
26	0.50	0.46	0.42	0.38	0.35	0.33	0.30
28	0.46	0.42	0.39	0.36	0.33	0.30	0.28
30	0.42	0.39	0.36	0.33	0.31	0.28	0.26

β	$\dfrac{e}{h}$或$\dfrac{e}{h_{\mathrm{T}}}$					
	0.175	0.2	0.225	0.25	0.275	0.3
≤3	0.73	0.68	0.62	0.57	0.52	0.48
4	0.64	0.58	0.53	0.49	0.45	0.41
6	0.59	0.54	0.49	0.45	0.42	0.38
8	0.54	0.50	0.46	0.42	0.39	0.36
10	0.50	0.46	0.42	0.39	0.36	0.33
12	0.47	0.43	0.39	0.36	0.33	0.31
14	0.43	0.40	0.36	0.34	0.31	0.29
16	0.40	0.37	0.34	0.31	0.29	0.27
18	0.37	0.34	0.34	0.29	0.27	0.25
20	0.34	0.32	0.29	0.27	0.25	0.23
22	0.32	0.30	0.27	0.25	0.24	0.22
24	0.30	0.28	0.26	0.24	22	0.21
26	0.28	0.26	0.24	0.22	0.21	0.19
28	0.26	0.24	0.22	0.21	0.19	0.18
30	0.24	0.22	0.21	0.20	0.18	0.17

β	$\dfrac{e}{h}$ 或 $\dfrac{e}{h_{\mathrm{T}}}$						
	0	0.025	0.05	0.075	0.10	0.125	0.15
≤3	1.00	0.99	0.97	0.94	0.89	0.84	0.79
4	0.97	0.94	0.86	0.84	0.78	0.73	0.67
6	0.93	0.89	0.84	0.78	0.73	0.67	0.62
8	0.89	0.84	0.78	0.72	0.67	0.62	0.57
10	0.83	0.78	0.72	0.67	0.61	0.56	0.52
12	0.78	0.72	0.67	0.61	0.56	0.52	0.47
14	0.72	0.66	0.61	0.56	0.51	0.47	0.43
16	0.66	0.61	0.56	0.51	0.47	0.43	0.40
18	0.61	0.56	0.51	0.47	0.43	0.40	0.36
20	0.56	0.51	0.47	0.43	0.39	0.36	0.33
22	0.51	0.47	0.43	0.39	0.36	0.33	0.31
24	0.46	0.43	0.39	0.36	0.30	0.30	0.28
26	0.42	0.69	0.36	0.33	0.31	0.28	0.26
28	0.39	0.36	0.33	0.30	0.28	0.26	0.24
30	0.36	0.33	0.30	0.28	0.26	0.24	0.22

β	$\dfrac{e}{h}$ 或 $\dfrac{e}{h_{\mathrm{T}}}$					
	0.175	0.2	0.225	0.25	0.275	0.3
≤3	0.73	0.68	0.62	0.57	0.52	0.48
4	0.62	0.57	0.52	0.48	0.44	0.40
6	0.57	0.52	0.48	0.44	0.40	0.37
8	0.52	0.48	0.44	0.40	0.37	0.34
10	0.47	0.43	0.40	0.37	0.34	0.31
12	0.43	0.40	0.37	0.34	0.31	0.29
14	0.40	0.36	0.34	0.31	0.29	0.27
16	0.36	0.34	0.31	0.29	0.26	0.25
18	0.33	0.31	0.29	0.26	0.24	0.23
20	0.31	0.28	0.26	0.24	0.23	0.21
22	0.28	0.26	0.24	0.23	0.21	0.20
24	0.26	0.24	0.23	0.21	0.20	0.18
26	0.24	0.22	0.21	0.20	0.18	0.17
28	0.22	0.21	0.20	0.18	0.18	0.16
30	0.21	0.20	0.18	0.17	0.16	0.15

β	$\dfrac{e}{h}$ 或 $\dfrac{e}{h_\mathrm{T}}$						
	0	0.025	0.05	0.075	0.10	0.125	0.15
≤3	1.00	0.99	0.97	0.94	0.89	0.84	0.79
4	0.87	0.82	0.77	0.71	0.66	0.60	0.55
6	0.76	0.70	0.65	0.59	0.54	0.50	0.46
8	0.63	0.58	0.54	0.49	0.45	0.41	0.38
10	0.53	0.48	0.44	0.41	0.37	0.34	0.32
12	0.44	0.40	0.37	0.34	0.31	0.29	0.27
14	0.36	0.33	0.31	0.28	0.26	0.24	0.23
16	0.30	0.28	0.26	0.24	0.22	0.24	0.19
18	0.26	0.24	0.22	0.21	0.19	0.18	0.07
20	0.22	0.20	0.19	0.18	0.17	0.16	0.15
22	0.19	0.18	0.16	0.15	0.14	0.14	0.13
24	0.16	0.16	0.14	0.13	0.13	0.12	0.11
26	0.14	0.13	0.13	0.12	0.11	0.11	0.10
28	0.12	0.12	0.11	0.11	0.10	0.10	0.09
30	0.11	0.10	0.10	0.09	0.09	0.09	0.08

β	$\dfrac{e}{h}$ 或 $\dfrac{e}{h_\mathrm{T}}$					
	0.175	0.2	0.225	0.25	0.275	0.3
≤3	0.73	0.68	0.62	0.57	0.52	0.48
4	0.51	0.46	0.43	0.39	0.36	0.33
6	0.42	0.39	0.36	0.33	0.30	0.28
8	0.35	0.32	0.30	0.28	0.25	0.24
10	0.29	0.27	0.25	0.23	0.22	0.20
12	0.25	0.23	0.21	0.20	0.19	0.17
14	0.21	0.20	0.18	0.17	0.16	0.15
16	0.18	0.17	0.16	0.5	0.14	0.13
18	0.16	0.15	0.14	0.13	0.12	0.12
20	0.14	0.13	0.12	0.12	0.11	0.10
22	0.12	0.12	0.11	0.10	0.10	0.09
24	0.11	0.10	0.10	0.09	0.09	0.08
26	0.10	0.09	0.09	0.08	0.08	0.07
28	0.09	0.08	0.08	0.08	0.07	0.07
30	0.08	0.07	0.07	0.07	0.07	0.06

对于矩形截面的构件，当轴向力的偏心方向的边长大于另一方向的边长时，有可能出现 $\varphi < \varphi_0$ 的情况，因此除按偏心受压计算外，还应对较小边长方向按轴心受压进行计算，计算公式为 $N \leqslant \varphi_0 f A$，$h$ 应该取矩形截面的短边尺寸。

偏心距较大的受压构件在荷载较大时，往往在使用阶段砌体边缘就产生较宽的裂缝，致使构件刚度降低，纵向弯曲的影响增大，构件的承载力显著下降，这样的结构既不安全也不够经济。对于偏心距超过限值的构件应优先考虑采取适当的措施来减小偏心距，如采用垫块来调整偏心距，也可采取修改截面尺寸的方法调整偏心距。规范规定，按荷载设计值计算的轴向力的偏心距不应超过 $0.6y$，即

$$e \leqslant 0.6y \tag{9-8}$$

式中　y——截面重心到轴向力所在偏心方向截面边缘的距离。

规范规定，下列情况下的各类砌体，其砌体强度设计值应乘以调整系数 γ_a：

(1) 有吊车房屋砌体、跨度不小于 9m 的梁下烧结普通砖砌体、跨度不小于 7.5m 的梁下烧结多孔砖、蒸压粉煤灰砖砌体、混凝土和轻骨料混凝土砌块砌体，γ_a 为 0.9；

(2) 对无筋砌体，其截面面积小于 0.3m^2 时，γ_a 为其截面积加 0.7；对配筋砌体，其截面面积小于 0.2m^2 时，γ_a 为其截面积加 0.8。构件截面积以 m^2 计；

(3) 当砌体采用水泥砂浆砌筑时，对表 9-9、表 9-10 中的数值，γ_a 为 0.9，表 9-15 中的数值，γ_a 为 0.8；

(4) 当施工质量控制等级为 C 级时（一般情况下为 B 级），γ_a 为 0.8；

(5) 当验算施工中房屋的构件时，γ_a 为 1.1。

【例 9-1】　截面为 370mm×490mm 的砖柱，柱高 $H = 4\text{m}$，上下端视为铰接，采用强度等级为 MU10 的烧结普通砖及 M2.5 的混合砂浆，在柱顶上作用轴向压力设计值 $N = 95\text{kN}$，试计算：

(1) 求该柱的承载力是否满足要求；

(2) 若改用 M2.5 的水泥砂浆砌筑时，该柱能承受多大的轴向压力。

【解】　(1) 柱的自重设计值　$N_G = 1.2 \times 0.37 \times 0.49 \times 4 \times 19 = 16.53\text{kN}$

柱底轴向压力设计值　　　$N = 95 + 16.53 = 111.53 \text{ kN}$

因柱上下端为铰接，柱的计算长度　$H_0 = H = 4\text{m}$

矩形截面　　　　　　$\beta = \gamma_\beta \dfrac{H_0}{h} = 1.0 \times \dfrac{4}{0.37} = 10.81$

砂浆为 M2.5 时，$\alpha = 0.002$

轴心受压　$\dfrac{e}{h} = 0$，

影响系数　　　　$\varphi = \varphi_0 = \dfrac{1}{1 + \alpha \beta^2} = \dfrac{1}{1 + 0.002 \times 10.81^2} = 0.81$

φ 的值也可以由查表 9-12 得到 $\varphi = 0.81$

查表 9-9 得　　　　　　　　$f = 1.3\text{MPa}$

构件截面积　　　　　$A = 0.37 \times 0.49 = 0.181\text{m}^2 < 0.3\text{m}^2$

砌体强度设计值调整系数　$\gamma_a = A + 0.7 = 0.181 + 0.7 = 0.881$

$\varphi fA = 0.81 \times 1.3 \times 0.881 \times 0.181 \times 10^6 = 167912N = 167.912kN > 111.53kN$

强度满足要求。

（2）若该柱的砂浆为水泥砂浆时，砌体的抗压强度设计值应再乘以 0.9 的调整系数

$$f = 1.3 \times 0.881 \times 0.9 = 1.03MPa$$

$$N_u = \varphi fA = 0.81 \times 1.03 \times 0.181 \times 10^6 = 151kN$$

若改为水泥砂浆承载力，承载力降低 10%。

【例 9-2】 截面为 370mm × 620mm 的砖柱，计算长度 $H_0 = 5m$，采用强度等级为 MU10 的烧结普通砖及 M5 的混合砂浆砌筑，柱承受轴向压力设计值（包括自重）$N = 125kN$，弯矩设计值 $M = 15kN \cdot m$（沿长边方向），试验算该柱的承载力。

【解】 轴向力的偏心距 $e = \dfrac{M}{N} = \dfrac{15}{125} = 0.12m = 120mm < 0.6y = 0.6 \times 310 = 186mm$

（1）验算弯矩平面内的承载力。

$$\beta = \gamma_\beta \frac{H_0}{h} = 1.0 \times \frac{5}{0.62} = 8.06$$

$$\frac{e}{h} = \frac{120}{620} = 0.194$$

M5 砂浆，$\alpha = 0.0015$

$$\varphi = \frac{1}{1 + 12\left[\dfrac{e}{h} + \beta\sqrt{\dfrac{\alpha}{12}}\right]^2} = \frac{1}{1 + 12\left[0.194 + 8.06\sqrt{\dfrac{0.0015}{12}}\right]^2} = 0.5$$

或查表 9-11，得 $\varphi = 0.5$

构件面积 $A = 0.37 \times 0.62 = 0.229m^2 < 0.3m^2$

砌体强度设计值调整系数 $\gamma_a = A + 0.7 = 0.229 + 0.7 = 0.929$

查表 9-9 得 $f = 1.5MPa$

$\varphi fA = 0.5 \times 1.5 \times 0.929 \times 0.229 \times 10^6 = 159556N = 159.556kN > 125kN$

（2）垂直弯矩方向。

按轴心受压计算 $\dfrac{e}{h} = 0$

$$\beta = \gamma_\beta \frac{H_0}{h} = 1.0 \times \frac{5}{0.37} = 13.51$$

查表得 $\varphi = 0.782$

$\varphi fA = 0.782 \times 1.5 \times 0.929 \times 0.229 \times 10^6 = 249545N = 249.545kN > 125kN$

满足要求。

二、局部受压承载力计算

当压力只作用在砌体部分面积上时，称为局部受压。在混合结构房屋中，经常会遇到砌体局部受压的情况，例如：钢筋混凝土柱支承在砌体基础上，梁支承在砖墙上等，此时，柱与基础，梁与墙相接的面积只是基础、墙体的一部分，柱和梁的压力将通过这部分面积最终传给整个基础与墙截面，但在基础、墙顶，由于受压面积较小，如果压力较大，砌体强度较低，则会发生局部受压破坏。因此，对受压构件，除需验算全截面抗压承载力

之外，对局部受压部分，还应验算局部受压承载力。

（一）砌体局部抗压强度提高系数 γ

砌体局部受压时，周围砌体对局部受压砌体的横向变形有横向约束作用，使局部受压下的砌体处于三向受压应力状态，这种"套箍作用"提高了砌体局部抗压强度。因此在进行砌体局部抗压承载力计算时，应把砌体的抗压强度乘以提高系数 γ。砌体局部抗压强度提高系数 γ 应按下式计算：

$$\gamma = 1 + 0.35\sqrt{\frac{A_0}{A_l} - 1} \tag{9-9}$$

式中　γ——砌体局部抗压强度提高系数；

　　　A_0——影响砌体局部抗压强度的计算面积；

　　　A_l——局部受压面积。

影响砌体局部抗压强度的计算面积可按下列规定计算采用：

（1）在图 9-3（a）的情况下，$A_0 = (a+c+h)h$；

（2）在图 9-3（b）的情况下，$A_0 = (b+2h)h$；

（3）在图 9-3（c）的情况下，$A_0 = (a+h)h + (b+h_1-h)h_1$；

（4）在图 9-3（d）的情况下，$A_0 = (a+h)h$。

为避免因 $\dfrac{A_0}{A_l}$ 较大时可能在砌体内产生纵向裂缝的劈裂破坏，按式（9-9）算得出值应作如下限制：

（1）在图 9-3（a）的情况下，$\gamma \leqslant 2.5$；

（2）在图 9-3（b）的情况下，$\gamma \leqslant 2.0$；

（3）在图 9-3（c）的情况下，$\gamma \leqslant 1.5$；

（4）在图 9-3（d）的情况下，$\gamma \leqslant 1.25$；

（5）对于多孔砖砌体和按规定的构造要求灌孔的砌块砌体，$\gamma = 1.5$，对于未灌实的

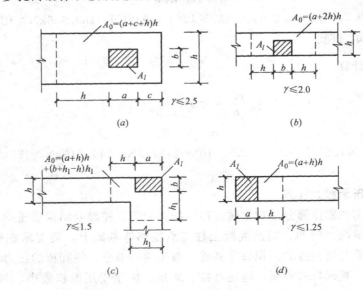

图 9-3　影响砌体局部抗压强度的计算面积

混凝土砌块砌体，$\gamma = 1.0$。

（二）砌体局部均匀受压时的承载力计算

砌体截面中部受均匀压力时，承载力应按下式计算：

$$N_l \leqslant \gamma f A_l \tag{9-10}$$

式中　N_l——砌体局部受压面积上轴向力的设计值；

　　　f——砌体抗压强度设计值。

（三）梁端支承处砌体的局部受压

在混合结构的房屋中，比较常见的是砌体的局部非均匀受压，当钢筋混凝土梁支承于砌体上，砌体支承面受到梁端的局部压力。由于梁受力后产生翘曲，梁端产生转角，支座内边缘处砌体的压缩变形最大，愈靠近梁端，压缩变形逐渐减小。因此，在梁端支承处砌体的压缩变形及压应力的分布是不均匀的，属于非均匀局部受压状态。当梁的支承长度 a 较大或梁端转角较大时，可能出现梁端部分面积与砌体脱开，有效支承长度 a_0 小于实际支承长度 a。

当梁支承在墙、柱顶上时，梁端属于无约束支承情况，砌体支承面上只承受梁端传来的局部压力，如图 9-4 所示；当梁支承于墙、柱高度的某个部位时，梁端属于有约束支承的情况，支承面上除了有梁传来的局部压力外，还应考虑上部砌体传递下来的压应力，如图 9-5 所示。

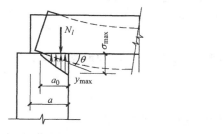

图 9-4　梁端变形

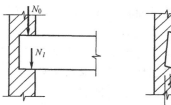

图 9-5　梁端有约束支承

1. 梁端有效支承长度 a_0 的计算

砌体受压后梁端与砌体的有效支承长度 a_0 可以按下式计算：

$$a_0 = 10 \sqrt{\frac{h_c}{f}} \tag{9-11}$$

式中　h_c——梁的截面高度，mm；

　　　f——砌体抗压强度设计值，MPa。

当按上式计算的 $a_0 > a$ 时，应取 $a_0 = a$。

2. 上部荷载对局部抗压的影响

当梁端支承在墙体中部某一高度中的某一部位时，作用在梁端支承处局部受压面积上的支承压力，除由梁端传来的 N_l 外，还有上部荷载产生的轴向力 N_0。如果梁上端未作用有荷载时，梁端上部墙内的均匀压应力 σ_0 通过梁端传至梁端底面接触的砌体承压面上（图 9-6a）。当梁上作用有梁端荷载 N_l 后，随着 N_l 的逐渐加大，梁端底部砌体的压缩变

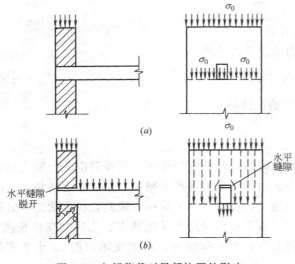

形也逐渐增加，甚至会逐渐增加到梁端顶面上部砌体间产生水平缝隙，互相脱开（图9-6b）。在这个过程中，上部砌体中原来经梁顶端传递的压应力σ_0逐渐转而通过上部砌体的内拱作用传给两端周围的砌体，使梁下局部受压面积上的上部荷载产生的压力减少甚至消失。因此在进行梁下砌体的局部抗压验算时，应该把梁下局部受压面积范围内的上部荷载进行折减。

3. 梁端支承处砌体局部受压承载力计算

梁端支承处砌体局部受压承载力应按下式计算：

图9-6 上部荷载对局部抗压的影响

$$\psi N_0 + N_l \leqslant \eta \gamma f A_l \tag{9-12}$$

式中　ψ——上部荷载的折减系数，$\psi = 1.5 - 0.5\dfrac{A_0}{A_l}$，当$\dfrac{A_0}{A_l} \geqslant 3$ 时．取 $\psi = 0$；

N_0——局部受压面积范围内的上部轴向力的设计值，$N_0 = \sigma_0 A_l$；

A_l——局部受压面积，$A_l = a_0 b$，b 为梁宽；

N_l——梁端支承反力；

η——梁端压应力图形的完整系数，一般取 0.7，对于过梁和墙梁可取 1.0；

γ——砌体局部抗压强度提高系数；

f——砌体抗压强度设计值。

4. 梁端下设有刚性垫块时，垫块下砌体的局部受压承载力计算

当梁端支承处砌体的局部受压承载力不能满足式（9-12）的要求时，通常采用在梁的支承下设置预制垫块，有时还采用将垫块与梁浇成整体的办法，使局部受压面积增大，以解决局部受压承载力不足的问题。现在比较常用的垫块是预制刚性垫块。

刚性垫块可增大局部受压的面积，并能使梁端压力较均匀地传到砌体承压面上。试验表明，刚性垫块下砌体的局部受压接近于偏心受压，可按偏心受压承载力的计算公式进行计算，计算时应考虑垫块底面积以外的砌体对局部受压强度能产生有利影响，其影响系数γ_l 为砌体局部抗压强度提高系数 γ 的 0.8 倍。

垫块下砌体的局部受压承载力应按下式计算：

$$N_0 + N_l \leqslant \varphi \gamma_l f A_{\mathrm{b}} \tag{9-13}$$

式中　N_0——垫块面积 A_{b} 内上部轴向力设计值；$N_0 = \sigma_0 A_{\mathrm{b}}$；

φ——垫块上 N_0 及 N_l 合力的影响系数，应采用 $\beta \leqslant 3$ 时的 φ 值；

γ_l——垫块外砌体面积的有利影响系数；$\gamma_l = 0.8\gamma$；

A_{b}——垫块的面积，$A_{\mathrm{b}} = a_{\mathrm{b}} b_{\mathrm{b}}$；

a_{b}——垫块伸入墙内的长度；

b_b——垫块的宽度。

规范规定，刚性垫块应符合下列构造规定：

(1) 刚性垫块的高度 t_b 不宜小于 180mm，自梁边算起的垫块挑出长度不应小于 t_b；

(2) 在带壁柱墙的壁柱内设刚性垫块时，其计算面积应取壁柱范围内的面积，而不应计算翼缘部分，同时壁柱上垫块深入翼缘内的长度不应小于 120mm；

(3) 当现浇的刚性垫块与梁端墙体整浇时，垫块可在梁高范围内设置。

当梁端设有刚性垫块时，虽然垫块上表面有效支承长度 a_0 较小，但可能对其下的墙体受力不利，增大了荷载的偏心距。

根据试验结果，规范规定：砌块上梁端支承压力设计值的作用点距墙边缘的位置，可取 $0.4a_0$ 处，梁端有效支承长度 a_0 应按下式计算：

$$a_0 = \delta_1 \sqrt{\frac{h_c}{f}} \qquad (9\text{-}14)$$

式中　δ_1——刚性垫块的影响系数，按表 9-14 采用。

刚性垫块的影响系数　　　　　　表 9-14

$\dfrac{\sigma_0}{f}$	0	0.2	0.4	0.6	0.8
δ_1	5.4	5.7	6.0	6.9	7.8

注：表中其间的数值可采用插入法求得。

【例 9-3】　如图 9-7 所示，验算房屋外纵墙上梁端下砌体局部受压强度。已知梁截面为 200mm×550mm，梁端实际支承长度 $a = 240$mm，荷载设计值产生的梁端支承反力 $N_l = 80$kN，梁底墙体截面由上部荷载设计值产生的轴向力 $N_a = 165$kN，窗间墙截面 1200mm×370mm，采用 MU10 烧结普通砖和 M2.5 混合砂浆砌筑。

【解】　由 MU10 烧结普通砖和 M2.5 混合砂浆，查表 9-9 得　$f = 1.3$MPa；

梁端底面压应力图形完整性系数　$\eta = 0.7$

梁端有效支承长度

$$a_0 = 10 \sqrt{\frac{h_c}{f}} = 10 \sqrt{\frac{550}{1.30}} = 205.7 \text{mm}$$

梁端局部受压面积

$$A_l = a_0 b = 205.7 \times 200 = 41140 \text{mm}^2$$

影响砌体局部抗压强度的计算面积按图 9-3 (b) 的情况下计算

$$A_0 = (b + 2h)h = (200 + 2 \times 370) \times 370 = 347800 \text{mm}^2$$

砌体局部抗压强度提高系数

$$\gamma = 1 + 0.35 \sqrt{\frac{A_0}{A_l} - 1} = 1 + 0.35 \sqrt{\frac{347800}{41140} - 1} = 1.96 < 2.0$$

得 $\gamma = 1.96$

由于上部轴向力设计值是作用在整个窗间墙上，故上部平均压应力设计值为

$$\sigma_0 = \frac{165000}{370 \times 1200} = 0.37 \text{N/mm}^2$$

局部受压面积内上部轴力设计值为

$$N_0 = \sigma_0 A_l = 0.37 \times 41140 \times 10^{-3} = 15.22 \text{kN}$$

上部荷载的折减系数

由于 $\dfrac{A_0}{A_l} = \dfrac{347800}{41140} = 8.45 \geqslant 3$，故取 $\psi = 0$

$$\psi N_0 + N_l = 0 \times N_0 + N_l = 80 \text{kN}$$

$$\eta \gamma f A_l = 0.7 \times 1.96 \times 1.30 \times 41140 \times 10^{-3} = 73.4 \text{kN} < 80 \text{kN}$$

经验算不符合局部抗压强度的要求。

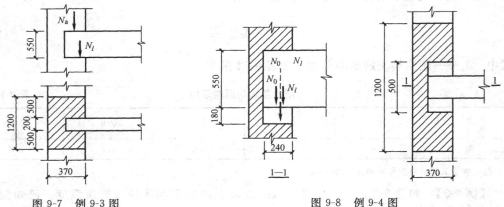

图 9-7 例 9-3 图   图 9-8 例 9-4 图

【例 9-4】 如图 9-8 所示，已知条件同上题，因不能满足砌体的局部抗压强度的要求，试在梁端设置垫块并进行验算。

【解】 如图所示，在梁下设置预制钢筋混凝土垫块，垫块高度取 $t_b = 180 \text{mm}$，平面尺寸 $a_b \times b_b$ 取 240mm × 500mm，垫块自梁边两侧各挑出 150mm < $t_b = 180 \text{mm}$，符合刚性垫块的要求。

上题已查得 $f = 1.3 \text{MPa}$

垫块面积

$$A_b = a_b b_b = 240 \times 500 = 120000 \text{mm}^2$$

影响砌体局部抗压强度的计算面积

因垫块外窗间墙仅余 350mm，故取垫块外 $h = 350 \text{mm}$

$$A_0 = (500 + 2 \times 350) \times 370 = 444000 \text{mm}^2$$

砌体局部抗压强度提高系数

$$\gamma = 1 + 0.35 \sqrt{\frac{A_0}{A_l} - 1} = 1 + 0.35 \sqrt{\frac{44000}{120000} - 1} = 1.58 < 2.0$$

得 $\gamma = 1.58$，则得垫块外砌体面积的有利影响系数

$$\gamma_l = 0.8 \gamma = 0.8 \times 1.58 = 1.26$$

垫块面积 A_b 内上部轴向力设计值

$$N_0 = \sigma_0 A_b = 0.37 \times 120000 \times 10^{-3} = 44.4\text{kN}$$

$$N_l = 80\text{kN}$$

设有刚性垫块时，梁端有效支承长度的计算公式为

$$a_0 = \delta_1 \sqrt{\frac{h_c}{f}}$$

由 $\dfrac{\sigma_0}{f} = \dfrac{0.37}{1.30} = 0.38$，查表 9-14 得 $\delta_1 = 5.82$

则梁端有效支承长度为

$$a_0 = \delta_1 \sqrt{\frac{h_c}{f}} = 5.82 \sqrt{\frac{500}{1.30}} = 114.1\text{mm}$$

垫块上 N_l 作用点距墙内缘距离为　$0.4a_0 = 0.4 \times 114.1 = 45.6$

N_l 对垫块形心的偏心距为

$$\frac{240}{2} - 45.6 = 74.4\text{mm}$$

局部受压面积内上部轴向力设计值作用于垫块形心，全部轴向力对垫块形心的偏心距为

$$e = \frac{N_l \times 74.4}{N_0 + N_l} = \frac{80 \times 74.4}{44.4 + 80} = 47.8\text{mm}$$

由 $\dfrac{e}{h} = \dfrac{e}{a_b} = \dfrac{47.8}{240} = 0.199$，并按 $\beta \leqslant 3$ 的情况查得 $\varphi = 0.68$

$\varphi \gamma_l f A_b = 0.68 \times 1.26 \times 1.3 \times 120000 \times 10^{-3} = 133.7\text{kN} > N_0 + N_l = 44.4 + 80 = 124.4\text{kN}$

经验算，局部受压承载力满足要求。

三、轴心受拉承载力计算

砌体的抗拉能力很弱，工程上采用轴心受拉的构件很少。水工结构上对于容积不大的圆形水池，在水压力的作用下壁内产生的环向拉力不大，可以采用砌体结构。在环向拉力的作用下，池壁竖向界面处于轴心受拉状态。轴心受拉构件一般有两种破坏：沿直缝截面破坏（砂浆强度高）和沿齿缝界面破坏（砖强度高）。其承载力按下列公式计算：

$$N_t \leqslant f_t A \tag{9-15}$$

式中　N_t——轴向拉力设计值；

　　　f_t——砌体的轴心抗拉强度设计值，按表 9-15 采用；

　　　A——砌体构件的截面积。

【例 9-5】　一圆形砖砌水池，壁厚 370mm，采用 MU10 的烧结普通砖，M10 的水泥砂浆砌筑，在水压力的作用下，沿高度方向池壁承受 $N = 56\text{kN/m}$ 的环向拉力。试验算池壁的受拉承载力。

【解】　查表 9-15 得　$f_t = 0.19\text{MPa}$

因采用水泥砂浆，砌体的轴心抗拉强度设计值应乘以调整系数 $\gamma_a = 0.8$

沿高度方向取 1m 计算，截面积　$A = 1 \times 0.37 = 0.37\text{m}^2 > 0.3\text{m}^2$

$$f_t A = 0.19 \times 0.8 \times 0.37 \times 10^6 = 56.24\text{kN} > 56\text{kN}$$

满足受拉承载力要求。

砌体沿灰缝截面破坏时砌体的轴心抗拉强度设计值、弯曲抗拉
强度设计值和抗剪强度设计值（MPa）　　　表 9-15

强度类别	破坏特征	砌体种类	砂浆强度等级			
			≥M10	M7.5	M5	M2.5
轴心抗拉	沿齿缝	烧结普通砖、烧结多孔砖蒸压灰砂砖、蒸压粉煤灰砖混凝土砌体	0.19	0.16	0.13	0.09
			0.12	0.10	0.08	0.06
			0.09	0.08	0.07	—
		毛石	0.08	0.07	0.06	0.04
弯曲抗拉	沿齿缝	烧结普通砖、烧结多孔砖蒸压灰砂砖、蒸压粉煤灰砖混凝土砌块	0.33	0.29	0.23	0.17
			0.24	0.20	0.16	0.12
			0.11	0.09	0.08	—
		毛石	0.13	0.11	0.09	0.07
	沿齿缝	烧结普通砖、烧结多孔砖蒸压灰砂砖、蒸压粉煤灰砖混凝土砌块	0.17	0.14	0.11	0.08
			0.12	0.10	0.08	0.06
			0.18	0.06	0.05	—
抗剪	烧结普通砖、烧结多孔砖		0.17	0.14	0.11	0.08
	蒸压灰砂砖、蒸压粉煤煤灰砖		0.12	0.10	0.08	0.06
	混凝土砌块		0.09	0.08	0.06	—
	毛石		0.21	0.19	0.16	0.11

注：1. 对于用形状规则的块体砌筑的砌体，当搭接长度与块体高度的比值小于 1 时，其轴心抗拉强度设计值 f_t 和弯曲抗拉强度设计值 f_{tm} 应按表中数值乘以搭接长度与块体高度比值后采用；

2. 对孔洞率不大于 35% 的双排孔或多排孔轻骨料混凝土砌块砌体的抗剪强度设计值，可按表中混凝土砌块砌体抗剪强度设计值乘以 1.1；

3. 对蒸压灰砂砖、蒸压粉煤灰砖砌体时，当有可靠的实验数据时，表中强度设计值，允许作适当调整；

4. 对烧结页岩砖、烧结煤矸石砖、烧结粉煤灰砖墙砌体，当有可靠的实验数据时，表中强度设计值，允许作适当调整。

四、受弯构件承载力计算

在砌体结构中，受弯构件也是不常见的，工程上砖砌平拱过梁、挡土墙和矩形水池的池壁等均属于受弯构件，砌体的受弯构件有沿齿缝、直缝和通缝三种截面破坏形式。砌体构件的承载力计算除进行抗弯承载力计算以外，还应进行相应的抗剪承载力计算。

（一）受弯承载力计算

无筋砌体受弯构件的承载力应按下式进行计算：

$$M \leqslant f_{tm} W \qquad\qquad (9\text{-}16)$$

式中　M ——弯矩设计值；

f_{tm} ——砌体的弯曲抗拉强度设计值，按表 9-15 采用；

W ——构件截面的抵抗矩，对于矩形 $W = \dfrac{1}{6} bh^2$；

（二）受剪承载力计算

砌体受弯构件的受剪承载力应按下式计算：

$$V \leqslant f_v bz \qquad (9\text{-}17)$$

式中 V ——剪力设计值；

      f_v ——砌体的抗剪强度设计值；按表 9-15 采用；

      b ——截面宽度；

      z ——内力臂，$z = \dfrac{I}{S}$，当矩形截面时 $z = \dfrac{2h}{3}$；

      I ——截面惯性矩；

      S ——截面面积矩；

      h ——截面高度。

【例 9-6】 如图 9-9 所示，一矩形浅水池，壁高 $H = 1.45\text{m}$，采用 MU10 的砖，M10 的水泥砂浆砌筑，池壁厚 490mm，如不考虑池壁自重所产生的不大的垂直压力，试验算池壁承载力。

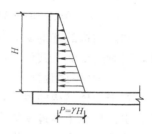

图 9-9 例 9-5 图

【解】 池壁如固定于基础上的悬臂板一样受力，在竖向取单位宽度的竖向板带，因不考虑池壁自重，则此板带承受三角形水压力如图，按上端自由，下端固定的悬臂梁计算。

截面上的内力：

$$M = \frac{1}{6}PH^2 = \frac{1}{6} \times 1.2 \times 10 \times 1.45 \times 1.45^2 = 6.1 \text{kN} \cdot \text{m}$$

$$V = \frac{1}{2}PH = \frac{1}{2} \times 1.2 \times 10 \times 1.45 \times 1.45 = 12.6 \text{kN}$$

砌体强度设计值：查表 9-15 得 $f_{tm} = 0.17 \text{N/mm}^2$，$f_v = 0.17 \text{N/mm}^2$。因采用水泥砂浆，应乘以调整系数 $\gamma_a = 0.8$，则 $f_{tm} = 0.8 \times 0.17 = 0.136 \text{N/mm}^2$，$f_v = 0.8 \times 0.17 = 0.136 \text{N/mm}^2$。

截面抵抗矩：

$$W = \frac{1}{6}bh^2 = \frac{1}{6} \times 1 \times 0.49^2 = 0.04 \text{m}^3$$

验算砌体受弯承载力：

$$f_{tm}W = 0.136 \times 0.04 \times 10^3 = 5.44 \text{kN} \cdot \text{m} < M = 6.1 \text{kN} \cdot \text{m}$$

不满足要求。

验算砌体受剪承载力：

$$Z = \frac{2}{3}h = \frac{2}{3} \times 0.49 = 0.327 \text{m}$$

$$f_v bz = 0.136 \times 1 \times 0.327 \times 10^3 = 44.47 \text{kN} > V = 12.6 \text{kN}$$

满足要求。

五、构造要求

在建筑工程上，把墙柱等竖向承重构件为砌体建造，而楼盖等水平承重构件采用混凝土或木材等其他材料建造的房屋结构称为混合结构。在进行混合结构的房屋设计时，应首先确定房屋的计算模式，即静力计算方案，按后才能进行内力分析及进行墙柱设计。

规范根据房屋空间刚度的大小，把房屋的静力计算方案分为刚性方案、弹性方案和刚弹性方案三种，实际计算时可以根据屋盖和楼盖的类型及房屋横墙间距 s 查表 9-16。

房屋的静力计算方案

表 9-16

	屋盖和楼盖的类别	刚性方案	刚弹性方案	弹性方案
1	整体式、装配整体式和装配式无檩体系钢筋混凝土屋盖或钢筋混凝土楼盖	$s<32$	$32\leqslant s\leqslant72$	$s>72$
2	装配式有檩体系钢筋混凝土屋盖、轻钢屋盖和有密铺网板的木屋盖或木楼盖	$s<20$	$20\leqslant s\leqslant48$	$s>48$
3	瓦材屋面的木屋盖和轻钢屋盖	$s<16$	$16\leqslant s\leqslant36$	$s>36$

注：1. 表中 s 为横墙间距，其单位为 m；

2. 对无山墙或伸缩缝处无横墙的房屋，应按弹性方案计算。

砌体结构的基本受力构件，除了应该满足承载力计算要求以外，还应该保证其稳定性，同时还要满足其他一些构造要求。

（一）高厚比验算

对于砌体结构的墙、柱等受压构件，除了应该满足承载力要求以外，还应满足稳定性的要求。规范中通过验算高厚比的方法进行稳定性的验算。

墙柱的高厚比 β 是指墙柱的计算高度 H_0 与墙厚或边长 h 之比，墙柱的高厚比越大，其稳定性越差，容易产生倾斜或受振动而产生倒塌的危险。因此在进行墙柱设计时，必须限制其高厚比。

1. 墙柱高厚比验算

墙柱的高厚比应该用下式验算：

$$\beta=\frac{H_0}{h}\leqslant\mu_1\mu_2[\beta] \tag{9-18}$$

式中　H_0——墙柱的计算高度，按表 9-18 的规定计算；

　　　h——墙厚或矩形柱与所考虑的 H_0 所对应的边长；

　　　$[\beta]$——墙柱的允许高厚比，见表 9-17；

　　　μ_1——非承重墙允许高厚比的修正系数；

规范规定：

厚度 $h\leqslant240\text{mm}$ 的非承重墙，$[\beta]$ 的修正系数为：当 $h=240\text{mm}$ 时，$\mu_1=1.2$；$h=90\text{mm}$ 时，$\mu_1=1.5$；$240\text{mm}>h>90\text{mm}$ 时，μ_1 可按插入法取值。

　　　μ_2——有门窗洞口墙允许高厚比的修正系数，可按下式计算：

$$\mu_2=1-0.4\frac{b_s}{s} \tag{9-19}$$

式中　b_s——在宽度 s 范围内的门窗洞口总宽度；

　　　s——相邻窗间墙或壁柱间距。

墙柱的允许高厚比 $[\beta]$

表 9-17

砂浆强度等级	墙	柱
M2.5	22	15
M5.0	24	16
$\geqslant$M7.5	26	17

受压构件的计算高度 H_0

表 9-18

房屋类型			柱		带壁柱墙或周边拉结的墙		
			平行排架方向	垂直排架方向	$s>2H$	$2H\geqslant s>H$	$s\leqslant H$
有吊车的单层房屋	变截面柱上段	弹性方案	$2.5H_u$	$1.25H_u$	$2.5H_u$		
		刚性 刚弹性方案	$2.0H_u$	$1.25H_u$	$2.0H_u$		
	变截面柱下段		$1.0H_l$	$0.8H_l$	$1.0H_l$		
无吊车的单层和多层房屋	单跨	弹性方案	$1.5H$	$1.0H$	$1.5H$		
		钢弹性方案	$1.2H$	$1.0H$	$1.2H$		
	多跨	弹性方案	$1.25H$	$1.0H$	$1.25H$		
		钢弹性方案	$1.1H$	$1.0H$	$1.1H$		
	刚性方案		$1.0H$	$1.0H$	$1.0H$	$0.4s+0.2H$	$0.6s$

注：1. 表中 H_u 为变截面的上段高度；H_l 为变截面的下段高度；s 为相邻横墙间的距离。

2. 对于上端为自由端的构件，$H_0=2H$。

3. 独立砖柱，当无柱间支撑时，柱在垂直排架方向的 H_0 应按表中系数乘以 1.25 后采用。

4. 对有吊车的房屋，当荷载组合不考虑吊车作用时，变截面上段的计算高度可按表中数值采用；变截面柱下段的计算高度可按下列规定采用：

   1）当 $H_u/H\leqslant1/3$ 时，按无吊车房屋的 H_0；

   2）当 $1/3\leqslant H_u/H\leqslant1/2$ 时，按无吊车房屋的 H_0 乘以修正系数 μ，$\mu=1.3-0.3I_u/I_l$，I_u 为变截面柱上段的惯性矩，I_l 为变截面柱下段惯性矩；

   3）当 $H_u/H\geqslant1/2$ 时，按无吊车房屋的 H_0，但在确定 β 值时，应采用上柱截面。

   上述规定也适用与无吊车房屋的变截面柱。

5. 自承重墙的计算高度用根据周边支承或拉接条件确定。

6. H—构件高度，按下列规定采用：

   在房屋底层，为楼板顶面到构件下端支点的距离，下端支点的位置，可取在基础顶面。当埋置较深且有刚性地坪时，可取室外地下 500mm 处。

   在房屋其他层次，为楼板或其他水平支点间的距离；

   对无壁柱的山墙，可取层高加山墙的 1/2；对带壁柱的山墙可取壁柱处的山墙高度。

2. 带壁柱墙的高厚比验算

在验算带壁柱墙的高厚比时，除了要验算整片墙的高厚比之外，还要对壁柱间的墙体进行验算。

（1）整片墙的高厚比验算

带壁柱的整片墙，其计算截面应为 T 形截面，其高厚比的验算公式为：

$$\beta=\frac{H_0}{h_T}\leqslant\mu_1\mu_2[\beta] \tag{9-20}$$

式中 h_T——带壁柱墙截面的折算厚度，$h_T=3.5i$；

i——截面的回转半径 $i=\sqrt{\dfrac{I}{A}}$；

I，A——分别为带壁柱墙截面的惯性矩和面积；

（2）壁柱间墙的高厚比验算

在验算壁柱间墙的高厚比时，可认为壁柱对壁柱间墙起到了横向拉结的作用，即可把壁柱视为壁柱间墙的不动铰支点。因此壁柱间墙可根据不带壁柱间墙的公式（9-18）按矩形验算。计算 H_0 时，表 9-18 中的 s 应为相邻壁柱间的距离。而且，不论房屋的静力计算属于何种方案，验算时的计算高度一律按表 9-18 中刚性方案一栏选用。

【例 9-7】 某多层教学楼外纵墙平面布置如图 9-10 所示，采用钢筋混凝土楼盖，外纵墙厚 370mm，内纵墙及横墙厚 240mm，上述墙体皆为承重墙。底层墙高 4.4m（至基础顶面）；隔墙厚 120mm，墙高 3.4m，砂浆强度均采用 M5，求验算各类墙的高厚比。

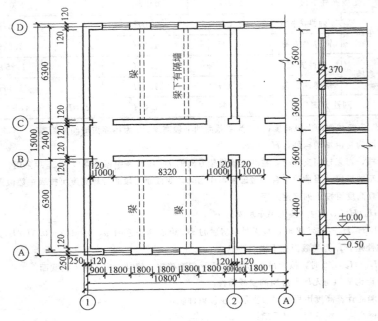

图 9-10　例 9-6 图

【解】　（1）确定房屋静力计算方案：

房屋最大横墙间距 $s=10.8$m，钢筋混凝土楼盖，由表 9-16 可以判断为刚性方案。

（2）外纵墙高厚比验算：

由 $s=10.8$m$>2H=2×4.4=8.8$m，查表 9-18，得 $H_0=1.0H=4.4$m；

M5 砂浆，查表 9-17 得 $[\beta]=24$

$$\mu_2=1-0.4\frac{b_s}{s}=1-0.4\frac{1.8}{3.6}=0.8$$

外纵墙为承重墙，取 $\mu_1=1.0$，则

$$\beta=\frac{H_0}{h}=\frac{4400}{370}=11.9<\mu_1\mu_2[\beta]=1.0×0.8×24=19.2$$

满足要求。

（3）内纵墙高厚比验算：

$$\mu_2=1-0.4\frac{b_s}{s}=1-0.4\frac{2×1}{10.8}=0.93$$

$$\mu_1=1.0$$

$$\beta=\frac{H_0}{h}=\frac{4400}{240}=18.3<\mu_1\mu_2[\beta]=1.0×0.93×24=22.3$$

满足要求。

（4）内横墙高厚比验算：

由 $4.4\text{m}=H<s=6.3\text{m}<2H=8.8\text{m}$，查表 9-18，得 $H_0=0.4s+0.2H=0.4\times6.3+0.2\times4.4=3.4\text{m}$

墙上无洞口 $\mu_1=1.0$

$\mu_2=1.0$

则 $$\beta=\frac{H_0}{h}=\frac{3400}{240}=14.2<\mu_1\mu_2[\beta]=1.0\times1.0\times24=24$$

满足要求。

（5）隔墙高厚比验算：

砌筑隔墙时，一般将隔墙上端作斜放立砖顶住梁底，因此，隔墙可取顶端为不动铰支座，并按两端与纵墙无拉结考虑，故取 $H_0=1.0H=3.4\text{m}$；

非承重墙，由 $h=120\text{mm}$，得 $\mu_1=1.44$

墙上无洞口 $\mu_2=1.0$

则 $$\beta=\frac{H_0}{h}=\frac{3400}{120}=28.3<\mu_1\mu_2[\beta]=1.44\times1.0\times24=34.6$$

满足要求。

（二）一般构造要求

墙柱构造上除满足高厚比要求外，还须满足其他一些构造要求，保证房屋工作的整体性和可靠性。

（1）五层及五层以上房屋的外墙、潮湿房间的墙及受振动或层高大于 6m 的墙、柱所用材料的最低强度等级为：砖 MU10；砌块 MU7.5；石材 MU30；砂浆 M5。对安全等级为一级或设计使用年限大于 50 年的房屋，墙柱所用材料的最低强度等级应至少提高一级。

在室内地面以下，室外散水坡顶面以上的砌体内，应铺设防潮层。防潮层材料一般情况下采用 20～25mm 厚 1:3 防水水泥砂浆。地面以下或防潮层以下的砌体，所用材料的最低强度等级应符合表 9-19 的要求。

地面以下或防潮层以下的砌体所采用材料的最低强度等级　　　表 9-19

地基土的潮湿程度	烧结普通砖、蒸压灰砂砖		混凝土砌块	石材	水泥砂浆
	严寒地区	一般地区			
稍潮湿	MU10	MU10	MU7.5	MU30	M5
很潮湿	MU15	MU10	MU7.5	MU30	M7.5
含水饱和	MU20	MU15	MU10	MU40	M10

注：1. 在冻胀地区，地面以上或防潮层以下的砌体，不宜采用多孔砖，如采用时，其孔洞应采用水泥砂浆灌实。当采用混凝土砌块时，其孔洞率应采用强度等级不低于 C20 的混凝土灌实。

　　2. 安全等级为一级或设计使用年限大于 50 年的房屋，表中材料强度等合计应至少提高一级。

（2）承重的独立砖柱截面尺寸不应小于 240mm×370mm。

（3）填充墙、隔墙应分别采取措施与周边构件可靠连接。

（4）钢筋混凝土预制板的支承长度，在墙上不宜小于 100mm；在钢筋混凝土圈梁上不宜小于 80mm。

(5) 跨度大于 6m 的屋架和跨度大于下列数值的梁,应在支承处砌体上设置混凝土或钢筋混凝土垫块;当墙中设有圈梁时,垫块宜与圈梁浇成整体。

1) 对砖砌体为 4.8m;

2) 对砌块和料石砌体为 4.2m;

3) 对毛石砌体为 3.9m。

(6) 梁的跨度大于或等于下列数值时,其支承处宜加壁柱或采取其他加强措施。

1) 对 240mm 厚的砖墙为 6.0m,对 180mm 厚的砖墙为 4.8m;

2) 对砌块、料石墙为 4.8m。

(7) 支承在砖砌体上的吊车梁、屋架及跨度大于 9m 的预制梁的端部,应采取锚固件与墙柱上的垫块锚固。

(8) 不宜在截面长边小于 500mm 的承重墙体、独立柱内埋设管线;不宜在墙体中穿行暗线或预留、开凿沟槽,无法避免时应采取必要的措施或按削弱后的截面验算墙体承载力。对受力较小或未灌孔的砌块砌体,允许在墙体的竖向孔洞中设置管线。

思 考 题

1. 普通烧结砖、多孔砖与空心砖的尺寸规格各是多少?

2. 普通烧结砖有哪些优缺点?

3. 什么是泛霜?

4. 砂浆有哪几种,砌筑砂浆的和易性包括哪几方面?

5. 砌筑砂浆对组成材料的要求有哪些?

6. 常用块体材料有哪几种?

7. 受压构件承载力计算时偏心距的限值是多少?当轴向力的偏心距超过限值时,应采取哪些措施?

8. 什么是砌体局部抗压强度提高系数?它是如何取值的?

9. 梁端支承处局部抗压承载力不满足要求时,可采取哪些措施?

10. 房屋的静力计算方案有哪几种?应该根据什么因素确定?

习 题

9-1 已知一轴心受压柱,柱底承受轴心压力设计值 $N=118kN$,柱的截面尺寸为 $490mm \times 370mm$,计算高度 $H_0=3.6m$,采用 MU10 的烧结普通砖,M2.5 的混合砂浆砌筑,试验算该柱的承载力。

9-2 试验算一矩形截面偏心受压柱的承载力。已知:柱的截面尺寸为 $370mm \times 620mm$,柱的计算长度为 $H_0=5.55m$,承受纵向力的设计值 $N=108kN$,由荷载设计值产生的偏心距 $e=0.185m$(沿截面的长边方向),采用 MU10 的砖及 M5 混合砂浆砌筑。

9-3 如图 9-11 所示,试验算房屋外纵墙上跨度为 5.8m 的大梁端部下砌体的局部受压承载力,已知大梁截面尺寸 $b \times h=200mm \times 550mm$,支承长度 $a=240mm$,支座反力 $N_l=100kN$,梁端墙体截面处的上部荷载设计值为 240kN,窗间墙截面为 $1200mm \times 370mm$,如图所示。用 MU10 烧结普通砖,M5 混合砂浆砌筑。如不能满足要求,请设置刚性垫块,重新进行计算。

9-4 一圆形水池,采用 MU10 烧结普通砖及 M5 水泥砂浆砌筑,壁厚 370mm,池壁承受的最大环向拉力设计值 $N_l=45kN/m$,试验算池壁的抗拉强度。

9-5 一矩形浅水池,壁高 $H=1.2m$,壁厚 $d=490mm$,采用 MU10 烧结普通砖,M5 的水泥砂浆砌筑,如不考虑池壁自重所产生垂直压力,试计算池壁承载力。

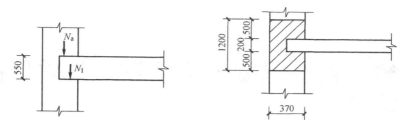

图 9-11　习题 9-3 图

9-6　某办公楼平面布置如图 9-12 所示，采用钢筋混凝土楼盖，纵横墙均为 240mm，砂浆 M5，底层墙高 4.6m（至基础顶面），非承重墙厚为 120mm，用 M2.5 砂浆砌筑，高 3.6m，试验算各墙的高厚比。

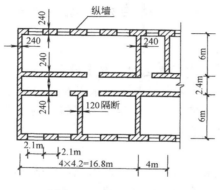

图 9-12　习题 9-6 图

第三篇　钢筋混凝土施工技术与质量控制

第十章　水池结构施工图

第一节　结构施工图基本知识

一、结构施工图的内容

结构施工图是建筑施工图（采暖通风、给水排水、电气等）的一种，是表达结构类型、结构尺寸、结构标高、使用材料、技术要求以及结构构件和构造要求的图纸；作为放线、基础开挖、模板工程、钢筋工程、混凝土工程施工的依据。图号用结施×/××表示结构施工图。结构施工图的内容有：

1. 结构平面图

用来表示基础平面布置和结构平面布置的图纸。包括基础的类型、平面尺寸、承重结构位置、柱网布置、钢筋布置和结构平面形状、尺寸等。

2. 结构剖面图

用来表示基础和结构的标高、构件截面高度、宽度以及钢筋布置等。

3. 结构详图

用来表示梁、板、柱、附属构配件的尺寸、位置、配筋等。

二、施工图常用代号

为使施工方便，结构构件的名称用代号来表示，代号后用阿拉伯数字标注该构件的型号或编号，也可为构件的顺序号。构件的顺序号采用不带角标的阿拉伯数字连续编排。常用的构件代号见表 10-1。

常用的构件代号　　　　　　　　　　　　　　　表 10-1

序号	名称	代号	序号	名称	代号	序号	名称	代号
1	板	B	8	盖板或沟盖板	GB	15	吊车梁	DL
2	屋面板	WB	9	挡雨板或檐口板	YB	16	圈梁	QL
3	空心板	KB	10	吊车安全走道板	DB	17	过梁	GL
4	槽形板	CB	11	墙板	QB	18	连系梁	LL
5	折板	ZB	12	天沟板	TGB	19	基础梁	JL
6	密肋板	MB	13	梁	L	20	楼梯梁	TL
7	楼梯板	TB	14	屋面梁	WL	21	檩条	LT

序号	名称	代号	序号	名称	代号	序号	名称	代号
22	屋架	WJ	29	基础	J	36	雨篷	YP
23	托架	TJ	30	设备基础	SJ	37	阳台	YT
24	天窗架	CJ	31	桩	ZH	38	梁垫	LD
25	框架	KJ	32	柱间支撑	ZC	39	预埋件	M
26	刚架	GJ	33	垂直支撑	CC	40	天窗端壁	TD
27	支架	ZJ	34	水平支撑	SC	41	钢筋网	W
28	柱	Z	35	梯	T	42	钢筋骨架	G

注：1. 预制钢筋混凝土构件、现浇钢筋混凝土构件、钢构件和木构件，一般可直接采用本表中的构件代号。在设计中，当需要区别上述构件种类时，应在图纸中加以说明。

2. 预应力钢筋混凝土构件代号，应在构件代号前加注"Y-"，如 Y-DL 表示预应力钢筋混凝土吊车梁。

三、施工图钢筋表示方法

（1）钢筋的一般表示方法见表 10-2。

一般钢筋 表 10-2

序号	名 称	图 例	说 明
1	钢筋横断面	●	
2	无弯钩的钢筋端部		下图表示长短钢筋投影重叠时可在短钢筋的端部用 45°短划线表示
3	带半圆形弯钩的钢筋端部		
4	带直钩的钢筋端部		
5	带丝扣的钢筋端部		
6	无弯钩的钢筋搭接		
7	带半圆弯钩的钢筋搭接		
8	带直钩的钢筋搭接		
9	套管接头（花篮螺栓）	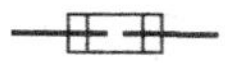	

（2）预应力钢筋的表示方法见表 10-3。

预应力钢筋 表 10-3

序号	名 称	图 例	序号	名 称	图 例
1	预应力钢筋或钢绞线，用粗双点划线表示		4	张拉端锚具	
2	在预留孔道或管子中的后张法预应力钢筋的表面	⊕	5	固定端锚具	
3	预应力钢筋断面	+	6	锚具的端视图	 ⊕

203

（3）钢筋网片的表示方法见表10-4。

钢筋网片 表 10-4

序号	名　称	图　例	序号	名　称	图　例
1	一张网平面图	 W-1	2	一排相同的网平面图	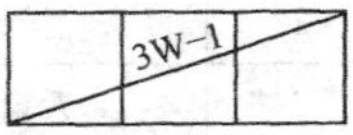 3W-1

（4）钢筋的焊接接头的表示方法见表10-5。

钢筋焊接接头 表 10-5

序号	名　称	接头形式	标注方法
1	单面焊接的钢筋接头	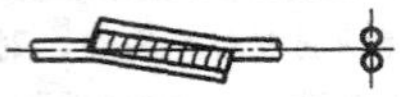	
2	双面焊接的钢筋接头	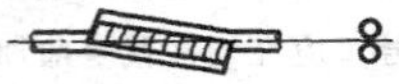	
3	用帮条单面焊接的钢筋接头	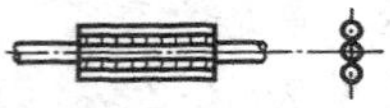	
4	用帮条双面焊接的钢筋接头	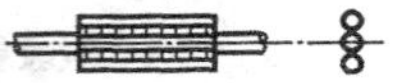	
5	接触对焊（闪光焊）的钢筋接头		
6	坡口平焊的钢筋接头	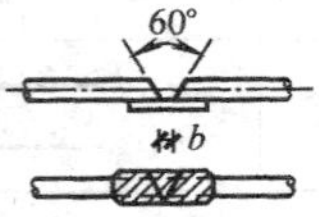 60°	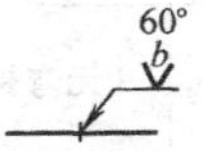 60°
7	坡口立焊的钢筋接头	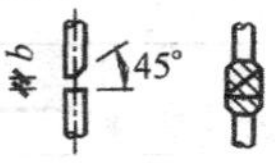 45°	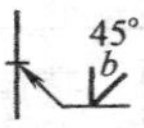 45°
8	用角钢或扁钢做连接板焊接的钢筋接头		

（5）钢筋的画法应符合表10-6的规定。

钢筋画法 表 10-6

序号	说　明	图　例	序号	说　明	图　例
1	在平面图中配置双层钢筋时，底层钢筋弯钩应向上或向左，顶层钢筋则向下或向右	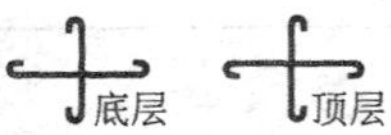 底层　顶层	4	图中所表示的箍筋、环筋，如布置复杂，应加画钢筋大样及说明	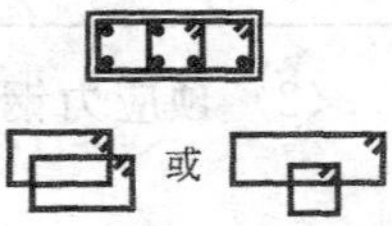 或
2	配双层钢筋的墙体，在配筋立面图中，远面钢筋的弯钩应向上或向左，而近面钢筋则向下或向右（GM：近面；YM：远面）	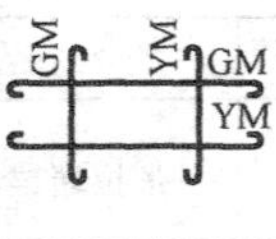 GM YM GM YM	5	每组相同的钢筋、箍筋或环筋，可以用粗实线画出其中一根来表示，同时用一横穿的细线表示其余的钢筋、箍筋或环筋，横线的两端带斜短划表示该号钢筋的起止范围	
3	如在断面图中不能表示清楚钢筋布置，应在断面图外面增加钢筋大样图	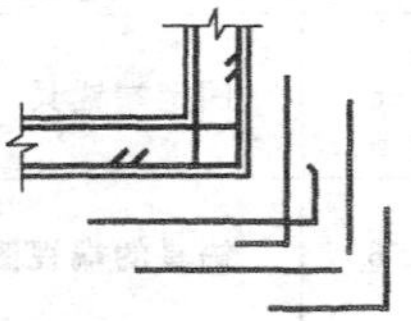			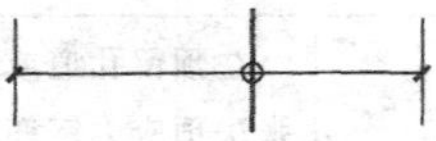

（6）当构件对称时，钢筋网片可用一半或1/4表示，如图10-1所示。

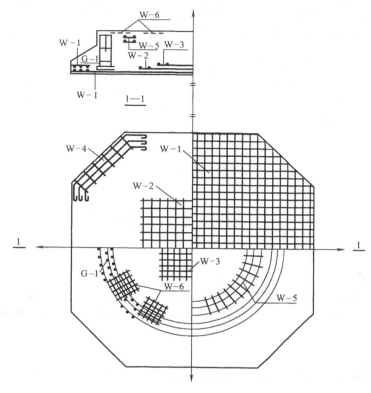

图 10-1　配筋简化例图

四、预埋件、预留孔洞的表示方法

（1）在混凝土构件上设置预埋件时，可在平面图或立面图上表示。引出线指向预埋件，并标注预埋件的代号，如图10-2所示。

（2）在混凝土构件的正、反面同一位置均设置相同的预埋件时，引出线为一条实线和一条虚线并指向预埋件，同时在引出横线上标注预埋件的数量及代号，如图10-3所示。

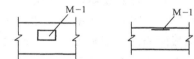

图 10-2　预埋件的表示方法

（3）在混凝土构件的正、反面同一位置设置编号不同的预埋件时，引出线为一条实线和一条虚线并指向预埋件。引出横线上标注正面预埋件代号，引出横线下标注反面预埋件代号，如图10-4所示。

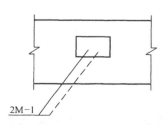

图 10-3　同一位置正反面预埋件均相同的表示方法

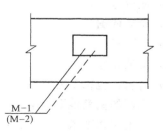

图 10-4　同一位置正反面预埋件不相同的表示方法

（4）在构件上设置预留孔、洞或预埋套管时，可在平面或断面图中表示。引出线指向预留（埋）位置，引出横线上方标注预留孔、洞的尺寸，预埋套管的外径。横线下方标注孔、洞（套管）的中心标高或底标高，如图 10-5 所示。

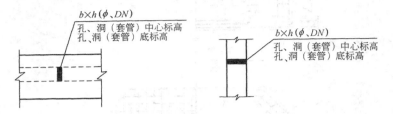

图 10-5 预留孔、洞及预埋套管的表示方法

第二节 矩形水池结构施工图

一、看图的方法和步骤

1. 看图的方法

看结构施工图的方法一般是先要弄清所看的是什么图（平、剖、详），然后根据图纸的特点来看。一般看图是：从上往下看，从左往右，由外向里看，由大到小看，由粗到细看，平、剖、详图与说明对照看。

2. 看图的步骤

首先看结构施工图目录，初步了解水池类型、有效容积、建设单位、设计单位、图纸共有多少张等。

其次对照目录检查图纸是否齐全，图纸编号与图名是否符合。若采用标准图集，则要明确图集的编号和主编单位，然后备好待用。

再看设计总说明，以了解水池结构概况，技术要求等，然后再进行看图。如先看水池总布置图，了解水池平面尺寸，标高、池壁厚度、检修孔、通风帽、管道等位置。然后再看顶板配筋图、底板配筋图、池壁及支柱配筋图等。

二、水池结构施工图

标准图集 100m³ 矩形清水池施工图包括总说明、总布置、顶板配筋图、底板配筋图、池壁及支柱配筋图等。

1. 总说明

以文字为主，主要内容有：

（1）适用范围。

（2）设计依据。

（3）设计条件。

（4）工艺布置。

（5）材料，包括工艺管道、混凝土、钢筋、钢梯、粉刷、砖砌体。

（6）采用的钢筋混凝土清水池附属构配件图。

（7）施工制作要求：1）尺寸以 mm 为单位，标高以 m 为单位；2）混凝土浇筑时必须振捣密实、不得漏振；池壁施工缝设两处的位置；采用膨胀剂应注意的事项；混凝土抗渗施工要求等；3）钢筋保护层厚度、钢筋的接头、钢筋遇到孔洞的处理等。

详见附录三，总说明（一）和总说明（二）。

2. 总布置图

基本内容由水池平面图、水池剖面图、文字说明、工程数量表四部分组成。

（1）水池平面图：主要表示水池平面尺寸、池壁厚度、柱、水管、检修孔位置等。

（2）水池剖面图：主要表示通风管标高、顶板厚度、水池高度、池底板厚度、垫层的厚度、水管的位置、导流墙的高度等。

（3）说明。

（4）工程数量表。

总布置，详见附录三，100m³ 矩形清水池总布置图。

3. 水池顶板配筋图

基本内容由池顶板钢筋布置图、柱带剖面图、中带剖面图、说明、钢筋及材料表五部分组成。

（1）池顶板钢筋布置图：水池顶板是对称构件，配筋按 1/4 表示。取池顶板 1/2 布置钢筋，1/4 表示下层钢筋、1/4 表示上层钢筋。由钢筋布置图结合钢筋及材料表确定配筋的位置、钢筋规格、形状、根数、间距、长度等。例如 1/4 边带下层钢筋：①边带水平钢筋编号为⑥、⑦，交错分布共 7 根，分布长度 1400mm，钢筋间距 1400/7＝200mm，形状、长度见钢筋及材料表。②边带竖向钢筋编号也为⑥、⑦，其情况同①。

（2）池顶剖面图：主要表示钢筋的位置，例如边带⑥、⑦号钢筋，横向钢筋在下竖向钢筋在上；分布长度、形状、间距等。

（3）说明。

1）本图尺寸均以 mm 为单位。

2）本图适用顶复土 500mm。

3）允许最高地下水位在水池底板以上大于等于 100mm。

4）钢筋在板带内均匀分布。

（4）钢筋及材料表

钢筋的略图、直径、长度、根数等。

池顶板配筋，详见附录三，100m³ 矩形清水池顶板配筋图。

4. 水池底板配筋图

底板配筋图包括，水池底板钢筋布置图、柱带剖面图、中带剖面图、说明、钢筋及材料表五部分组成，详见附录三，100m³ 矩形清水池底板配筋图。

5. 池壁及支柱配筋图

配筋图包括，池壁剖面图、支柱配筋图、池壁转角配筋图、柱帽配筋图、说明、钢筋及材料表六部分组成。

（1）池壁剖面图：

池壁主要分为内侧配筋与外侧配筋，内、外侧配筋又分水平配筋与竖向配筋。例如池壁内侧配筋有②、④、⑦号钢筋，②、⑦为水平钢筋，④为竖向钢筋，池壁上下的⑤号钢筋为池壁加强钢筋，采用 HRB335 级钢筋，形状、尺寸见钢筋表；池壁外侧配筋有①、③、⑥号钢筋，①、⑥为水平钢筋，③为竖向钢筋，形状、尺寸见钢筋表。池壁其他钢筋为构造钢筋。

（2）池壁转角配筋图：

⑪号钢筋为池壁与池壁连接时的加强钢筋，采用4根、直径14、HRB335级钢筋；⑫号钢筋是池壁转角构造钢筋，竖向布置形状、尺寸见钢筋表。

（3）支柱配筋：

支柱配筋主要包括，柱的竖向受力钢筋，如⑦、⑫号钢筋；柱的箍筋，如⑥号钢筋；柱帽箍筋，如④、⑪号钢筋；柱帽的分布钢筋，如①、②、⑤、⑧、⑨、⑩、⑬号钢筋；柱帽的构造钢筋如③号钢筋。支柱配筋还应按配筋图并对照钢筋及材料表确定钢筋的位置、形状、尺寸、根数、间距等。池壁及支柱配筋，详见附录三，100m³ 矩形清水池池壁及支柱配筋图。

思　考　题

1. 什么是结构施工图？
2. 结构施工图有哪些内容？
3. 弯钩的钢筋搭接、带直钩的钢筋搭接如何表示。
4. 如何看水池结构施工图？
5. 矩形清水池施工图总说明主要说明哪些施工内容？
6. 池顶板配筋图中，⑥、⑦号钢筋直径、长度、间距、根数是多少，形状如何？
7. 池壁配筋图中，①、③号钢筋直径、长度、间距、根数是多少，形状如何？
8. 池支柱配筋图中，⑥、⑦号钢筋、直径、长度、间距、根数是多少，形状如何？

第十一章 钢筋混凝土施工技术

第一节 模 板 工 程

一、模板的选用

模板是使混凝土成型的结构体系，是由模板和支撑两部分组成。

（1）模板按所用的材料分为：木模板、钢模板、钢木模板、钢竹模板、胶合板模板、塑料模板、玻璃钢模板、铝合金模板等。

（2）模板按结构的类型分为：基础模板、柱模板、梁模板、楼板模板、池壁模板、壳模板等。

（3）模板按施工方法分为：现场装拆式模板、固定式模板、移动式模板等。

在工程中一般按混凝土结构的形式，现有的工程材料情况、机械设备、施工技术水平和技术力量选用模板。

本节着重介绍组合钢模板和大模板。

（一）组合钢模板

我国使用最早，是目前使用最广泛的一种通用性强的工厂定型系列产品。组合钢模板由钢模板和配件两大部分组成。

1. 钢模板

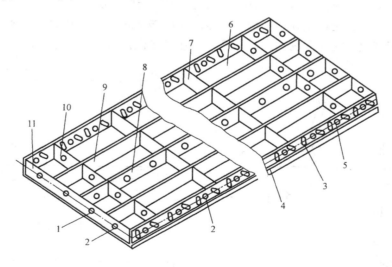

图 11-1 平面模板

1—插销孔；2—U 形卡孔；3—凸鼓；4—凸棱；5—边肋；6—主板；7—无孔横肋；

8—有孔纵肋；9—无孔纵肋；10—有孔横肋；11—端肋

钢模板包括平面模板、阴角模板、阳角模板、连接角模板等通用模板。

(1) 平面模板：用于基础、墙体、池壁、梁、柱和板等各种结构的平面部位，如图 11-1 所示。

(2) 阴角模板：用于墙体、池壁和各种构件的内角及凹角的转角部位，如图 11-2 所示。

(3) 阳角模板：用于柱梁及墙体、池壁等外角及凸角的转角部位，如图 11-3 所示。

(4) 连接角模板：用于梁、柱及墙体等外角及凸角的转角部位，如图 11-4 所示。

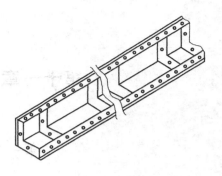

图 11-2　阴角模板

2. 配件的连接件

配件的连接件包括 U 形卡、L 形插销、钩头螺栓、紧固螺栓、对拉螺栓、扣件等。

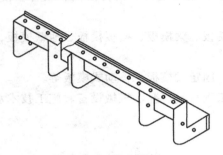

图 11-3　阳角模板

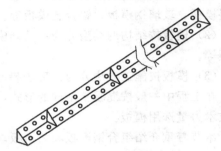

图 11-4　连接角模板

(1) U 形卡：用于钢模板纵横向自由拼接，将相邻钢模板夹紧固定的主要连接件。如图 11-5 所示。

(2) L 形插销：用作钢模板纵向拼接刚度，保证接缝处版面平整。如图 11-6 所示。

(3) 钩头螺栓：用作钢模板与内外钢楞之间的连接固定。如图 11-7 所示。

(4) 紧固螺栓：用作紧固内、外钢楞，增强拼接模板的整体固定。如图 11-8 所示。

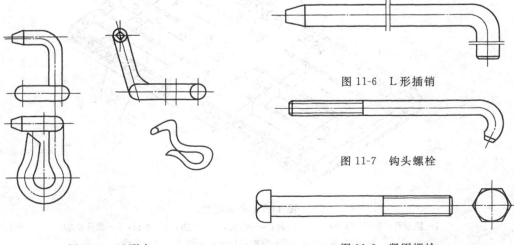

图 11-6　L 形插销

图 11-7　钩头螺栓

图 11-5　U 形卡

图 11-8　紧固螺栓

（5）扣件：用作钢楞与钢模板或钢楞之间的紧固连接，与其他配件一起将钢模板拼装连接成整体，扣件应与相应的钢楞配套使用。按钢楞的不同形状，分别采用碟形扣件和3形扣件的刚度应与配套螺栓的强度相适应。如图11-9所示。

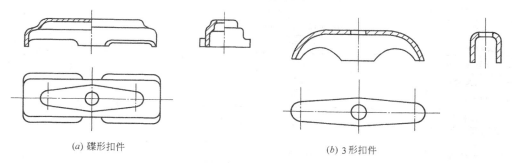

(a) 碟形扣件　　　　　　　　　　　(b) 3形扣件

图 11-9

（6）对拉螺栓：用作拉结两竖向侧模板，保持两侧模板的间距，承受混凝土侧压力和其他荷重，确保模板有足够的刚度和强度。如图11-10所示。

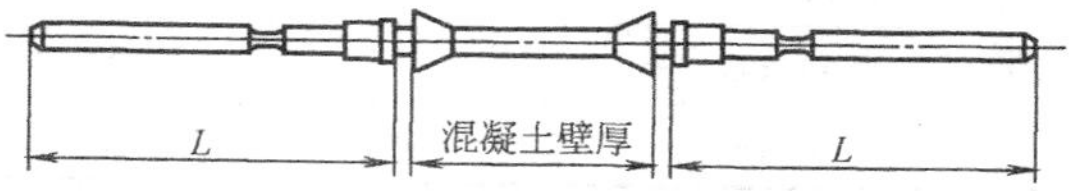

3．支承件

支承件包括柱箍、钢支柱等。

（1）柱箍：用于支承和夹紧模板，其形式应根据柱模尺寸、侧压力大小等因素来选择。如图11-11所示。

（2）钢支柱：用于承受水平模板传递的竖向模板，支柱有单管支柱、四管支柱等多种形式。如图11-12所示。

图 11-10　对拉螺栓

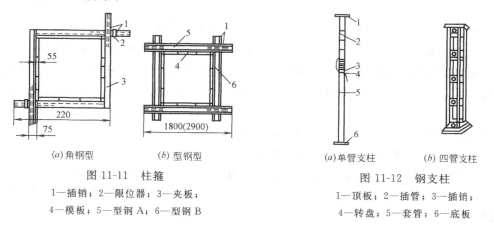

(a) 角钢型　　　　　(b) 型钢型

图 11-11　柱箍
1—插销；2—限位器；3—夹板；
4—模板；5—型钢A；6—型钢B

(a) 单管支柱　　　(b) 四管支柱

图 11-12　钢支柱
1—顶板；2—插管；3—插销；
4—转盘；5—套管；6—底板

钢模板采用模数制设计，通用模板的宽度模数以50mm进级，长度模数以150mm进级（长度超过900mm时，以300mm进级）。钢模板的规格见表11-1。

连接件应符合配套使用、装拆方便、操作安全的要求，连接件的规格见表11-2。

（二）大模板

大模板即大面积模板、大块模板。在钢筋混凝土矩形水池施工中，使用的大模板区别于其他模板的主要标志是：内外模高度相当于池壁的净高，宽度根据水池平面、模板类型和起重能力而定，内模宽度相当池壁的厚度。

钢模板规格 (mm) 表 11-1

名 称		宽 度	长 度	肋高
平面模板		600、550、500、450、400、350、300、250、200、150、100	1800、1500、1200、900、750、600、450	
阴角模板		150×150、100×150		
阳角模板		100×100、50×50		
连接角模		50×50		
倒棱模板	角棱模板	17、45	1500、1200、900、750、600、450	55
	圆棱模板	R20R35		
梁腋模板		50×150、50×100		
柔性模板		100		
搭接模板		75		
双曲可调模板		300、200	1500、900、600	
变角可调模板		200、160		
嵌补模板	平面嵌板	200、150、100	300、200、150	
	阴角模板	150×150、100×150		
	阳角嵌板	100×100、50×50		
	连接角模	50×50		

连接件的规格 (mm) 表 11-2

名 称	规 格	名 称		规 格
U 形卡	$\phi 12$	对拉螺栓		M12、M14、M16、T12、T14、T16、T18、T20
L 形插销	$\phi 12$、$l=345$			
钩头螺栓	$\phi 12$、$l=205$、180	扣件	3 形扣件	26 型、12 型
紧固螺栓	$\phi 12$、$l=180$		碟形扣件	26 型、18 型

对大模板的基本要求是：有足够的强度和刚度，周转次数多，维护费少；板面光滑平整，板面自重较轻，每块模板的重量不得超过起重机能力；支模、拆模、运输、堆放能做到安全方便；尺寸构造尽可能做到标准化、通用化；一次投资较省，摊销费用较少。

1. 大模板组成

大模板一般由板面、骨架、支撑系统和附件组成。

(1) 板面：其作用是使混凝土池壁成型，保证其强度，并具有设计要求的外观。

(2) 骨架：其作用是固定板面，保证其强度，并具有设计要求的外观。

(3) 支撑系统：其作用是将荷载传递到池底、地面，并调整板面到设计位置；保证模板的稳定性。

(4) 附件包括操作平台、爬梯、穿池壁螺栓、上口卡板等。

2. 板面选用

(1) 整块钢板：用厚 4～5mm 钢板拼焊而成，板面平整，可周转 200 次以上，此种板面使用较广。但板面自重较大，达 $31～40 kg/m^2$，加上骨架等为 $80～100 kg/m^2$，耗钢量大；灵活性差。

(2) 木胶合板：用厚 12mm、15mm 或 18mm 的多层胶合板。平面规格为 2440×1220 和 2400×1200 (mm) 等，可周转 20 次左右，板面自重较小，仅为 $10～15 kg/m^2$。使用

时注意保护板边不受损坏。

（3）竹胶合板：竹胶合板由竹片编织热压而成。竹片的宽度为 18～25mm，厚度为 1.5～4.0mm。覆膜竹胶合板的主要平面规格为 2440×1220、2400×1200 及 2000×1000 (mm) 等，厚度 11～28mm。竹胶合板的强度刚度大于木胶合板。

二、模板设计

模板设计应根据工程结构形式、荷载大小、地基土类别、施工设备和材料供应等条件进行。

（一）模板设计应考虑的荷载

1. 模板及支架自重标准值

按模板设计图纸计算确定。对肋形楼板及无梁楼板和池顶板的荷载，可参考表 11-3 数值。

楼板模板及支架自重标准值 表 11-3

项次	模板构件名称	木模板（kN/m²）	定型组合钢模板（kN/m²）
1	平板的模板及小楞的自重	0.30	0.50
2	肋形楼板（包括肋梁）模板的自重	0.50	0.75
3	楼板模板及支架的自重（楼层高度为 4m 以下）	0.75	1.10

2. 新浇混凝土自重标准值

普通混凝土自重采用 $24kN/m^3$，其他混凝土根据实际自重确定。

3. 钢筋自重标准值

根据施工图纸确定。一般梁板结构每立方米混凝土中钢筋的自重标准值可按下列数值取用：

楼板（池顶）　　　1.1kN

梁　　　　　　　1.5kN

4. 施工人员及施工设备的自重标准值

计算模板及直接支承模板的小楞时，分别按标准值为 $2.5kN/m^2$ 计算和集中荷载标准值 2.5kN 作用在最不利位置进行计算，比较两者所算得的弯矩值，按其中较大者采用；

计算直接支承小楞的结构构件时，其均布线荷载取 $1.5 kN/m^2$；

计算支架立柱及其他支承结构构件时，均布线荷载取 $1.0kN/m^2$；

对大型浇筑设备如上料平台、混凝土输送泵等按实际情况计算；混凝土堆集料高度超过 100mm 以上者按实际高度计算；当模板单块宽度小于 150mm 时，集中荷载可分布在相邻的两块板上。

5. 振捣混凝土时产生的荷载标准值

对水平面模板可采用 $2kN/m^2$；对垂直面模板可采用 $4kN/m^2$（仅作用在新浇筑混凝土侧压力的有效压头高度范围内），其最大组合荷载不应大于最大侧压力荷载，如图 11-13 所示。

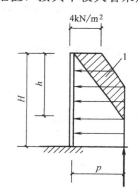

图 11-13　侧压力荷载作用示意图

H—模板高度；h—有效压头高度；p—最大侧压力值；1—振动荷载叠加部分

6. 对模板侧面的压力标准值

采用内部振捣器时，新浇筑的混凝土作用于模板的最大侧压力，可按下列两式计算，并取两式中的较小值。

$$F_K = 0.22\gamma_c t_0 \beta_1 \beta_2 v^{1/2} \qquad (11-1)$$

$$F_K = \gamma_c H \qquad (11-2)$$

式中　F_K——新浇筑混凝土对模板的最大侧压，kN/m^2；

　　　γ_c——混凝土的自重，kN/m^3；

　　　t_0——新浇筑混凝土的初凝时间，h，可按实测确定，当缺乏实验资料时，可采用 $t_0 = \dfrac{200}{T+15}$ 计算（T 为混凝土的温度，℃）；

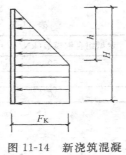

　　　H——混凝土侧压力计算位置处至新浇筑混凝土顶面的总高度，m；

　　　v——混凝土的浇筑速度，m/h；

　　　β_1——外加剂影响修正系数，不掺外加剂时取 1.0，掺具有缓凝作用的外加剂时取 1.2；

　　　β_2——混凝土坍落度影响修正系数，当坍落度小于 30mm 时，取 0.85；50～90mm 时，取 1.0；110～150mm 时，取 1.15。

图 11-14　新浇筑混凝土侧压力分布图形

混凝土侧压力的计算分布图形如图 11-14 所示。h 为有效压头高度，$h = F_K/\gamma_c$。

7. 倾倒混凝土时产生的荷载标准值

倾倒混凝土时，对垂直面模板产生的水平荷载按表 11-4 采用。

倾倒混凝土时产生的荷载标准值　　表 11-4

项次	向模板内供料方法	水平荷载(kN/m^2)	项次	向模板内供料方法	水平荷载(kN/m^2)
1	溜槽、串筒或导管	2	3	容量为 0.2 至 0.8m^3 的运输器具	4
2	容量小于 0.2m^3 的运输器具	2	4	容量大于 0.8m^3 的运输器具	6

注：作用范围在有效压头高度以内。

（二）荷载设计值

计算模板及其支架时，荷载设计值＝荷载标准值×荷载分项系数。荷载分项系数按表 11-5 采用。

荷载分项系数　　表 11-5

项次	荷载类别	分项系数 γ_i	项次	荷载类别	分项系数 γ_i
1	模板及支架自重		5	振捣混凝土时产生的荷载	1.4
2	新浇筑混凝土自重	1.2	6	新浇筑混凝土时模板侧面的压力	1.2
3	钢筋自重		7	倾倒混凝土时产生的荷载	1.4
4	施工人员和施工设备荷载	1.4			

（三）荷载组合

计算模板及其支架时按表 11-6 进行荷载组合。

计算模板及其支架的荷载组合 表 11-6

项次	模板工程名称	荷载组合项目	
		承载力计算	变形验算
1	平板和薄壳的模板及其支架	1+2+3+4	1+2+3
2	梁和拱模板的底板	1+2+3+5	1+2+3
3	梁、拱、柱（边长小于等于 300mm）、墙（厚小于等于 100mm）的侧面模板	5+6	6
4	大体积混凝土结构、柱（边长大于 300mm）、墙（厚大于 100mm）的侧面模板	6+7	6

（四）模板设计案例

【例 11-1】 钢筋混凝土梁，截面对 $b \times h = 250\text{mm} \times 700\text{mm}$，梁长 $l = 7\text{m}$，用 C20 普通混凝土浇筑，坍落度为 $10 \sim 30\text{mm}$，混凝土温度约 28℃，混凝土浇筑能力为 $3.6\text{m}^3/\text{h}$，求模板最大侧压力和侧压力分布图形。

【解】（1）计算浇筑速度。

根据梁高、梁的体积及混凝土浇筑能力

$$v = 0.7/(0.25 \times 0.7 \times 7 \div 3.6) = 2.058\text{m/h}$$

（2）计算初凝时间。

$$t_0 = \frac{200}{T+15} = \frac{200}{28+15} = 4.65\text{h}$$

（3）确定其他参数。

因坍落度为 $10 \sim 30\text{mm}$，取 $\beta_2 = 0.85$；无外加剂，$\beta_1 = 1.0$，混凝土自重取 $\gamma_c = 24\text{kN/m}^3$。

（4）计算最大侧压力。

按式（11-1）计算

$$F_k = 0.22\gamma_c t_0 \beta_1 \beta_2 v^{1/2} = 0.22 \times 24 \times 4.65 \times 1.0 \times 0.85 \times 2.058^{\frac{1}{2}} = 30\text{kN/m}^2$$

按式（11-2）计算

$$F_k = \gamma_c H = 24 \times 0.7 = 16.8\text{kN/m}^2$$

比较两式结果取较小值，最大侧压力 $F_k = 16.8\text{kN/m}^2$，侧压力分布图如图 11-15 所示。

按荷载组合计算承载能力应考虑振捣混凝土时产生的荷载，作用在有效压高度范围内，该项荷载为 4kN/m^2，叠加后的侧压力分布图如图 11-16 所示。

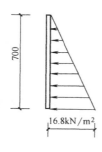

图 11-15　取较小值的侧压力分布图

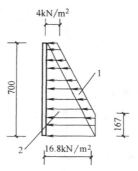

图 11-16　叠加后的侧压力分布图
1—荷载（5）；2—荷载（6）

【例 11-2】 钢筋混凝土矩形水池，池壁高 2.75m、宽 4.9m、厚 200mm，试设计供浇筑该池壁混凝土使用的钢制大模板。

【解】 1. 模板结构构造和计算简图

板面采用 5mm 厚 Q235 钢板，模肋用 8 号槽钢，竖向小肋用 60mm×6mm 扁钢和竖向大肋用 2 根 8 号槽钢，全部焊接成整体。模板结构构造及计算简图如图 11-17 所示。

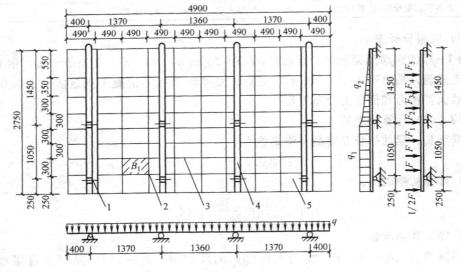

图 11-17　模板构造及计算简图

1—穿墙螺栓 ϕ30；2—扁钢—60×6；3—横肋 ［8；4—竖肋 2 ［8；5—5 厚钢板

2. 板面计算

选图中编号为 B_1 的板面进行计算。

考虑到锈蚀和周转使用磨损，其计算厚度取 $h=4.5mm$。

(1) 计算混凝土浇筑时的侧压力 $F_{6,k}$。

1) 设定参数：混凝土的浇筑速度 $v=3m/h$；

混凝土的温度 $T=20℃$；

外加剂影响修正系数 $\beta_1=1$；

坍落度影响修正系数 $\beta_2=1$；

混凝土的自重 $\gamma_c=24kN/m^3$。

2) 计算初凝时间：

$$t_0=\frac{200}{T+15}=\frac{200}{20+15}=5.71h$$

3) 计算 $F_{6,k}$：

$$F_{6,k}=0.22\gamma_c t_0 \beta_1 \beta_2 v^{1/2}=0.22×24×5.71×1×1×3^{1/2}=52.2kN/m^2$$

$$F_{6,k}=\gamma_c H=24×2.75=66kN/m^2$$

比较两式结果，取 $F_{6,k}=52.2kN/m^2$

承载力计算时，荷载分项系数，荷载设计值可乘以系数 0.85 予以折减，则混凝土浇筑时的侧压力设计值

$F_6 = 52.2 \times 1.2 \times 0.85 = 53.2 \text{kN/m}^2 = 0.0532 \text{N/mm}^2$

有效压高

$$h = \frac{F_6}{\gamma_c} = \frac{53.2}{24} = 2.2 \text{m}$$

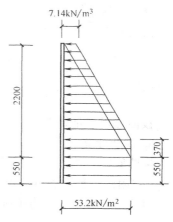

图 11-18 压力设计值分布图

（2）确定倾倒混凝土时产生的水平荷载 F_7。

按表 11-4，当斗容量为 1m^3 时，水平荷载标准值为 6kN/m^2，考虑荷载分项系数和折减系数，则水平荷载设计值

$F_7 = 6 \times 1.4 \times 0.85 = 7.14 \text{kN/m}^2 = 0.00714 \text{N/mm}^2$

F_6 与 F_7 侧压力叠加之后，其分布如图 11-18 所示。

（3）计算板面 B_1 的跨中弯矩和支座弯矩。

板面边长 $l_x = 490\text{mm}$，$l_y = 300\text{mm}$，则

$$\frac{l_y}{l_x} = \frac{300}{490} = 0.61$$

按四边固定双向板，查附录二（泊松比 $\mu = 0$）得：

$$\alpha_x = 0.0076; \quad \alpha_y = 0.0367;$$

$$\alpha_x^0 = -0.0571; \quad \alpha_y^0 = -0.0793$$

双向板短边 $l = 300\text{mm}$，钢板的泊松比 $\mu = 0.3$，单位宽度承受的弯矩

跨中弯矩：

$$M_x = \alpha_x^\mu F l^2 = (\alpha_x + \mu \alpha_y) F l^2$$
$$= (0.0076 + 0.3 \times 0.0367) \times 0.0532 \times 300^2 = 89.10 \text{N} \cdot \text{mm}$$
$$M_y = \alpha_y^\mu F l^2 = (\alpha_y + \mu \alpha_x) F l^2$$
$$= (0.0367 + 0.3 \times 0.0076) \times 0.0532 \times 300^2 = 186.60 \text{N} \cdot \text{mm}$$

支座弯矩：

$$M_x^0 = \alpha_x^0 F l^2 = -0.0571 \times 0.0532 \times 300^2 = -273.4 \text{N} \cdot \text{mm}$$
$$M_y^0 = \alpha_y^0 F l^2 = -0.0793 \times 0.0532 \times 300^2 = -379.7 \text{N} \cdot \text{mm}$$

（4）板面承载力计算。

板面单位宽度的抗弯截面系数

$$W = \frac{bh^2}{6} = \frac{1 \times 4.5^2}{6} = 3.38 \text{mm}^3$$

跨中截面承载力

按钢结构设计规范，Q235 钢板强度设计值 $f = 215 \text{N/mm}^2$

$$fW = 215 \times 3.38 = 726.7 \text{N} \cdot \text{mm} > M_y = 186.6 \text{N} \cdot \text{mm}$$

支座截面承载力

$$fW = 215 \times 3.38 = 726.7 \text{N} \cdot \text{mm} > M_y^0 = 379.7 \text{N} \cdot \text{mm}$$

板面满足承载力要求。

（5）板面变形验算。

板的截面刚度：

$$B = \frac{Eh^3}{12(1-\mu^2)} = \frac{2.1 \times 10^5 \times 4.5^3}{12(1-0.3^2)} = 1752400 \text{N} \cdot \text{mm}$$

查《建筑结构静力计算手册》，变形系数 $K_{af} = 0.00236$

板面变形

$$a_{f \cdot max} = K_{af} \frac{F_{6,k} l^4}{B} = 0.00236 \times 0.0522 \times 300^4 / 1752400$$

$$= 0.57 \text{mm} < \frac{l}{500} = \frac{490}{500} = 0.98 \text{mm}$$

板面变形满足要求。

3. 横肋计算

横肋间距 S 为 300mm，采用 8 号槽钢，支承在竖向大肋上。抗弯截面系数 W、惯性矩 I，查附录一型钢表 $W = 25300 \text{mm}^3$，惯性矩 $I = 1013000 \text{mm}^4$

（1）由板面传来的均布荷载设计值。

$$q = F_6 S = 0.0532 \times 300 = 15.96 \text{N/mm}$$

（2）横肋计算简图及横肋的弯矩图如图 11-19 所示。

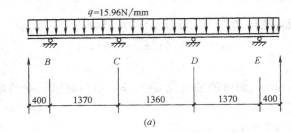

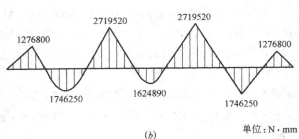

图 11-19 横肋计算

(a) 计算简图；(b) 弯矩图（单位：N·mm）

（3）承载力计算。

$$fW = 215 \times 25300 = 5439500 \text{N} \cdot \text{mm} > M_{max} = 2719520 \text{N} \cdot \text{mm}$$

横肋满足承载力要求。

（4）变形验算。

悬臂部分的挠度

荷载标准值　　　　　$q_k = F_{6,k} S = 0.0522 \times 300 = 15.66 \text{N/mm}$

悬臂臂长　　　　　　　　　　$l_1 = 400 \text{mm}$

$$a_{f \cdot max} = \frac{q_k L^4}{8EI} = \frac{15.66 \times 400^4}{8 \times 2.1 \times 10^5 \times 1013000} = 0.236 \text{mm} < \frac{l}{500} = \frac{400}{500} = 0.8 \text{mm}$$

BC 跨跨中挠度

BC 跨跨度 $l_2 = 1370\text{mm}$，跨度比 $\lambda = \dfrac{L_1}{L_2} = 400/1370 = 0.292$

$$a_{f \cdot max} = \frac{q_k l^4}{384EI}(5-24\lambda) = \frac{15.66 \times 1370^4}{384 \times 2.1 \times 10^5 \times 1013000}(5-24 \times 0.292^2)$$

$$= 1.955\text{mm} < \frac{l}{500} = \frac{1370}{500} = 2.74\text{mm}$$

横肋变形满足要求。

4. 竖向大肋计算

选用用 2 根 8 号槽钢，以上、中、下三道穿墙螺栓为其支承点，查附录一型钢表 $W = 2 \times 25300 = 50600\text{mm}^3$，$I = 2 \times 1013000 = 2026000\text{mm}^4$。

（1）竖向大肋的荷载。

为简化计算将横肋传来的集中力简化为均布线荷载。

$q_1 = F_6 S = 0.0532 \times 1370 = 72.88\text{N/mm}$

$q_2 = F_7 S = 0.00714 \times 1370 = 9.78\text{N/mm}$

竖向大肋均布线荷载如图 11-20（a）所示。

（2）大肋的计算简图及弯矩图如图 11-20（b）所示。

大肋最大弯矩 $M_{max} = 9196650\text{N} \cdot \text{mm}$

（3）承载力计算。

$fW = 215 \times 50600 = 10879000\text{N} \cdot \text{mm} > M_{max}$

$= 9196650\text{N} \cdot \text{mm}$

大肋满足承载力要求。

（4）变形验算。

悬臂部分的挠度

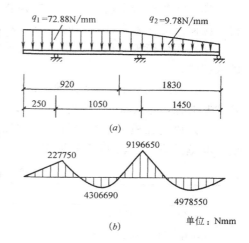

图 11-20 大肋计算
（a）计算简图；（b）弯矩图（单位：N·mm）

$$q_{1k} = F_{6k} S = 0.0522 \times 1370 = 71.5\text{N/mm}$$

$$a_{f \cdot max} = \frac{q_{1k} L^4}{8EI} = \frac{71.5 \times 250^4}{8 \times 2.1 \times 10^5 \times 2026000} = 0.082\text{mm} < \frac{l}{500} = \frac{250}{500} = 0.5\text{mm}$$

中间跨中挠度

跨度比 $\qquad\qquad\qquad \lambda = 250/1050 = 0.238$

跨中近似按均布荷载考虑 $\qquad q_{1k} = 71.5\text{N/mm}$

$$a_{f \cdot max} = \frac{q_{1k} L^4}{384EI}(5-24\lambda) = \frac{71.5 \times 1050^4}{384 \times 2.1 \times 10^5 \times 2026000}(5-24 \times 0.238^2)$$

$$= 1.94\text{mm} < \frac{l}{500} = \frac{1050}{500} = 2.1\text{mm}$$

大肋变形满足要求。

施工时要将板面横肋和竖向大肋的挠度组合满足表面平整的要求。

三、模板安装

（1）采用组合钢模板安装时，尽量选用大尺寸规格的钢模板，以减少安装工作量；配板时根据构件的特点采用横排或纵排，但不宜横、纵兼排；可错缝拼接或齐缝拼接，但错缝拼接整体刚度大；对构造比较复杂的构件接头部位或无适当钢模板可配置时，宜用木板镶拼，但应控制数量最少。

（2）现浇多层房屋和构筑物的模板及其支架安装时，上、下层支架的立柱应对准，以利于混凝土重力及施工荷载的传递，并在立柱下面铺设垫板，使其有足够的支承面积。

（3）模板的接缝不应漏浆；在浇筑混凝土前，木模板板面应浇水湿润，但板面上不应有积水。

（4）模板与混凝土的接触面应清理干净并涂刷隔离剂，隔离剂不得沾污钢筋和混凝土接槎处，而且不得采用影响结构性能或妨碍装饰工程施工的隔离剂。

（5）浇筑混凝土前，模板内的杂物应清理干净。对清水混凝土工程及装饰混凝土工程，应使用能达到设计效果的模板。

（6）用作模板的地坪、胎模等应平整光洁，不得产生影响构件质量的下沉、裂缝、起砂或起鼓。

（7）对跨度不小于 4m 的现浇钢筋混凝土梁、板，其模板应按设计要求起拱；当设计无具体要求时，起拱高度宜为跨度的 $1/1000 \sim 3/1000$。不准许起拱过小而造成梁、板底下凹。

（8）固定在模板上的预埋件、预留孔和预留洞均不得遗漏，且应安装牢固，位置准确，其偏差应符合表 11-7 的规定。

预埋件和预留孔洞允许偏差 表 11-7

项　目		允许偏差(mm)	项　目		允许偏差(mm)
预埋钢板中心线位置		3	预埋螺栓	中心线位置	2
预埋管、预留孔中心线位置		3		外露长度	+10,0
插筋	中心线位置	5	预留洞	中心线位置	10
	外露长度	+10,0		尺寸	+10,0

注：检查中心线位置时，应沿纵、横两个方向量测，并取其中的较大值。

（9）现浇结构模板安装的偏差应符合表 11-8 的规定。

现浇结构模板安装的允许偏差及检验方法 表 11-8

项　目		允许偏差(mm)	检验方法
轴线位置		5	钢尺检查
底模上表面标高		±5	水准仪或拉线、钢尺检查
截面内部尺寸	基础	+10	钢尺检查
	柱、墙、梁	+4，-5	钢尺检查
层高垂直度	不大于 5m	6	经纬仪或吊线、钢尺检查
	大于 5m	8	经纬仪或吊线、钢尺检查
相邻两板表面高低差		2	钢尺检查
表面平整度		5	2m 靠尺和塞尺检查

注：检查轴线位置时，应沿纵、横两个方向量测，并取其中的较大值。

四、模板拆除

（1）底模及其支架拆除时的混凝土强度应符合设计要求；当设计无具体要求时，混凝土强度应符合表 11-9 的规定。

（2）侧模拆除时的混凝土强度应能保证其表面及棱角不受损伤后，方可拆除。

（3）拆模顺序一般应是后支的先拆，先支的后拆，先拆非承重部分，后拆承重部分。重大复杂模板的拆除，事先要制定拆模方案。

底模拆除时的混凝土强度要求表   表 11-9

构件类型	构件跨度(m)	达到设计的混凝土立方体抗压度标准值的百分率(%)	构件类型	构件跨度(m)	达到设计的混凝土立方体抗压度标准值的百分率(%)
板	≤2	≥50	梁、拱、壳	≤8	≥75
	>2,≤8	≥75		>8	≥100
	>8	≥100	悬臂构件	—	≥100

（4）当模板及其支架拆除后，施工荷载所产生的效应比使用荷载的效应更为不利时，必须经过验算，加设临时支撑。

（5）拆模时不要用力过猛过急，组合钢模板要加强保护，拆除后逐块传递下来，不得抛掷，拆下后清理干净，分类堆放整齐以利再用。

第二节　钢　筋　工　程

一、钢筋配料

钢筋配料是根据施工图纸计算各种的钢筋下料长度、根数和重量等数据，编制钢筋配料单。

1. 直钢筋下料长度计算

（1）钢筋外包尺寸＝构件长度－两端保护层

　　下料长度＝钢筋外包尺寸＋两个弯钩长（光圆钢筋）

（2）钢筋外包尺寸＝构件长度－两端保护层＋弯起长度

　　下料长度＝外包尺寸＋两个弯钩长－两个弯折量度差值

2. 弯起钢筋下料长度计算

钢筋外包尺寸＝直段长度＋斜段长度

下料长度＝外包尺寸＋两个弯钩长－四个弯折量度差值

3. 箍筋下料长度计算

箍筋外包尺寸＝箍筋周长＝2×（宽度＋高度）

下料长度＝外包尺寸＋弯钩增加长度－三个弯折量度差值

4. 下料长度增长值

（1）180°弯钩增长值 $6.25d$。

（2）箍筋弯 90°弯钩和弯 135°弯钩时，下料增长值按表 11-10 采用。

箍筋两个弯钩下料增长值   表 11-10

受力钢筋直径(mm)	90°/90°弯钩				135°/135°弯钩			
	箍筋直径(mm)				箍筋直径(mm)			
	6	8	10	12	6	8	10	12
$d≤25$	80	100	120	140	160	200	240	280
$d>25$	100	120	140	150	180	210	260	300

5. 钢筋中部弯折处的量度差值按表 11-11 采用

钢筋弯曲折量度差值

表 11-11

弯起角度	30°	45°	60°	90°	135°
量度差值	0.3d	0.5d	1.0d	2.0d	3.0d

6. 应用举例

【例 11-3】 某构筑物共有 10 根编号为 L_1 的梁，如图 11-21 所示，试计算各钢筋下料长度并绘制钢筋配料单。

【解】 钢筋保护层取 25mm

①号钢筋外包尺寸：$6240+2\times200-2\times25=6590$mm

下料长度：$6590-2\times2d+2\times6.25d=6590-2\times2\times25+2\times6.25\times25=6802$mm

②号钢筋外包尺寸：$6240-2\times25=6190$mm

下料长度：$6190+2\times6.25d=6190+2\times6.25\times12=6340$mm

③号弯起钢筋，外包尺寸分段计算：

端面平直段长度　$240+50+500-25=765$mm

斜段长　$(500-2\times25)\times1.414=636$mm

中间直段长　$6240-2\times(240+50+500+450)=3760$mm

外包尺寸为　$(765+636)\times2+3760=6562$mm

下料长度　$6562-4\times0.5\times d+2\times6.25d=6562-4\times0.5\times25+2\times6.25\times25=6824$mm

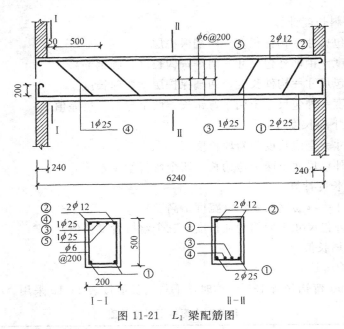

图 11-21 L_1 梁配筋图

④号弯起钢筋外包尺寸分段计算：

端部平直段长度　$240+50-25=265$mm

斜段长同③号钢筋为　636mm

中间直段长　$6240-2(240+50+450)=4760$mm

外包尺寸　（265＋636）×2＋4760＝6562mm

下料长度　6562－4×0.5d＋2×6.25d＝6562－4×0.5×25＋2×6.25×25＝6824mm

⑤号箍筋：

外包尺寸　宽度　200－2×25＋2×6＝162mm

　　　　　高度　500－2×25＋2×6＝462mm

外包尺寸为　（162＋462）×2＝1248mm

⑤号筋端部为两个90°/90°弯钩，主筋直径为25mm，箍筋直径φ6，查表11-10两个弯钩增长值为80mm。

⑤号筋下料长度　1248－3×2d＋80＝1248－3×2×6＋80＝1292mm

钢筋配料单如图11-22所示。

项次	构件名称	简　　图	直径(mm)	钢号	下料长度(mm)	单位根数	合计根数	重量(kg)
1		 200　6190　200	25	φ	6802	2	20	523.75
2	L_1梁	 6190	12	φ	6340	2	20	112.60
3		 765　765　636　3760　636	25	φ	6824	1	10	262.72
4	共10根	 265　265　4760　636	25	φ	6824	1	10	262.72
5		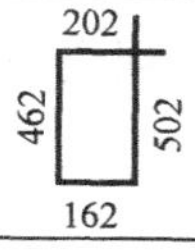 202　462　502　162	6	φ	1292	32	320	91.78
6	合计	φ6　4691.78kg；φ12　112.60kg；φ25　1049.19kg						

图11-22　例题的钢筋配料单

二、钢筋代换

在施工中钢筋的品种、级别、规格和数量应符合设计要求。当施工中缺乏设计所要求的钢筋品种、级别或规格时，可进行钢筋代换。为了保证对设计意图的理解不产生偏差，应征得设计单位的同意，办理设计变更文件。钢筋代换原则是等强度代换或等面积代换。

1. 等强度代换

适用于构件配筋受强度控制，钢筋代换前后的品种不同。按代换前后强度相等的原则进行代换。即要求代换后的钢筋截面面积

$$A_{s2} \geqslant \frac{f_{y,1}}{f_{y,2}} A_{s1} \quad 或 \quad n_2 \geqslant n_1 \frac{d_1^2 f_{y,1}}{d_2^2 f_{y,2}}$$

223

式中 A_{s1}——原设计钢筋总面积；

A_{s2}——代换后钢筋总面积；

$f_{y,1}$——原设计钢筋的设计强度；

$f_{y,2}$——代换后钢筋的设计强度；

n_1——原设计钢筋根数；

n_2——代换后钢筋根数；

d_1——原设计钢筋直径；

d_2——代换后钢筋直径。

2. 等面积代换

适用于构件配筋受强度控制，钢筋代换前后的品种、级别相同而规格不同。按代换前后面积相等的原则进行代换。即要求代换后的钢筋截面之积

$$A_{s2} \geqslant A_{s1} \quad 或 \quad n_2 \geqslant n_1 \frac{d_1^2}{d_2^2}$$

钢筋代换后，钢筋间距、锚固长度、最小钢筋直径、根数等应符合混凝土结构设计规范的要求；对重要受力构件，不宜用 HPB235 级代换 HRB335 级钢筋；梁的纵向受力钢筋与弯起钢筋应分别进行代换；偏心受力构件，应按受力（受拉或受压）分别代换；对有抗震要求的框架，不宜用强度等级高的钢筋代替设计中的钢筋；预制构件的吊环，必须采用未经冷拉的 HRB235 级钢筋制作，严禁以其他钢筋代换；当构件配筋受抗裂裂缝宽度或挠度控制时，钢筋代换后应进行抗裂、裂缝宽度或挠度验算。

三、钢筋连接

钢筋混凝土结构施工中的钢筋连接方法有焊接、机械连接或绑扎连接。

（1）钢筋常用的焊接方法有：电阻点焊、电弧焊、窄间隙电弧焊、电渣压力焊和气压焊。

1）钢筋电阻点焊：

将两钢筋安放成交叉叠接形式，压紧于两电极之间，利用电阻热熔化母材金属，加压形成焊点的一种压焊方法。

2）钢筋闪光对焊：

将两钢筋安放成对接形式，利用电阻热使接触点金属熔化，产生强烈飞溅，形成闪光，迅速施加预锻力完成的一种压焊方法。

3）钢筋电弧焊：

以焊条作为一极，钢筋为另一极，利用焊接电流通过产生的电弧热进行焊接的一种熔焊方法。

4）钢筋窄间隙电弧焊：

将两钢筋安放成水平对接形式，并置于钢模内，中间留有少量间隙，用焊条从接头根部引弧，连续向上焊接完成的一种电弧焊方法。

5）钢筋电渣压力焊：

将两钢筋安放成竖向对接形式，利用焊接电流通过两钢筋端面间隙，在焊剂层下形成电弧过程和电渣过程，产生电弧热和电阻热，熔化钢筋，加压完成的一种压焊方法。

6）钢筋气压焊：

采用氧乙炔火焰或其他火焰对两钢筋对接处加热，使其达到塑性状态（固态）或熔化状态（熔态）后，加压完成的一种压焊方法。

7）预埋件钢筋埋弧压力焊：

将钢筋与钢板安放成 T 形接头形式，利用焊接电流通过，在焊剂层下产生电弧，形成熔池，加压完成的一种压焊方法。

焊接连接与绑扎连接比较，提高工效，改善结构受力性能，节约钢材，降低成本。

（2）机械连接方法有套筒挤压连接、锥螺纹钢筋连接、直螺纹钢筋连接等。

1）钢筋套筒挤压连接：

用钢套筒将两根待连接的钢筋套在一起，采用挤压机将套筒挤压变形，使它紧密地咬住变形钢筋，以此实现两根钢筋的连接。其优点是接头强度高，质量稳定可靠，安全、无明火，不受气候影响，适应性强；缺点是设备移动不便，连接速度较慢。

2）锥螺纹钢筋连接：

锥螺纹钢筋连接是将两根钢筋和钢套筒加工成锥形螺纹用扭力扳手将其连接的一种方法。该连接方法现场操作工序简单速度快，应用范围广，不受气候影响，但现场加工的锥螺纹质量漏扣或扭紧力矩不准，丝扣松动等对接头强度和变形有很大影响。

3）直螺纹钢筋连接：

直螺纹连接是采用直形螺纹靠机械力连接钢筋的一种方法。该连接方法不存在扭紧力矩对接头的影响，提高了连接的可靠性，也加快了施工速度。

四、钢筋绑扎与安装

钢筋的绑扎是用钢丝、钢筋钩手工操作而进行钢筋连接和固定的一种方法。钢筋绑扎一般采用 20～22 号钢丝，当钢筋直径小于等于 12mm 时宜用 22 号钢丝，当大于 12mm 时宜用 20 号钢丝。绑扎钢丝扣要短而牢，一般钢筋钩旋转 1.5～2.5 转为宜。

梁和柱的箍筋应与受力钢筋垂直，钢筋的交叉点采用钢丝扎牢；板和墙的钢筋网，靠近外围两行钢筋的相交点全部扎牢外，中间部分交叉点可间隔交错扎牢，但必须保证受力钢筋不产生位置偏移；双向受力的钢筋（池壁），必须全部扎牢。

钢筋安装时，受力钢筋的品种、级别、规格和数量必须符合设计要求。应根据施工图纸核对、检查。梁钢筋一般应在梁模板安装后，再安装或绑扎；当梁高大于 600mm，或跨度较大，钢筋较密时，可留一面侧模，待钢筋安装绑扎后再安装；柱钢筋绑扎应在模板安装前进行；楼板钢筋绑扎应在楼板模板安装后进行；池壁钢筋绑扎应在钢筋绑扎后再安装模板。

钢筋分项工程属于隐蔽工程，在浇筑混凝土前应进行检查验收，其内容有钢筋接头位置、搭配长度、保护层是否符合要求；钢筋表面有无油污、铁锈、污物；预埋件数量、位置是否正确并作好隐蔽工程记录。

第三节 混凝土工程

混凝土工程按施工工艺分为配料、搅拌、运输、浇捣、养护等过程。这些过程直接影响钢筋混凝土结构的承载力、耐久性与整体性。因此施工中必须保证每项工艺的施工质量。

一、混凝土配合比设计

混凝土配合比是指水泥、砂、石与水四种用量之间的比例关系。应根据原材料性能及对混凝土的技术要求进行计算，并经试配、试验、调整后确定。

（一）混凝土配合比的计算

进行混凝土配合比计算时，其计算公式和有关参数表格中的数值均系以干燥状态骨料为基准。干燥状态骨料系指含水率小于 0.5% 的细骨料或含水率小于 0.2% 的粗骨料。混凝土配合比应按下列步骤进行计算：

1. 计算配制强度

$$f_{cu,0} = f_{cu,k} + 1.645\sigma$$

式中 $f_{cu,0}$——混凝土配制强度，MPa，该值控制过高，设计出来的配合比不经济，过低影响强度等级通过率；

$f_{cu,k}$——混凝土立方体抗压强度标准值，MPa，该值取值范围 C15～C80；

1.645——保证率系数（保证率为 95%）；

σ——混凝土强度标准差，MPa，根据同类混凝土统计资料计算确定。

2. 根据混凝土的强度要求计算水灰比

当混凝土强度等级小于 C60 级时，混凝土水灰比宜按下式计算：

$$W/C = \frac{\alpha_a f_{ce}}{f_{cu,0} + \alpha_a \alpha_b f_{ce}}$$

式中 W/C——水灰比。混凝土的最大水灰比和最小水泥用量，应符合表 11-12 规定；

f_{ce}——水泥 28d 抗压强度实测值，MPa；

当无水泥实测值时 f_{ce} 值可按下式确定：

$$f_{ce} = \gamma_c f_{ce,g}$$

式中 γ_c——水泥强度等级值的富余系数按统计资料确定；

$f_{ce,g}$——水泥强度等级值，MPa；

α_a、α_b——回归系数，由试验确定，当无试验数据时按表 11-13 选用。

混凝土的最大水灰比和最小水泥用量　　　　　　　　表 11-12

环境条件		结构物类别	最大水灰比			最小水泥用量(kg)		
			素混凝土	钢筋混凝土	预应力混凝土	素混凝土	钢筋混凝土	预应力混凝土
1. 干燥环境		正常的居住或办公用房屋内部件	不作规定	0.65	0.60	200	260	300
2. 潮湿环境	无冻害	(1)高湿度的室内部件 (2)室外部件 (3)在非侵蚀性土和(或)水中的部件	0.70	0.60	0.60	225	280	300
	有冻害	(1)经受冻害的室外部件 (2)在非侵蚀性土和(或)水中且经受冻害的部件 (3)高湿度且经受冻害的室内部件	0.55	0.55	0.55	250	280	300
3. 有冻害和除冰剂的潮湿环境		经受冻害和除冰剂作用的室内和室外部件	0.50	0.50	0.5	300	300	300

注：1. 当用活性掺合料取代部分水泥时，表中的最大水灰比及最小水泥用量即为替代前的水灰比和水泥用量。

2. 配制 C15 级及其以下等级的混凝土，可不受本表限制。

石子品种 系数	碎石	卵石	石子品种 系数	碎石	卵石
α_a	0.46	0.48	α_b	0.07	0.33

3. 选取每立方米混凝土的用水量

用水量根据粗骨料的品种、粒径、施工要求的混凝土拌合稠度按表 11-14 选用。

塑性混凝土的用水量（kg/m³）　　表 11-14

拌合物稠度		卵石最大粒径（mm）				碎石最大粒径（mm）			
项目	指标	10	20	31.5	40	16	20	31.5	40
坍落度（mm）	10～30	190	170	160	150	200	185	175	165
	35～50	200	180	170	160	210	195	185	175
	55～70	210	190	180	170	220	205	195	185
	75～90	215	195	185	175	230	215	205	195

注：本表用水量采用中砂时的平均取值。采用细砂时，每立方米混凝土用水量可增加 5～10kg；采用粒砂时，则可减小 5～10kg。

当掺外加剂时用水量按下式计算：

$$m_{wa} = m_{w0}(1-\beta)$$

式中　m_{wa}——掺外加剂每立方米混凝土的用水量，kg；

　　　m_{w0}——未掺外加剂每立方米混凝土的用水量，kg；

　　　β——外加剂的减水率，%，由试验确定。

4. 计算每立方米混凝土的水泥用量（m_{c0}）

按下式计算：

$$m_{c0} = \frac{m_{w0}}{W/C}$$

5. 选取砂率（β_s）

当坍落度为 10～60mm 的混凝土砂率，可根据粗骨料品种、粒径及水灰比按表 11-15 选取。

混凝土的砂率（%）　　表 11-15

水灰比（W/C）	卵石最大粒径（mm）			碎石最大粒径（mm）		
	10	20	40	16	20	40
0.40	26～32	25～31	24～30	30～35	29～34	27～32
0.50	30～35	29～34	28～33	33～38	32～37	30～35
0.60	33～38	32～37	31～36	36～41	35～40	33～38
0.70	36～41	35～40	34～39	39～44	38～43	36～41

注：1. 本表数值系中砂的选用砂率，对细砂或粗砂，可相应地减少或增大砂率；

　　2. 只用单一粒径粗骨料配料制混凝土时，砂率应适当增大；

　　3. 对薄壁构件，砂率取偏大值；

　　4. 本表中的砂率系指砂与骨料总量的重量比。

6. 计算砂、石用量

当采用重量法时，应按下式计算：

$$m_{c0}+m_{g0}+m_{s0}+m_{w0}=m_{cp}$$

$$\beta_s=\frac{m_{s0}}{m_{g0}+m_{s0}}\times100\%$$

式中　m_{s0}——每立方米混凝土的细骨料用量，kg；

　　　m_{g0}——每立方米混凝土的粗骨料用量，kg；

　　　m_{c0}——每立方米混凝土的水泥用量，kg；

　　　m_{w0}——每立方米混凝土的用水量，kg；

　　　m_{cp}——每立方米混凝土拌合物的假定重量，kg，其值可取 2350～2450kg；

　　　β_s——砂率，%。

当采用体积法时，应按下式计算：

$$\frac{m_{c0}}{\rho_c}+\frac{m_{g0}}{\rho_g}+\frac{m_{s0}}{\rho_s}+\frac{m_{w0}}{\rho_w}+0.01\alpha=1$$

$$\beta_s=\frac{m_{s0}}{m_{g0}+m_{s0}}\times100\%$$

式中　ρ_c——水泥密度，kg/m³，可取 290～3100kg/m³；

　　　ρ_g——粗骨料的表观密度，kg/m³；

　　　ρ_s——细骨料的表观密度，kg/m³；

　　　ρ_w——水的密度，kg/m³，可取 1000kg/m³；

　　　α——混凝土的含气量百分数，在不使用引气型外加剂时，α 可取 1.0。

（二）试配

试配是采用工程实际使用的原材料，混凝土现场搅拌的方法，按上述计算出的配合比进行试拌，以检查拌合物的性能。混凝土配合比试配时，每盘混凝土的最小搅拌量应符合表 11-16 的规定；当采用机械搅拌时，其搅拌量不应小于搅拌机额定搅拌量的 1/4。

混凝土试配的最小搅拌量　　　　　　　　　　表 11-16

骨料最大粒径(mm)	拌合物数量(L)	骨料最大粒径(mm)	拌合物数量(L)
31.5 及以下	15	40	25

当试拌得出的拌合物坍落度不能满足要求，或黏聚性和保水性不好时，应在保证水灰比不变的条件下相应调整用水量或砂率，直到符合要求为止。然后提出供混凝土试验用的基准配合比。基准配合比各种材料用量：

水泥用量：

$$m_{ca}=\frac{m'_{c0}}{m'_{c0}+m'_{g0}+m'_{s0}+m'_{w0}}\times\rho_{0c,t}$$

水的用量：

$$m_{wa}=\frac{m'_{w0}}{m'_{c0}+m'_{g0}+m'_{s0}+m'_{w0}}\times\rho_{0c,t}$$

砂的用量：

$$m_{sa}=\frac{m'_{s0}}{m'_{c0}+m'_{g0}+m'_{s0}+m'_{w0}}\times\rho_{0c,t}$$

石子用量：

$$m_{ga}=\frac{m'_{g0}}{m'_{c0}+m'_{g0}+m'_{s0}+m'_{w0}}\times\rho_{0c,t}$$

式中　m'_{c0}、m'_{w0}、m'_{s0}、m'_{g0}——调整后，试拌混凝土中水泥、水、砂、石子的用量，kg；

　　　　m_{ca}、m_{wa}、m_{sa}、m_{ga}——基准配合比每立方米混凝土中水泥、水、砂、石子的用量，kg；

　　　　　　　　　　$\rho_{0c,t}$——调整后混凝土拌合物的实测表观密度，kg/m^3。

　　试配后的基准配合比除应满足坍落度、和易性要求外，还必须进行混凝土强度试验。混凝土强度试验时至少采用三个不同的配合比，其中一个为基准配合比，另外两个配合比的水灰比，宜较基准配合比分别增加和减少 0.05；用水量应与基准配合比相同，砂率可分别增加和减少 1%。每种配合比至少应制作一组（三块）试件，标准养护到 28d 时试压。目前多数单位以快速试验或较早龄期（3d 或 7d）试压强度，按动态规律调整确定混凝土配合比。

　　（三）配合比的调整与确定

　　根据试验得出的混凝土强度与其相对应的灰水比（C/W）关系，用作图法或计算法求出混凝土强度（$f_{cu,0}$）相对应的灰水比，并应按下列原则确定每立方米混凝土的材料用量：

　　（1）用水量（m_w）应在基准配合比用水量的基础上，根据制作强度试件时测得的坍落度进行调整确定；

　　（2）水泥用量（m_c）应以用水量乘以选定出来的灰水比计算确定；

　　（3）砂、石用量（m_s 和 m_g）应在基准配合比的砂石用量的基础上，按选定的灰水比进行调整确定。

　　配合比调整确定后，尚应按下列步骤进行校正：

　　（1）按配合比调整确定后的材料用量计算混凝土的表观密度计算值 $\rho_{c,c}$：

$$\rho_{c,c} = m_c + m_g + m_s + m_w$$

　　（2）按下式计算混凝土配合比校正系数 δ：

$$\delta = \frac{\rho_{c,t}}{\rho_{c,c}}$$

式中　$\rho_{c,t}$——混凝土表观密度实测值，kg/m^3；

　　　　$\rho_{c,c}$——混凝土表观密度计算值，kg/m^3。

　　当混凝土表观密度实测值与计算值之差的绝对值不超过计算值的 2% 时，由试验确定的配合比即为确定的设计配合比；当二者之差超过计算值的 2% 时，应将配合比中每项材料用量均乘以校正系数 δ，即为确定的设计配合比。

　　（四）施工配合比换算

　　施工现场使用的砂、石含水率大小随季节、气候不断变化。为保证混凝土工程质量，施工时，应根据当天实测的砂、石含水率对设计配合比进行换算，得到施工配合比。

　　若现场测得砂含水率为 $a\%$，石子水率为 $b\%$，施工配合 1m^3 混凝土各种材料用量为：

$$m'_c = m_c$$
$$m'_s = m_s(1 + a\%)$$
$$m'_g = m_g(1 + b\%)$$

$$m'_w = m_w - m_s a\% - m_g b\%$$

二、混凝土配合比设计案例

【例 11-4】 某钢筋混凝土水池，混凝土强度为 C20，施工要求坍落度为 30～50mm，该单位无混凝土质量的历史统计资料，混凝土强度标准差 $\sigma = 3.0$MPa，混凝土施工采用机械拌合、机械振捣。施工单位生产质量水平优良。采用原材料为：

水泥：强度等级为 42.5 的普通硅酸盐水泥（实测强度为 46MPa）；
$$\rho_c = 3100 \text{kg/m}^3;$$

砂：中砂，表观密度（体积密度）$\rho_s = 2650 \text{kg/m}^3$，施工现场砂含水率为 2%；

石子：碎石，表观密度 $\rho_g = 2700 \text{kg/m}^3$，粒径 $D = 20～40$mm，施工现场石子的含水率为 1%；

水：饮用水，不掺外加剂。

试进行混凝土配合比设计。

【解】 (1) 计算配制强度。
$$f_{cu,0} = f_{cu,k} + 1.645\sigma = 20 + 1.645 \times 3 = 24.9 \text{MPa}$$

(2) 计算水灰比。

因碎石 $\qquad \alpha_a = 0.46 \qquad \alpha_b = 0.07$

$$W/C = \frac{\alpha_a f_{ce}}{f_{cu,0} + \alpha_a \alpha_b f_{ce}} = \frac{0.46 \times 46}{24.9 + 0.46 \times 0.07 \times 46} = 0.8$$

计算水灰比大于表 11-12 中最大水灰比，按混凝土配合比设计规程应取最大水灰比 $W/C = 0.6$。

(3) 确定单位用水量。

由坍落度为 30～50mm，碎石最大粒径为 40mm，查表 11-14

得 $\quad m_{w0} = 175 \text{kg}$

(4) 计算水泥用量。

$$m_{c0} = \frac{m_{w0}}{W/C} = \frac{175}{0.6} = 292 \text{kg}$$

计算水泥用量大于表 11-12 中最小水泥用量 280kg，满足耐久性要求。

(5) 确定砂率。

查表 11-15，当 $W/C = 0.6$，$D_{max} = 40$mm 时，$\beta_s = 33\% \sim 38\%$。

取 $\beta_s = 35\%$。

(6) 计算砂、石用量。

采用体积法

$$\frac{m_{c0}}{\rho_c} + \frac{m_{g0}}{\rho_g} + \frac{m_{s0}}{\rho_s} + \frac{m_{w0}}{\rho_w} + 0.01\alpha = 1$$

$$\beta_s = \frac{m_{s0}}{m_{g0} + m_{s0}} \times 100\%$$

$$\frac{292}{3100} + \frac{m_{g0}}{2700} + \frac{m_{s0}}{2650} + \frac{175}{1000} + 0.01 \times 1 = 1$$

$$\frac{m_{s0}}{m_{g0} + m_{s0}} = 0.35$$

联立上两式，解方程得：$m_{s0}=678\text{kg}$；$m_{g0}=1255\text{kg}$。

按配制强度计算的混凝土各种材料用量，见表 11-17。

1m³ 混凝土计算配合比材料用量 表 11-17

材料名称	水泥	水	砂	石子
用量(kg)	292	175	678	1255

（7）试拌用量。

石子 $D_{\text{max}}=40\text{mm}$、混凝土拌合物数量取 25L，各种材料用量，见表 11-18。

拌 25L 混凝土各种材料用量 表 11-18

材料名称	水泥	水	砂	石子
用量(kg)	7.30	4.37	16.95	31.37

经试拌得坍落度值大于 30～50mm，不满足要求。故保持 $W/C=0.6$ 不变，减少水泥浆数量 4% 后，测得坍落度为 42mm，满足要求，黏聚性和保水性良好。

实测混凝土拌合物的表观密度为 $\rho_{0c,t}=2415\text{kg/m}^3$

（8）调整后各种材料用量。

$$m_{ca}=7.30-7.3\times0.04=7.0\text{kg}$$

$$m_{wa}=4.37-4.37\times0.04=4.2\text{kg}$$

$$m_{sa}=16.95\text{kg}$$

$$m_{ga}=31.37\text{kg}$$

（9）基准配合比。

$$m_{ca}:m_{sa}:m_{ga}=7:16.95:31.37=1:2.42:4.48$$

$$\frac{W}{C}=0.6$$

（10）检测强度。

按混凝土配合比设计规程要求，对制作的 0.55、0.6、0.65 三种水灰比混凝土试件检测，测得强度值见表 11-19。

不同水灰比的混凝土立方体抗压强度 表 11-19

水灰比 W/C	灰水比 C/W	立方体抗压强度 $f_{\text{cu,0}}$(MPa)	水灰比 W/C	灰水比 C/W	立方体抗压强度 $f_{\text{cu,0}}$(MPa)
0.55	1.82	31.0	0.65	1.54	19.0
0.6	1.67	24.0			

根据检测结果，绘制强度与灰水比关系曲线，如图 11-23 所示。由图确定当 $f_{\text{cu,0}}=24.9\text{MPa}$ 时，对应的 $C/W=1.69$，水灰比 $W/C=0.59$。

（11）按强度检测结果调整后材料用量。

用水量：

$$m_w=\frac{\rho_{0c,t}}{m_{ca}+m_{sa}+m_{ga}+m_{wa}}m_{wa}=\frac{2415}{7+16.95+31.37+4.2}\times4.2=170\text{kg}$$

水泥用量：

$$m_c=\frac{m_w}{W/C}=\frac{170}{0.59}=288\text{kg}$$

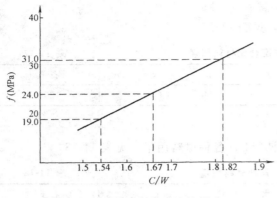

图 11-23 强度与灰水比的关系

用砂量：

$$m_s = \frac{\rho_{0c,t}}{m_{ca}+m_{sa}+m_{ga}+m_{wa}}m_{sa}$$

$$= \frac{2415}{7+16.95+31.37+4.2}\times16.95$$

$$= 688\text{kg}$$

石子用量：

$$m_g = \frac{\rho_{0c,t}}{m_{ca}+m_{sa}+m_{ga}+m_{wa}}m_{ga}$$

$$= \frac{2415}{7+16.95+31.37+4.2}\times31.37$$

$$= 1273\text{kg}$$

（12）设计配合比。

按以上材料用量试拌的混凝土，测得混凝土表观密度实测值为：$\rho_{c,t}=2421\text{kg/m}^3$。混凝土表观密度计算值为：

$$\rho_{c,c}=m_w+m_c+m_s+m_g=170+288+688+1273=2419\text{kg/m}^3$$

校正系数：

$$\delta=\frac{\rho_{c,t}}{\rho_{c,c}}=\frac{2421}{2419}=1.001$$

测得混凝土表观密度实测值与计算值之差的绝对值为计算值 0.1%，小于 2% 不必乘以校正系数。混凝土设计配合比材料用量，见表 11-20。

1m³ 混凝土设计配合比材料用量　　　　　表 11-20

材料名称	水泥	水	砂	石子
用量(kg)	288	170	688	1273

（13）施工配合比。

在施工中，应根据当天实测砂石含水率将设计配合比换算成施工配合比。

$$m'_c=m_c=288\text{kg}$$

$$m'_s=m_s(1+a\%)=688\times(1+2\%)=702\text{kg}$$

$$m'_g=m_g(1+b\%)=1273\times(1+1\%)=1285\text{kg}$$

$$m'_w=m_w-m_s a\%-m_g b\%=170-688\times2\%-1285\times1\%=143\text{kg}$$

施工配合比材料用量，见表 11-21。

1m³ 混凝土施工配合比材料用量　　　　　表 11-21

材料名称	水泥	水	砂	石子
用量(kg)	288	143	702	1285

三、混凝土拌制

依据混凝土施工配合比，将各种材料用量投入搅拌机的筒中，拌制成混凝土。搅拌机分为自落式搅拌机和强制式搅拌机两类。自落式适用于施工现场，但搅拌时间长、生产效率低；强制式适用面广、生产效率高，是目前常用的搅拌机。混凝土拌制技术主要有投料顺序和搅拌时间。

1. 投料顺序

（1）当采用一次投料法时，投料顺序是先投石子，再投水泥，最后投砂，在搅拌过程中逐步加水。水泥夹在石子和砂中间，减少水泥飞扬，避免水泥及砂子粘在料筒上。

（2）当采用二次投料法时，投料顺序是先投砂，后加水泥，按加水量先少加水搅拌成水泥砂浆，最后加入石子再搅拌 2min。

2. 搅拌时间

从砂、石、水泥和水等全部材料投入搅拌筒到出料为止所经历的时间称为搅拌时间。混凝土搅拌时间是影响混凝土的质量和生产效率的主要因素。搅拌时间短，混凝土搅不均匀，影响混凝土强度，搅拌时间过长，混凝土的匀质性并不能显著增加，反而使混凝土和易性降低，影响生产效率。混凝土搅拌的最少时间与搅拌机机型和出料量、骨料的品种，对混凝土流动性的要求等因素有关，可按表 11-22 选用。

混凝土搅拌最少时间（s） 表 11-22

混凝土坍落度（mm）	搅拌机机型	搅拌机出料量（L）		
		＜250	250～500	＞500
≤30	强制式	60	90	120
	自落式	90	120	150
＞30	强制式	60	60	90
	自落式	90	90	120

四、混凝土运输

1. 施工现场拌制运输

运输机具一般采用手推车或机动翻斗车。车斗选用钢材，使用前表面用水湿润，使用后对残余混凝土要清理干净。运输时间一般应不超过规定的最早初凝时间即 45min。

2. 商品混凝土运输

商品混凝土运输是采用混凝土搅拌运输车，将混凝土从生产工厂运到施工浇筑现场，再由混凝土泵通过管道输送至浇筑地点。施工时根据混凝土工厂至施工现场的路程，估算运输车的运输时间；为满足泵送的连续工作，防止间歇时间过大而造成输送管道阻塞，确定用车数量。目前商品混凝土都掺加缓凝型外加剂，间歇允许时间按表 11-23 采用。

间歇允许时间（min） 表 11-23

混凝土强度等级	气温		混凝土强度等级	气温	
	低于、等于 25℃	高于 25℃		低于、等于 25℃	高于 25℃
小于等于 C30	210	180	大于 C30	180	150

施工后应立即用压力水或其他方法冲洗出管内残留的混凝土。

五、混凝土浇捣

（1）混凝土向模板内倾倒时为避免发生离析现象，下落的自由高度，不应超过 2m，超过要用溜槽或串筒送落。溜槽一般用木板制作，表面包薄钢板，使用时其水平倾角不宜超过 30°。串筒用薄钢板制成，每节筒长 700mm 左右，用钩环连接，筒内设有缓冲挡板。

（2）浇筑混凝土时，应经常观察模板、支架、钢筋、预埋件和预留孔洞的情况，当发现模板、支架不牢固；钢筋预埋件和预留孔洞移位时，应立即停止浇筑，进行加固调整。

（3）竖向结构（池壁）浇筑混凝土前，底部应先填 50～100mm 厚与混凝土内砂浆成分相同的水泥砂浆。砂浆应用铁铲入模，不应用料斗直接倒入模内。当浇筑高度超过 3m 时，应采用串筒送料。

（4）混凝土振捣。用插入式振动器（振动棒）振捣，适用于基础梁、柱、墙等结构构件，振动混凝土厚度一般为 500mm；用平板振动器振动混凝土厚度为 200mm。

（5）为了使混凝土振捣密实，浇筑时应分层浇筑、振捣，并在下层混凝土初凝之前，将上层混凝土浇筑并振捣完毕。混凝土浇筑时必须振捣密实，不得漏振。

（6）施工缝。混凝土不能一次浇筑完成或间歇时间超过了混凝土的初凝时间，应留置施工缝。施工缝的位置应在混凝土浇筑之前确定，宜留在结构受剪力较小且便于施工的部位。柱应留水平缝，梁、板应留垂直缝。柱宜留置在基础的顶面、无梁池顶板柱帽的下面；双向受力板、大体积混凝土结构、水池等，施工缝的位置应按设计要求留置。

六、混凝土养护

施工现场现浇钢筋混凝土的养护是在自然温度下（平均气温不低于 5℃）用适当的材料（草帘）覆盖混凝土，并适当浇水，使混凝土凝结硬化，逐渐达到设计要求的强度。混凝土的现场养护应符合下列规定：

（1）应在浇筑完毕后的 12h 以内对混凝土加以覆盖并保湿养护；

（2）混凝土浇水养护的时间：对采用硅酸盐水泥、普通硅酸盐水泥或矿渣硅酸盐水泥拌制的混凝土，不得少于 7d；对掺用缓凝性外加剂或有抗渗要求的混凝土，不得少于 14d；

（3）浇水次数应能保持混凝土处于湿润状态；混凝土养护用水应与拌制用水相同；

（4）采用塑料布覆盖养护的混凝土，敞露的全部表面应覆盖严密，并应保持塑料布内有凝结水；

（5）混凝土强度达到 $1.2N/mm^2$ 前，不得在其上踩踏或安装模板及支架。

注：1）当日平均气温低于 5℃时，不得浇水；

2）当采用其他品种水泥时，混凝土的养护时间应根据所采用水泥的技术性能确定；

3）混凝土表面不便浇水或使用塑料布时，宜涂刷养护剂；

4）对大体积混凝土的养护，应根据气候条件按施工技术方案采取控温措施。

思 考 题

1. 模板设计时有哪些荷载？如何取值？

2. 简述模板设计的步骤。

3. 试述定型组合钢模板的特点，组成及组合钢模板配板原则。

4. 什么情况下才能拆除模板？模板拆除应注意哪些问题？

5. 如何计算钢筋下料长度？

6. 试述钢筋代换的原则和方法。

7. 钢筋工程施工完成后，隐蔽检查应检查哪些内容？

8. 混凝土配合比设计的要求是什么？怎样确定三个参数？

9. 混凝土配合比设计方法有哪几种？

10. 混凝土配合比设计中，如何通过试拌调整混凝土的和易性？

11. 混凝土浇捣、搅拌等施工过程中应注意哪些要点？

12. 为什么要对混凝土进行养护？

13. 如何才能使混凝土搅拌均匀？如何控制搅拌时间？

14. 混凝土浇捣时应注意哪些事项？

习　题

11-1　某大模板水池壁，高压 2.9m，宽 0.18m，C20 混凝土，掺减水剂，坍落度为 60～80mm，混凝土温度为 10℃，用 1m³ 料斗直接浇筑，2 小时浇完，求最大侧压力及其分布图。

11-2　某梁纵向受力钢筋为 4φ18，施工时无该规格钢筋，拟用 φ25 钢筋代换，试计算钢筋根数；若施工无该级钢筋，拟用 HPB235 级 φ25 钢筋代换，试计算钢筋根数。

11-3　如图 11-24 所示，试计算钢筋的下料长度。

图 11-24　习题 11-3 图

11-4　某混凝土设计配合比为 1：2.12：4.37，$W/C=0.62$，每立方米混凝土水泥用量为 288kg，实测现场砂含水率 3%，石含水率 1%。

试求：（1）施工配合比？

（2）当用 250L（出料容量）搅拌机搅拌时，每拌一次投料水泥、砂、石、水各多少？

11-5　某工程现浇钢筋混凝土梁，该梁不受风雪影响，设计强度等级为 C25，施工坍落度要求 30～50mm，施工单位无历史统计资料，混凝土强度标准差 $\sigma=5.0$MPa，所用材料为：

42.5 级普通水泥：$\rho_c=3.1$g/cm³；实测强度为 48MPa

中砂：$\rho_s=2.6$g/cm³

卵石：$\rho_g=2.72$g/cm³，$D_{max}=40$mm

水：自来水，不掺外加剂。

假设：实测坍落度为 20mm，调整试配时加入 5% 水泥浆后满足施工坍落度要求，调整后实测表观密度为 2420kg/m³，基准配合比按强度检测时符合要求，施工现场砂的含水率为 3%，石子含水率为 1%。

求：设计配合比和施工配合比。

第十二章　钢筋混凝土施工质量控制

第一节　质量控制概述

质量控制是质量管理体系标准的一个质量术语。其含义是质量管理的一部分，是致力于满足质量要求的一系列相关活动。

钢筋混凝土施工是实现工程设计意图，并形成工程实体的阶段，也是最终形成工程产品质量和工程项目使用价值的重要阶段，因此钢筋混凝土施工是工程项目质量控制的重点。

一、施工质量控制依据

1. 工程合同文件

工程合同文件，其中规定了参与建设各方在质量控制方面的权利和义务。施工承包单位应依据合同，履行在合同中的承诺。

2. 设计文件

设计文件一般是指设计图纸和技术说明书。按图施工是施工阶段质量控制的重要依据。

3. 有关质量管理方面的法律、法规性文件

(1) 法律　由全国人大及其常委会通过，主席令公布。

1)《中华人民共和国建筑法》　　　　　　　（1998.3.1 起施行）

2)《中华人民共和国合同法》　　　　　　　（1999.10.1 起施行）

3)《中华人民共和国招标投标法》　　　　　（2000.1.1 起施行）

(2) 行政法规　由国务院常务会议通过，国务院发布。

1)《建设工程质量管理条例》　　　　　　　（2000.1.30 起施行）

2)《建设工程安全生产管理条例》　　　　　（2004.2.1 起施行）

3)《建设项目环境保护管理条例》　　　　　（1998.11.29 起施行）

(3) 部门规章　由建设部令发布。

1)《实施工程建设强制性标准监督规定》　　（2000.8.25 发布）

2)《建筑业企业资质管理规定》　　　　　　（2001.4 发布）

3)《工程建设项目施工招标投标办法》　　　（2003.3.8 发布）

4. 部分国家标准、行业标准

(1) 国家标准设计方向。

1)《建筑结构荷载规范》　　　　　　　　　（GB 50009—2001）

2)《混凝土结构设计规范》　　　　　　　　（GB 50010—2002）

3)《砌体结构设计规范》　　　　　　　　　（GB 50003—2001）

4)《给水排水工程构筑物结构设计规范》 （GB 50069—2002）

（2）国家标准施工质量验收方向。

1)《建筑工程施工质量验收统一标准》 （GB 50300—2001）

2)《混凝土结构工程施工质量验收规范》 （GB 50204—2002）

3)《砌体工程施工质量验收规范》 （GB 50203—2002）

4)《木结构工程施工质量验收规范》 （GB 50206—2002）

（3）国家行业标准。

1)《普通混凝土配合比设计规程》 （JGJ 55—2000）

2)《砌筑砂浆配合比设计规程》 （JGJ 98—2000）

3)《钢筋机械连接通用技术规程》 （JGJ 107—2003）

4)《钢筋焊接及验收规程》 （JGJ 18—2003）

二、施工全过程质量控制

施工全过程质量控制包括，施工准备质量控制、施工过程质量控制以及施工验收质量控制三个方面的质量控制。

（1）施工准备质量控制：没有正式施工前，对各项准备工作及影响施工质量的各因素进行控制。施工准备质量控制是确保施工质量的先决条件。

（2）施工过程质量控制：在施工过程中对作业技术活动的投入与产出过程的质量控制。

（3）施工验收质量控制：对施工过程所完成的工程产品质量进行控制。包括检验批验收、分项工程验收、分部工程验收、单位工程验收、隐蔽工程验收和整个建设工程项目竣工验收过程的质量控制。

第二节 施工准备质量控制

一、影响施工质量因素分析

影响施工的质量因素很多，但归纳起来主要有五个方面，即劳动主体、劳动对象、劳动方法、劳动手段和施工环境。

1. 劳动主体

劳动主体是指人，即工程项目建设的决策者、管理者、操作者。在工程中人员的素质将直接和间接地对施工全过程的质量产生影响。

人员的素质，即人的文化水平、技术水平、决策能力、管理能力、组织能力、作业能力、控制能力、身体素质及职业道德等，是影响施工质量的重要因素，因此在建筑行业实行经营资质管理和各类专业人员持证上岗制度是保证人员素质的重要管理措施。

2. 劳动对象

劳动对象是指工程实体的各类建筑材料、半成品、构配件等，是工程建设的物质条件，也是工程质量基础。对工程材料的基本要求是：

（1）材料选用必须符合设计要求；

（2）必须有原材料三证，即材料出厂证明、质量保证书（产品合格证）、技术合格证（性能试验报告）；

（3）材料保管使用得当。

3. 劳动方法

劳动方法是指施工现场采用的施工方案，即技术方案（施工工艺、作业方法）、组织方案（施工区段、流向等）。施工方案是否合理，施工工艺是否先进，施工操作是否正确都将对工程质量产生重大影响。大力推进采用新技术、新工艺、新方法，不断提高工艺技术水平，是保证工程质量稳定提高的重要因素。

4. 劳动手段

劳动手段是指施工所用的机械设备，包括运输设备、起重设备、加工机械、操作工具等。施工机械设备的类型是否符合施工特点、性能是否先进稳定、操作是否方便安全等都将会影响施工质量。

5. 施工环境

施工环境是指对施工质量特性起重要作用的环境因素，包括施工技术环境（地质、水文、气象）、施工作业环境（作业面大小、通风照明）、施工管理环境、周边环境（地下管线、建筑物等）。

二、施工准备质量控制

1. 图纸会审

图纸会审是指施工单位和各参建单位全面细致熟悉和审查施工图纸的活动。

其目的一是了解工程特点和设计意图，找出需要解决的技术难题并制定解决方案；二是解决图纸中存在的问题，减少图纸的差错，消灭图纸中的质量隐患。

图纸会审的控制点一般包括：

（1）设计图纸与说明是否齐全，有无分期供图的时间表；

（2）结构图与建筑图的平面尺寸及标高是否一致；表示方法是否清楚；

（3）工程材料来源有无保证，能否代换；

（4）钢筋的构造要求和预埋件在图中是否表示清楚；有无钢筋明细表；

（5）地基处理方法是否合理，主体结构是否存在不能施工、不便于施工的技术问题，或容易导致质量、安全、工程费用增加等方面的问题；

（6）施工安全、环境卫生有无保证。

2. 施工质量计划

施工质量计划是施工组织设计的组成部分，是一项管理性文件。是对施工质量的保证也是质量管理的依据。其内容一般包括：

（1）工程特点及施工现场条件分析；

（2）按承包合同所必须达到的质量目标；

（3）质量管理组织机构、人员及资源配置；

（4）工程材料和设备质量管理及控制措施；

（5）质量控制点；

（6）保证质量所采取的施工技术方案和施工程序；

（7）工程检测项目及实施方案。

质量计划的内容按其功能包括：质量目标、质量管理、质量保证措施。并按照 PDCA 循环原理来实现施工质量计划。

PDCA 循环原理：

1）P-计划：是指根据其任务目标和责任范围，确定质量控制的组织制度、工作程序、施工方案、资源配置、检验试验要求、质量记录方式、不合格处理、管理措施等具体内容和做法的文件。

2）D-实施：进行质量计划目标与施工方案的制定和交底，按质量计划规定的方法与要求展开工程作业技术活动。

3）C-检查：一是检查是否严格执行了施工方案，二是检查施工结果是否达到预定的质量要求。

4）A-处理：对质量检查所发现的质量问题予以纠正及改正，对出现质量不合格的处理及不合格的预防。包括应急措施和预防措施与持续改进的途径。

第三节　施工过程质量控制

一、进场材料的质量控制

钢筋混凝土施工所使用的钢材、水泥、砂、石及各种外加剂等材料质量，直接影响混凝土工程的质量，这些材料进入施工现场时，必须严格控制。进场材料应具有质量证明文件，符合设计要求，并妥善保管避免质量发生变化。

1．钢筋进场时的质量控制

钢筋进场时首先对其外观、尺寸及形状进行检查，钢筋应平直、无损伤，表面不得有裂纹、油污、颗粒状或片状老锈。

其次对材料出厂证明、质量保证书（产品合格证）、技术合格证（性能试验报告）等质量证明文件进行检查，并按现行国家标准《钢筋混凝土用热扎带肋钢筋》（GB 1499）等的规定抽取试件作力学性能检测，合格后方可使用。钢筋在加工过程中，当发现钢筋脆断、焊接性能不良或力学性能显著不正常等现象时，应对该批钢筋进行化学成分检验或其他专项检验。

2．水泥进场时的质量控制

水泥进场时必须有质量证明文件，并应对其品种、级别、包装或散装仓号、出厂日期等进行检查。还应对其强度、安全性及其他必要的性能指标进行复验，其质量必须符合现行国家标准《硅酸盐水泥、普通硅酸盐水泥》（GB 175）等的规定。

水泥是一种有效期短、质量极易变化的材料，同时又是重要的胶结材料，当在使用中对水泥质量有怀疑或水泥出厂超过三个月（快硬硅酸盐水泥超过一个月）时，应进行复验，并按复验结果使用。

水泥进场更应注意妥善保管，必须设立专用库房保管。水泥库房应该通风、干燥、屋面不渗漏，地面排水通畅。水泥应按品种、强度等级、出产日期分别堆放，并用标牌加以明确标示。为了防止出现变质或强度降低现象，不同品种的水泥，不得混合使用。

3．骨料进场时的质量控制

骨料应按品种、规格分别堆放，不得混杂，骨料中严禁混入煅烧过的白云石或石灰块（破坏混凝土强度）。

普通混凝土所用的碎石或卵石及用砂应进行碱活性检验，其检验方法在《普通混凝土用碎石或卵石质量标准及检验方法》（JGJ 53）、《普通混凝土用砂质量标准及检验方法》（JGJ 52）中均有规定。

混凝土用的粗骨料，其最大颗粒粒径不得超过构件截面最小尺寸的1/4，且不得超过钢筋最小净间距的3/4。对混凝土实心板，骨料的最大粒径不宜超过板厚的1/3，且不得超过40mm。

4. 外加剂的质量控制

选用外加剂时，应该根据混凝土的性质要求、施工工艺及气候条件，结合混凝土的原材料性能、配合比以及对水泥的适应性等因素，通过试验确定其品种和掺量。

外加剂进场时应具有质量证明文件，其质量及应用技术应符合现行国家标准《混凝土外加剂》（GB 8076）、《混凝土外加剂应用技术规范》（GB 50119）等和有关环境保护的规定。预应力混凝土结构中，严禁使用含氯化物的外加剂。钢筋混凝土结构中当使用含氯化物的外加剂时，混凝土中氯化物的总含量应符合现行国家标准《混凝土质量控制标准》（GB 50164）的规定。对不同品种外加剂应分别存储，做好标记，在运输与存储时不得混入杂物和遭受污染。对抗冻融性要求高的混凝土，必须掺用引气剂或引气减水剂，其掺量应根据混凝土的含气量要求，通过试验确定。含有六价铬盐、亚硝酸盐等有毒的防冻剂严禁用于饮水工程及食品接触的部位。

5. 混凝土用水要求

拌制混凝土宜采用饮用水；当采用其他水源时，水质应符合国家现行标准《混凝土拌合用水标准》（JGJ 63）的规定。

二、模板的质量控制

1. 模板及其支架

（1）模板是保证钢筋混凝土外观、几何尺寸质量的决定因素，因此必须保证模板的几何尺寸、平整度、光滑度符合规范要求。

（2）模板及其支架应根据工程结构形式、荷载大小、地基土类别、施工设备和材料供应等条件进行设计。

（3）保证结构构件各部分外形尺寸和相互位置的确定，在其允许偏差内。

（4）模板及其支架应具有足够的承载力、刚度和稳定性，能可靠地承受浇筑混凝土的重量、侧压力以及施工荷载。

2. 模板安装的质量控制

（1）支撑部分应具有承受荷载的承载能力，竖向模板和支撑应当坐落在坚实的基础上，并铺设垫板，使其有足够的支撑面积。

（2）模板自下而上地安装，在安装过程中要注意模板的稳定，可设临时支撑稳住模板，待安装完毕且校正无误后再固定牢固。

（3）模板在安装过程中应多检查，注意垂直度、中心线、标高及各部位的尺寸；保证结构构件的几何尺寸和相邻位置的正确。

（4）浇筑混凝土前，模板内的杂物应清理干净。

（5）模板安装还要考虑拆除方便，宜在不拆梁的底模和支撑的情况下，先拆除梁的侧模以利周转使用。

（6）对跨度不小于4m的现浇钢筋混凝土梁、板，其模板应按设计要求起拱；当设计无具体要求时，起拱高度宜为跨度的 1/1000～3/1000。防止起拱过小而造成梁、板底下垂。

（7）安装现浇多层房屋和构筑物支模时，采用分段分层方法。下层混凝土应具有承受上层荷载的承载能力，且上、下层支架的立柱应对准，并铺设垫板。

（8）固定在模板上的预埋件、预留孔和预留洞均不得遗漏，且应安装牢固，位置准确，其偏差应符合表 12-1 的规定。

预埋件和预留孔洞的允许偏差   表 12-1

项　　目		允许偏差（mm）
预埋钢板中心线位置		3
预埋管、预留孔中心线位置		3
插筋	中心线位置	5
	外露长度	+10，0
预埋螺栓	中心线位置	2
	外露长度	+10，0
预留洞	中心线位置	10
	尺寸	+10，0

注：检查中心线位置时，应沿纵、横两个方向量测，并取其中的较大值。

（9）现浇结构模板安装的偏差应符合表 12-2 的规定。

现浇结构模板安装的允许偏差及检验方法   表 12-2

项　　目		允许偏差（mm）	检验方法
轴线位置		5	钢尺检查
底模上表面标高		±5	水准仪或拉线、钢尺检查
截面内部尺寸	基础	±10	钢尺检查
	柱、墙、梁	+4，−5	钢尺检查
层高垂直度	不大于5m	6	经纬仪或吊线、钢尺检查
	大于5m	8	经纬仪或吊线、钢尺检查
相邻两板表面高低差		2	钢尺检查
表面平整度		5	2m靠尺和塞尺检查

注：检查轴线位置时，应沿纵、横两个方向量测，并取其中的较大值。

3. 模板拆除的质量控制

（1）底模及其支架拆除时的混凝土强度应符合设计要求；当设计无具体要求时，混凝土强度应符合表 12-3 的规定。

底模拆除时的混凝土强度要求   表 12-3

构件类型	构件跨度（m）	达到设计的混凝土立方体抗压强度标准值的百分率
板	≤2	≥50
	>2，≤8	≥75
	>8	≥100

构件类型	构件跨度(m)	达到设计的混凝土立方体 抗压强度标准值的百分率
梁、拱、壳	≤8	≥75
	>8	≥100
悬臂构件	—	≥100

(2) 侧模拆除时的混凝土强度应能保证其表面及棱角不受损伤。

(3) 拆模时不要用力过猛过急，拆下来的模板和支撑用料要及时运走、整理。组合钢模板，板面涂刷脱模剂分类堆放整齐，以利再用。

(4) 拆模的顺序一般应是后支的先拆，先支的后拆，先拆非承重部分，后拆承重部分。重大复杂模板的拆除，事先要制定拆模方案。

三、钢筋的质量控制

(一) 钢筋连接的质量控制

1. 热轧钢筋的焊接

(1) 热轧钢筋的对接焊接，可采用闪光对焊、电弧焊、电渣力焊或气压焊。

(2) 接头形式、焊接工艺和质量验收，应符合《钢筋焊接及验收规程》(JGJ 18) 的规定。

(3) 钢筋焊接前必须根据施工条件进行试焊，合格后方可施焊。焊工必须有焊工资格证，并在规定的范围内进行焊接操作。

(4) 钢筋的闪光对焊或电弧焊，应在冷接前进行；冷拔低碳钢丝的接头不得焊接。

(5) 当受力钢筋采用焊接接头时，设置在同一构件内的接头宜相互错开。在任一焊接连接接头中心至长度为钢筋直径 d 的 35 倍且不小于 500mm 的区段内，有接头的纵向受力钢筋，截面面积与全部纵向受力钢筋截面面积的比值，在受拉区不宜大于 50％。

(6) 接头宜设置在受力较小处。同一纵向重力钢筋不宜设置两个或两个以上接头，接头末端至钢筋弯起点的距离不应小于钢筋直径的 10 倍。

2. 钢筋绑扎的质量控制

(1) 钢筋的交叉点应扎牢。

(2) 板和墙的钢筋网，除靠近外围两行钢筋的相交点全部扎牢外，中间部分相交点可间隔交错扎牢，但必须保证受力钢筋不产生位置偏移；双向受力的钢筋，必须全部扎牢。

(3) 梁和柱的箍筋，除设计有特殊要求外，应与受力钢筋垂直设置箍筋弯钩叠合处，应沿受力钢筋方向错开设置。

(4) 搭接长度的末端距钢筋弯折处，不得小于钢筋直径的 10 倍。

(5) 受拉区域内 235 级钢筋绑扎接头的末端应作 180°弯钩。

(6) 钢筋的搭接处，应在中心和两端扎牢。

(7) 纵向受拉钢筋的绑扎搭接接头面积百分率不大于 25％时，最小搭接长度应符合表 12-4 的规定。

纵向受拉钢筋的最小搭接长度　　　　　　　　　　　　　　　　表 12-4

钢 筋 类 型		混凝土强度等级			
		C15	C20～C25	C30～C35	≥C40
光圆钢筋	HRB235 级	45d	35d	30d	25d
带肋钢筋	HRB335 级	55d	45d	35d	30d
	HRB400 级、RRB400 级	—	55d	40d	35d

注：两根直径不同钢筋的搭接长度，以较细钢筋的直径计算。

（8）当纵向受拉钢筋搭接接头面积百分率大于 25%，但不大于 50% 时，其最小搭接长度应按表 12-4 中的数值乘以系数 1.2 取用；当接头面积百分率大于 50% 时，应按表 12-4 中的数值乘以系数 1.35 取用。

（9）纵向受压钢筋搭接时，其最小搭接长度应根据（7）、（8）的规定确定相应数值后，乘以系数 0.7 取用。在任何情况下，受压钢筋的搭接长度不应小于 200mm。

（二）钢筋的质量控制

（1）钢筋的品种、级别、规格和数量应按设计要求采用，尽量不要变更，当需要更换时，应征得设计单位的同意。

（2）受力钢筋的混凝土保护层厚度应符合设计要求。

（3）钢筋安装时，受力钢筋的品种、级别、规格和数量必须符合设计要求。

（4）绑扎或焊接的钢筋网和钢筋骨架，不得有变形、松脱和开焊。

（5）钢筋安装位置的偏差应符合表 12-5 的规定。

钢筋安装位置的允许偏差和检验方法　　　　　　　　　　　　表 12-5

项　　目			允许偏差（mm）	检验方法
绑扎钢筋网	长、宽		±10	钢尺检查
	网眼尺寸		±20	钢尺量连续三档，取最大值
绑扎钢筋骨架	长		±10	钢尺检查
	宽、高		±5	钢尺检查
受力钢筋	间距		±10	钢尺量两端、中间各一点，取最大值
	排距		±5	
	保护层厚度	基础	±10	钢尺检查
		柱、梁	±5	钢尺检查
		板、墙、壳	±3	钢尺检查
绑扎箍筋、横向钢筋间距			±20	钢尺量连续三档，取最大值
钢筋弯起点位置			20	钢尺检查
预埋件	中心线位置		5	钢尺检查
	水平高差		+3,0	钢尺和塞尺检查

注：1. 检查预埋件中心线位置时，应沿纵、横两个方向量测，并取其中的较大值；

　　2. 表中梁类、板类构件上部纵向受力钢筋保护层厚度的合格点率应达到 90% 及以上，且不得有超过表中数值 1.5 倍的尺寸偏差。

四、混凝土的质量控制

(1) 混凝土应按国家现行标准《普通混凝土配合比设计规程》(JGJ 55) 的有关规定,根据混凝土强度等级、耐久性和工作性等要求进行配合比设计。

(2) 混凝土的最大水灰比和最小水泥用量应符合表 11-6 的规定。

(3) 混凝土拌制前,应测定砂、石含水率,并根据测试结果调整材料用量,提出施工配合比。

(4) 混凝土在拌制和浇筑过程中应按下列规定进行检查:

1) 检查拌制混凝土所用原材料的品种、规格和用量;

2) 检查混凝土在浇筑地点的坍落度。

(5) 结构混凝土的强度等级必须符合设计要求。用于检查结构构件混凝土强度的试件,应在混凝土的浇筑地点随机抽取,取样与试件留置应符合下列规定:

1) 每拌制 100 盘且不超过 100m³ 的配合比的混凝土,取样不得少于一次;

2) 每工作班拌制的同一配合比的混凝土不足 100 盘时,取样不得少于一次;

3) 当一次连续浇筑超过 1000m³ 时,同一配合比的混凝土每 200m³ 取样不得少于一次;

4) 每一楼层、同一配合比的混凝土,取样不得少于一次;

5) 每次取样应至少留置一组标准养护试件,同条件养护试件的留置组数应根据实际需要确定。

第四节 施工验收质量控制

一、施工质量验收的有关术语

1. 建筑工程质量

反映建筑工程满足相关标准规定或合同约定的要求,包括其在安全、使用功能及其在耐久性能、环境保护等方面所有明显和隐含能力的特性总和。

2. 验收

建筑工程在施工单位自行质量检查评定的基础上,参与建设活动的有关单位共同对检验批、分项、分部、单位工程的质量进行抽样复验,根据相关标准以书面形式对工程质量达到合格与否做出确认。

3. 检验批

按同一的产生条件或按规定的方式汇总起来供检验用的,由一定数量样本组成的检验体。

4. 见证取样检测

在监理单位或建设单位监督下,由施工单位有关人员现场取样,并送至具备相应资质的检测单位所进行的检测。

5. 交接检验

由施工的承接方与完成方经双方检查并对可否继续施工做出确认的活动。

6. 主控项目

建筑工程中的对安全、卫生、环境保护和公众利益起决定性作用的检验项目。

7. 一般项目

除主控项目以外的检验项目。

8. 观感质量

通过观察和必要的量测所反映的工程外在质量。

9. 返修

对工程不符合标准规定的部位采取整修等措施。

10. 返工

对不合格的工程部位采取的重新制作、重新施工等措施。

二、验收的条件

（1）完成建设工程设计和合同规定的内容。

（2）有完整的技术档案和施工管理资料。

（3）有工程使用的主要建筑材料、建筑构配件和设备的进场试验报告。

（4）有勘察、设计、施工、工程监理等单位分别签署的质量合格文件。

（5）按设计内容完成工程质量和使用功能符合规范规定的设计要求，并按合同规定完成了协议内容。

三、工程质量验收的基本要求

（1）质量应符合统一标准和相关专业验收规范的规定。

（2）应符合工程勘察、设计文件的要求。

（3）参加验收的各方人员应具备规定的资格。

（4）质量验收应在施工单位自行检查评定的基础上进行。

（5）隐蔽工程在隐蔽前应由施工单位通知有关单位进行验收，并形成验收文件。

（6）涉及结构安全的试换、试件以及有关材料，应按规定进行见证取样检测。

（7）检验批的质量应按主控项目和一般项目验收。

（8）对涉及结构安全和使用功能的重要分部工程应进行抽样检测。

（9）承担见证取样检测及有关结构安全检测的单位应具有相应的资质。

（10）工程的观感质量应由验收人员通过现场检查，并应共同确认。

四、施工质量验收

1. 检验批的质量验收

检验批是工程验收的最小单位，是分项乃至整个建设工程质量验收的基础。检验批是施工过程中条件相同并具有一定数量的材料、构配件或安装项目，由于其质量基本均匀一致，因此可以作为检验的基础单位，并按批验收。

检验批合格质量规定：

（1）主控项目和一般项目的质量经抽样检验合格。

（2）具有完整的施工操作依据、质量检查记录。

检验批的合格质量主要取决于对主控项目和一般项目的检验结果。主控项目是对检验批的基本质量起决定性影响的检验项目，因此必须全部符合有关专业工程验收规范的规定。这意味着主控项目不允许有不符合要求的检验结果，即这种项目的检查具有否决权。鉴于主控项目对基本质量的决定影响，从严要求是必须的。例如钢筋分项工程的原材料其主控项目要求：钢筋进场时，应按现行国家标准《钢筋混凝土用热扎带肋钢筋》（GB

1499）等的规定抽取试件作力学性能检验，其质量必须符合有关标准的规定。而且一般项目要求：钢筋应平直、无损伤，表面不得有裂纹、油污、颗粒状或片状老锈。

施工操作依据、质量检查记录主要包括：

（1）施工材料质量证明文件。

（2）工程测量。

（3）按专业质量验收规范的抽样检验报告。

（4）隐蔽工程检查记录。

（5）施工过程记录和施工过程检查记录等。

检验批的质量验收记录由施工项目专业质量检查员填写，监理工程师（建设单位项目专业技术负责人）组织项目专业质量检查员等进行验收，并按表12-6记录。

检验批质量验收记录 表 12-6

工程名称		分项工程名称			验收部位					
施工单位				专业工长			项目经理			
施工执行标准名称及编号										
分包单位				分包项目经理			施工班组长			
		质量验收规范的规定		施工单位检查评定记录			监理（建设）单位验收记录			
主控项目	1									
	2									
	3									
	4									
	5									
	6									
	7									
	8									
	9									
一般项目	1									
	2									
	3									
	4									
施工单位检查评定结果		项目专业质量检查员：					年 月 日			
监理（建设）单位验收结论		监理工程师 （建设单位项目专业技术负责人）					年 月 日			

2. 分项工程质量验收

分项工程的验收在检验批的基础上进行。一般情况下，两者具有相同或相近的性质，只是批量的大小不同而已。因此，将有关的检验批汇集构成分项工程。

分项工程合格质量规定：

（1）分项工程所含的检验批均应符合合格质量规定。

（2）分项工程所含的检验批的质量验收记录应完整。

从上面的规定可以看出，分项工程合格质量的条件比较简单，只要构成分项的各检验批的验收资料文件完整，并且均已验收合格，则分项工程验收合格。

分项工程质量验收记录分项工程质量应由监理工程师（建设单位项目专业技术负责人）组织项目专业技术负责人等进行验收，并按表 12-7 记录。

_____分项工程质量验收记录　　　　　　　　表 12-7

工程名称		结构类型		检验批数	
施工单位		项目经理		项目技术负责人	
分包单位		分包单位负责人		分包项目经理	
序号	检验批部位、区段		施工单位检查评定结果	监理（建设）单位验收结论	
1					
2					
3					
4					
5					
6					
7					
8					
9					
10					
11					
12					
13					
14					
15					
检查结论	项目专业 技术负责人： 　年　月　日		验收结论	监理工程师 （建设单位项目专业技术负责人） 　年　月　日	

3. 分部（子分部）工程质量验收

分部工程的验收在其所含各分项工程验收的基础进行。

分部（子分部）合格质量规定：

（1）分部（子分部）工程所含分项工程的质量均应验收合格。

（2）质量控制资料应完整。

（3）地基与基础、主体结构和设备安装等分部工程有关安全及功能的检验和抽样检测结果应符合有关规定。

（4）观感质量验收应符合要求。

分部（子分部）工程质量验收记录：

分部（子分部）工程质量应由总监理工程师（建设单位项目专业技术负责人）组织施工项目经理和有关勘察、设计单位项目负责人进行验收，并按表12-8记录。

_____分部（子分部）工程验收记录　　　　　　表12-8

工程名称		结构类型		层数	
施工单位		技术部门负责人		质量部门负责人	
分包单位		分包单位负责人		分包技术负责人	

序号	分项工程名称	检验批数	施工单位检查评定	验收意见
1				
2				
3				
4				
5				
6				

质量控制资料	
安全和功能检验(检测)报告	
观感质量验收	

验收单位	分包单位	项目经理　　　年　　月　　日
	施工单位	项目经理　　　年　　月　　日
	勘察单位	项目负责人　年　　月　　日
	设计单位	项目负责人　年　　月　　日
	监理（建设）单位	总监理工程师 （建设单位项目专业负责人）　　年　　月　　日

4. 单位（子单位）工程质量验收

单位工程质量验收也称质量竣工验收，是建筑工程投入使用前的最后一次验收，也是最重要的一次验收。

单位（子单位）合格质量规定：

（1）单位（子单位）工程所含分部（子分部）工程的质量应验收合格。

（2）质量控制资料应完整。

（3）单位（子单位）工程所含分部工程有关安全和功能的检验资料应完整。

（4）主要功能项目的抽查结果应符合相关专业质量验收规范的规定。

（5）观感质量验收应符合要求。

单位（子单位）工程质量竣工验收应按表 12-9 记录。表 12-9 验收记录由施工单位填写，验收结论由监理（建设）单位填写。综合验收结论由参加验收各方共同商定，建设单位填写，应对工程质量是否符合设计和规范要求及总体质量水平做出评价。

单位（子单位）工程质量竣工验收记录 表 12-9

工程名称		结构类型		层数/建筑面积	
施工单位		技术负责人		开工日期	
项目经理		项目技术负责人		竣工日期	

序号	项目	验收记录	验收结论
1	分部工程	共　　分部,经查　　分部符合标准及设计要求　　分部	
2	质量控制资料核查	共　　项,经审查符合要求　　项,经核定符合规范要求　　项	
3	安全和主要使用功能核查及抽查结果	共核查　　项,符合要求　　项,共抽查　　项,符合要求　　项,经返工处理符合要求　　项	
4	观感质量验收	共抽查　　项,符合要求　　项,不符合要求　　项	
5	综合验收结论		

参加验收单位	建设单位	监理单位	施工单位	设计单位
	（公章）单位(项目)负责人　年　月　日	（公章）总监理工程师　年　月　日	（公章）单位负责人　年　月　日	（公章）单位(项目)负责人　年　月　日

思　考　题

1. 什么是质量控制？其含义如何？

2. 施工质量控制的依据主要有哪些方面？

3. 简述施工质量控制的内容。

4. 施工准备、施工过程、施工验收各阶段的质量控制包括哪些主要内容？

5. 影响施工质量的因素有哪些内容？

6. 什么是建筑工程施工质量验收的主控项目和一般项目？

7. 试述钢筋分项工程质量如何验收。

8. 试述混凝土分项工程质量验收的内容。

9. 试述施工质量验收的基本要求。

10. 建筑工程施工质量验收中单位工程的合格质量是什么？

习 题 参 考 答 案

第一章

1-2　(a) $R_{AB}=50$kN （↖）; $R_{AC}=86.6$kN （↗）

　　(b) $R_{AB}=57.74$kN （↖）; $R_{AC}=57.74$kN （↗）

1-3　(a) $R_{AB}=20.7$kN （↖）; $R_{AC}=157.3$kN （↗）

　　(b) $R_{AB}=27.85$kN （←）; $R_{AC}=197.1$kN （↗）

1-4　(a) $M_o(F)=0$; (b) $M_o(F)=Fl\sin\alpha$

　　(c) $M_o(F)=Fl\sin(\theta-\alpha)$;

　　(d) $M_o(F)=-F\times a$; (e) $M_o(F)=F(l+r)$

　　(f) $M_o(F)=F\sqrt{l^2+b^2}\sin\alpha$

1-5　(a) $M_B(q)=2.67$kN·m; (b) $M_B(q)=72$kN·m

　　(c) $M_B(q)=60$kN·m

1-6　(a) $X_A=20$kN （←）; $Y_A=28.78$kN （↑）; $R_B=25.86$kN （↑）

　　(b) $X_A=7.07$kN （→）; $Y_A=12.07$kN （↑）; $m_A=38.3$kN·m （↓）

　　(c) $X_A=3$kN （←）; $Y_A=1.875$kN （↑）; $R_B=0.125$kN （↑）

1-7　(a) $X_A=0$; $Y_A=3.75$kN （↑）; $R_B=0.25$kN （↓）

　　(b) $X_A=0$; $Y_A=25$kN （↑）; $R_B=20$kN （↑）

　　(c) $X_A=0$; $Y_A=132$kN （↑）; $R_B=168$kN （↑）

1-8　(a) $X_A=20$kN （←）; $Y_A=26.67$kN （↑）; $R_B=13.33$kN （↑）

　　(b) $X_A=0$; $Y_A=6$kN （↑）; $m_A=5$kN·m （↓）

1-9　$T=4.39$kN; $X_A=8.5$kN （→）; $Y_A=13.22$kN （↑）

1-10　(a) $R_A=10$kN （↑）; $Y_C=42$kN （↑）; $m_C=164$kN·m （↓）

　　　(b) $X_A=0$; $Y_A=4.83$kN （↓）; $R_B=17.5$kN （↑）; $R_D=5.33$kN （↑）

第二章

2-2　(a) $V_n=\dfrac{F}{2}$, $M_n=-\dfrac{Fl}{4}$

　　(b) $V_n=14$kN, $M_n=-26$kN·m

　　(c) $V_n=7$kN, $M_n=2$kN·m

　　(d) $V_n=-2$kN, $M_n=4$kN·m

2-3　(a) $V_n=0$, $M_n=-\dfrac{Fl}{3}$

　　(b) $V_n=-7$kN, $M_n=17$kN·m

2-4　(a) $|V_{max}|=\dfrac{m}{l}$, $|M_{max}|=m$

　　(b) $|V_{max}|=\dfrac{ql}{2}$, $M_{max}=\dfrac{ql^2}{8}$

2-5　(a) $|V_{max}|=10$kN, $|M_{max}|=12$kN·m

　　(b) $|V_{max}|=16$kN, $|M_{max}|=30$kN·m

　　(c) $|V_{max}|=6.5$kN, $|M_{max}|=5.28$kN·m

　　(d) $|V_{max}|=19$kN, $|M_{max}|=18$kN·m

2-6　(a) $|M_{max}|=12$kN·m

(b) $|M_{max}| = 18\text{kN} \cdot \text{m}$

(c) $|M_{max}| = \dfrac{ql^2}{4}$

(d) $|M_{max}| = \dfrac{ql^2}{8}$

2-7 (a) $M_{max} = 4.41\text{kN} \cdot \text{m}$

(b) $M_{max} = 37.125\text{kN} \cdot \text{m}$

(c) $M_A = -6\text{kN} \cdot \text{m}$, $M_{max} = 2\text{kN} \cdot \text{m}$

(d) $M_{BC} = -6\text{kN} \cdot \text{m}$, $M_{max} = 0.25\text{kN} \cdot \text{m}$

2-8 (a) $M_{CA} = 60\text{kN} \cdot \text{m}$（右侧受拉）

(b) $M_{CA} = 30\text{kN} \cdot \text{m}$（右侧受拉）

2-9 (a) $M_{BA} = 30\text{kN} \cdot \text{m}$（左侧受拉）

(b) $M_{AC} = \dfrac{ql^2}{6}$（右侧受拉）

第三章

3-1 (1) 距底边 $y_c = 86.7\text{mm}$, $I_{zc} = 78.72 \times 10^6 \text{mm}^4$, $I_{yc} = 14.72 \times 10^6 \text{mm}^4$

(2) 距底边 $y_c = 145\text{mm}$, $I_{zc} = 141.01 \times 10^6 \text{mm}^4$, $I_{yc} = 208.21 \times 10^6 \text{mm}^4$

(3) 距底边 $y_c = 90\text{mm}$, $I_{zc} = 56.75 \times 10^6 \text{mm}^4$, $I_{yc} = 8.11 \times 10^6 \text{mm}^4$

3-2 $a = 77\text{mm}$

3-3 (a) $\sigma = P/A$, $\sigma = -P/A$

(b) $\sigma = 6P/A$, $\sigma = 3P/A$, $\sigma = 2P/A$

3-4 $\sigma_1 = 13.75\text{MPa}$, $\sigma_2 = 4.5\text{MPa}$

3-5 $\sigma_{max} = 126.6\text{MPa}$, $\tau_{max} = 8.3\text{MPa}$

3-6 $\sigma_{max} = 166.7\text{MPa}$

3-7 $\sigma_{max} = 175.4\text{MPa}$

3-8 (a) 在柱横截面上各点处都存在最大压应力，$\bar{\sigma}_{max} = \dfrac{P}{a^2}$

(b) 在柱最小横截面上的最右边各点处都存在最大压应力，$\bar{\sigma}_{max} = \dfrac{8P}{3a^2}$

(c) 在柱最小横截面上的各点处都存在最大压应力，$\bar{\sigma}_{max} = \dfrac{2P}{a^2}$

第五章

5-1 $A_S = 1060\text{mm}^2$

5-2 $b = 200\text{mm}$, $h = 500\text{mm}$, $A_S = 1228\text{mm}^2$

5-3 $A_S = 784\text{mm}^2$

5-4 $A_S = 796\text{mm}^2$

5-5 $M_u = 64.2\text{kN} \cdot \text{m}$（不安全）

5-6 $A_S = 2458.7\text{mm}^2$, $A_S' = 757\text{mm}^2$

5-7 $A_S = 2455\text{mm}^2$

5-8 $M_u = 130.5\text{kN} \cdot \text{m}$

5-9 $S = 180\text{mm}$

5-10 $g + q = 49.5\text{kN/m}$

第六章

6-1 $A_s' = 1354 \text{mm}^2$

6-2 $N_u = 1212 \text{kN}$

6-3 $A_s = A_s' = 1481 \text{mm}^2$

6-4 $A_s = A_s' = 2207 \text{mm}^2$

6-5 $A_s = 1454 \text{mm}^2$，$A_s' = 412 \text{mm}^2$

6-6 $A_s = 3916 \text{mm}^2$，$A_s' = 919 \text{mm}^2$

第七章

7-1 $M_k = 71.01 \text{kN} \cdot \text{m}$；$\sigma_{sk} = 232.55 \text{N/mm}^2$；$\psi = 0.724$；$w_{max} = 0.31 \text{mm} > w_{lim} = 0.3 \text{mm}$（不满足要求）

7-2 $M_k = 185.22 \text{kN} \cdot \text{m}$；$M_q = 153.07 \text{kN} \cdot \text{m}$；$\sigma_{sk} = 230.7 \text{N/mm}^2$；$\psi = 0.827$；
　　 $B_s = 7.952 \times 10^{13} \text{N} \cdot \text{mm}^2$
　　 $B = 4.354 \times 10^{13} \text{N} \cdot \text{mm}^2$；$f = 20.85 \text{mm} \leqslant f_{lim} = 28.0 \text{mm}$（满足要求）

第八章

8-1 (a) $M_{AB} = -167.15 \text{kN} \cdot \text{m}$，$M_{BC} = -115.71 \text{kN} \cdot \text{m}$

8-2 (b) $M_{AB} = -22.86 \text{kN} \cdot \text{m}$，$M_{BC} = 10.71 \text{kN} \cdot \text{m}$，$M_{BA} = 44.29 \text{kN} \cdot \text{m}$

第九章

9-1 $N_u = 174.895 \text{kN} > N = 118 \text{kN}$（满足要求）

9-2 长边方向 $N_u = 110.33 \text{kN} > N = 108 \text{kN}$；短边方向 $N_u = 238.26 \text{kN} > N = 108 \text{kN}$（满足要求）

9-3 不设垫块时 $\eta \gamma f A_l = 80.02 \text{kN} \leqslant \psi N_0 + N_l = 100 \text{kN}$，不满足要求；设垫块尺寸为平面尺寸 $a_b \times b_b \times t_b = 240 \text{mm} \times 600 \text{mm} \times 240 \text{mm}$；$\varphi \gamma_t f A_b = 195.59 \text{kN} > N_0 + N_l = 177.76 \text{kN}$（满足要求）

9-4 $f_t A = 38.48 \text{kN} < N_t = 45 \text{kN}$（不满足要求）

9-5 $f_{tm} w = 3.52 \text{kN} \cdot \text{m} > M = 2.88 \text{kN} \cdot \text{m}$；$f_v b Z = 28.78 \text{kN} > V = 10.51 \text{kN}$（满足要求）

9-6 纵墙：$\beta = 19.2 = \mu_1 \mu_2 [\beta] = 19.2$；横墙：$\beta = 13.8 < \mu_1 \mu_2 [\beta] = 24$；隔墙：$\beta = 30 < \mu_1 \mu_2$ $[\beta] = 31.68$（各墙均满足要求）

第十一章

11-1 $F_k = 61 \text{kN/m}^2$

11-2 $3\phi25$；$4\phi25$

11-3 下料长度（$\phi20$）：7102mm；下料长度（$\phi22$）：6487mm

11-4 ① $1 : 2.205 : 4.41$
　　　②

材料名称	水泥	水	砂	石子
用量(kg)	72	37	159	318

附录一 型钢规格表

表1 热轧等边角钢（GB 9787—88）

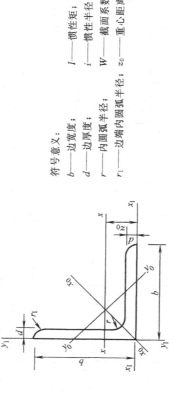

符号意义：
b—边宽度；
d—边厚度；
r—内圆弧半径；
r₁—边端内圆弧半径；
I—惯性矩；
i—惯性半径；
W—截面系数；
z_0—重心距离

角钢号数	尺寸(mm) b	尺寸(mm) d	尺寸(mm) r	截面面积 (cm²)	理论重量 (kg/m)	外表面积 (m²/m)	参考数值 x−x I_x (cm⁴)	x−x i_x (cm)	x−x W_x (cm³)	x₀−x₀ I_{x_0} (cm⁴)	x₀−x₀ i_{x_0} (cm)	x₀−x₀ W_{x_0} (cm³)	y₀−y₀ I_{y_0} (cm⁴)	y₀−y₀ i_{y_0} (cm)	y₀−y₀ W_{y_0} (cm³)	x₁−x₁ I_{x_1} (cm⁴)	z_0 (cm)
2	20	3	3.5	1.132	0.889	0.078	0.40	0.59	0.29	0.63	0.75	0.45	0.17	0.39	0.20	0.81	0.60
		4		1.459	1.145	0.077	0.50	0.58	0.36	0.78	0.73	0.55	0.22	0.38	0.24	1.09	0.64
2.5	25	3	3.5	1.432	1.124	0.098	0.82	0.76	0.46	1.29	0.95	0.73	0.34	0.49	0.33	1.57	0.73
		4		1.859	1.459	0.097	1.03	0.74	0.59	1.62	0.93	0.92	0.43	0.48	0.40	2.11	0.76
3.0	30	3	4.5	1.749	1.373	0.117	1.46	0.91	0.68	2.31	1.15	1.09	0.61	0.59	0.51	2.71	0.85
		4		2.276	1.786	0.117	1.84	0.90	0.87	2.92	1.13	1.37	0.77	0.58	0.62	3.63	0.89
3.6	36	3		2.109	1.656	0.141	2.58	1.11	0.99	4.09	1.39	1.61	1.07	0.71	0.76	4.68	1.00

角钢号数	尺寸(mm)			截面面积 (cm²)	理论重量 (kg/m)	外表面积 (m²/m)	参考数值											
							x—x			x_0-x_0			y_0-y_0			x_1-x_1	z_0
	b	d	r				I_x (cm⁴)	i_x (cm)	W_x (cm³)	I_{x_0} (cm⁴)	i_{x_0} (cm)	W_{x_0} (cm³)	I_{y_0} (cm⁴)	i_{y_0} (cm)	W_{y_0} (cm³)	I_{x_1} (cm⁴)	(cm)
3.6	36	4	4.5	2.756	2.163	0.141	3.29	1.09	1.28	5.22	1.38	2.05	1.37	0.70	0.93	6.25	1.04
		5		3.382	2.654	0.141	3.95	1.08	1.56	6.24	1.36	2.45	1.65	0.70	1.09	7.84	1.07
4.0	40	3		2.359	1.852	0.157	3.59	1.23	1.23	5.69	1.55	2.01	1.49	0.79	0.96	6.41	1.09
		4		3.086	2.422	0.157	4.60	1.22	1.60	7.29	1.54	2.58	1.91	0.79	1.19	8.56	1.13
		5		3.791	2.976	0.156	5.53	1.21	1.96	8.76	1.52	3.01	2.30	0.78	1.39	10.74	1.17
4.5	45	3	5	2.659	2.088	0.177	5.17	1.40	1.58	8.20	1.76	2.58	2.14	0.90	1.24	9.12	1.22
		4		3.486	2.736	0.177	6.65	1.38	2.05	10.56	1.74	3.32	2.75	0.89	1.54	12.18	1.26
		5		4.292	3.369	0.176	8.04	1.37	2.51	12.74	1.72	4.00	3.33	0.88	1.81	15.25	1.30
		6		5.076	3.985	0.176	9.33	1.36	2.95	14.76	1.70	4.64	3.89	0.88	2.06	18.36	1.33
5	50	3	5.5	2.971	2.332	0.197	7.18	1.55	1.96	11.7	1.96	3.22	2.98	1.00	1.57	12.50	1.34
		4		3.897	3.059	0.197	9.26	1.54	2.56	14.70	1.94	4.16	3.82	0.99	1.96	16.69	1.38
		5		4.803	3.770	0.196	11.21	1.53	3.13	17.79	1.92	5.03	4.64	0.98	2.31	20.90	1.42
		6		5.688	4.465	0.196	13.05	1.52	3.68	20.68	1.91	5.85	5.42	0.98	2.63	25.14	1.46
5.6	56	3	6	3.343	2.624	0.221	10.19	1.75	2.48	16.14	2.20	4.08	4.24	1.13	2.02	17.56	1.48
		4		4.390	3.446	0.220	13.18	1.73	3.24	20.92	2.18	5.28	5.46	1.11	2.52	23.43	1.53
		5		5.415	4.251	0.220	16.02	1.72	3.97	25.42	2.17	6.42	6.61	1.10	2.98	29.33	1.57
		8		8.367	6.568	0.219	23.63	1.68	6.03	37.37	2.11	9.44	9.89	1.09	4.16	47.24	1.68
6.3	63	4	7	4.978	3.907	0.248	19.03	1.96	4.13	30.17	2.46	6.78	7.89	1.26	3.29	33.35	1.70
		5		6.143	4.822	0.248	23.17	1.94	5.08	36.77	2.45	8.25	9.57	1.25	3.90	41.73	1.74
		6		7.288	5.721	0.247	27.12	1.93	6.00	43.03	2.43	9.66	11.20	1.24	4.46	50.14	1.78
		8		9.515	7.469	0.247	34.46	1.90	7.75	54.56	2.40	12.25	14.33	1.23	5.47	67.11	1.85

角钢号数	尺寸(mm)			截面面积 (cm²)	理论重量 (kg/m)	外表面积 (m²/m)	参考数值										
	b	d	r				x—x			$x_0—x_0$			$y_0—y_0$			$x_1—x_1$	z_0 (cm)
							I_x (cm⁴)	i_x (cm)	W_x (cm³)	I_{x_0} (cm⁴)	i_{x_0} (cm)	W_{x_0} (cm³)	I_{y_0} (cm⁴)	i_{y_0} (cm)	W_{y_0} (cm³)	I_{x_1} (cm⁴)	
6.3	63	10	7	11.657	9.151	0.246	41.09	1.86	9.39	64.85	2.36	14.56	17.33	1.22	6.36	84.31	1.93
7	70	4	8	5.570	4.372	0.275	26.39	2.18	5.14	41.80	2.74	8.44	10.99	1.40	4.17	45.74	1.86
		5		6.875	5.397	0.275	32.21	2.16	6.32	51.08	2.73	10.32	13.34	1.39	4.96	57.21	1.91
		6		8.160	6.406	0.275	37.77	2.15	7.48	59.93	2.71	12.11	15.61	1.38	5.67	68.73	1.95
		7		9.424	7.398	0.275	43.09	2.14	8.59	68.35	2.69	13.81	17.82	1.38	6.34	80.29	1.99
		8		10.667	8.373	0.274	48.17	2.12	9.68	76.37	2.68	15.43	19.98	1.37	6.98	91.92	2.03
7.5	75	5	9	7.367	5.818	0.295	39.97	2.33	7.32	63.30	2.92	11.94	16.63	1.50	5.77	70.56	2.04
		6		8.797	6.905	0.294	46.95	2.31	8.64	74.38	2.90	14.02	19.51	1.49	6.67	84.55	2.07
		7		10.160	7.976	0.294	53.57	2.30	9.93	84.96	2.89	16.02	22.18	1.48	7.44	98.71	2.11
		8		11.503	9.030	0.294	59.96	2.28	11.20	95.07	2.88	17.93	24.86	1.47	8.19	112.97	2.15
		10		14.126	11.089	0.293	71.98	2.26	13.64	113.92	2.84	21.48	30.05	1.46	9.56	141.71	2.22
8	80	5	9	7.912	6.211	0.315	48.79	2.48	8.34	77.33	3.13	13.67	20.25	1.60	6.66	85.36	2.15
		6		9.397	7.376	0.314	57.35	2.47	9.87	90.98	3.11	16.08	23.72	1.59	7.65	102.50	2.19
		7		10.860	8.525	0.314	65.58	2.46	11.37	104.07	3.10	18.40	27.09	1.58	8.58	119.70	2.23
		8		12.303	9.658	0.314	73.49	2.44	12.83	116.60	3.08	20.61	30.39	1.57	9.46	136.97	2.27
		10		15.126	11.874	0.313	88.43	2.42	15.64	140.09	3.04	24.76	36.77	1.56	11.08	171.74	2.35
9	90	6	10	10.637	8.350	0.354	82.77	2.79	12.61	131.26	3.51	20.63	34.28	1.80	9.95	145.87	2.44
		7		12.301	9.656	0.354	94.83	2.78	14.54	150.47	3.50	23.64	39.18	1.78	11.19	170.30	2.48
		8		13.944	10.946	0.353	106.47	2.76	16.42	168.97	3.48	26.55	43.97	1.78	12.35	194.80	2.52

角钢号数	尺寸(mm) b	尺寸(mm) d	尺寸(mm) r	截面面积 (cm²)	理论重量 (kg/m)	外表面积 (m²/m)	x-x I_x (cm⁴)	x-x i_x (cm)	x-x W_x (cm³)	x_0-x_0 I_{x_0} (cm⁴)	x_0-x_0 i_{x_0} (cm)	x_0-x_0 W_{x_0} (cm³)	y_0-y_0 I_{y_0} (cm⁴)	y_0-y_0 i_{y_0} (cm)	y_0-y_0 W_{y_0} (cm³)	x_1-x_1 I_{x_1} (cm⁴)	z_0 (cm)
9	90	10	10	17.167	13.476	0.353	128.58	2.74	20.07	203.90	3.45	32.04	53.26	1.76	14.52	244.07	2.59
		12	10	20.306	15.940	0.352	149.22	2.71	23.57	236.21	3.41	37.12	62.22	1.75	16.49	293.76	2.67
10	100	6	12	11.932	9.366	0.393	114.95	3.01	15.68	181.98	3.90	25.74	47.92	2.00	12.69	200.07	2.67
		7		13.796	10.830	0.393	131.86	3.09	18.10	208.97	3.89	29.55	54.74	1.99	14.26	233.54	2.71
		8		15.638	12.276	0.393	148.24	3.08	20.47	235.07	3.88	33.24	61.41	1.98	15.75	267.09	2.76
		10		19.261	15.120	0.392	179.51	3.05	25.06	284.68	3.84	40.26	74.35	1.96	18.54	334.48	2.84
		12		22.800	17.898	0.391	208.90	3.03	29.48	330.95	3.81	46.80	86.84	1.95	21.08	402.34	2.91
		14		26.256	20.611	0.391	236.53	3.00	33.73	374.06	3.77	52.90	99.00	1.94	23.44	470.75	2.99
		16		29.627	23.257	0.390	262.53	2.98	37.82	414.16	3.74	58.57	110.89	1.94	25.63	539.80	3.06
11	110	7	12	15.196	11.928	0.433	177.16	3.41	22.05	280.94	4.30	36.12	73.38	2.20	17.51	310.64	2.96
		8		17.238	13.532	0.433	199.46	3.40	24.95	316.49	4.28	40.69	82.42	2.19	19.39	355.20	3.01
		10		21.261	16.690	0.432	242.19	3.38	30.60	384.39	4.25	49.42	99.98	2.17	22.91	444.65	3.09
		12		25.200	19.782	0.431	282.55	3.35	36.05	448.17	4.22	57.62	116.93	2.15	26.15	534.60	3.16
		14		29.056	22.809	0.431	320.71	3.32	41.31	508.01	4.18	65.31	133.40	2.14	29.14	625.16	3.24
12.5	125	8	14	19.750	15.504	0.492	297.03	3.88	32.52	470.89	4.88	43.28	123.16	2.50	25.86	521.01	3.37
		10		24.373	19.133	0.491	361.67	3.85	39.97	573.89	4.85	64.93	149.46	2.48	30.62	651.93	3.45
		12		28.912	22.696	0.491	423.16	3.83	41.17	671.44	4.82	75.96	174.88	2.46	35.03	783.42	3.53
		14		33.367	26.193	0.490	481.65	3.80	54.16	763.73	4.78	86.41	199.57	2.45	39.13	915.61	3.61

参考数值

角钢号数	尺寸 (mm)			截面面积 (cm²)	理论重量 (kg/m)	外表面积 (m²/m)	参 考 数 值											
	b	d	r				x−x			x₀−x₀			y₀−y₀			x₁−x₁	z₀ (cm)
							I_x (cm⁴)	i_x (cm)	W_x (cm³)	I_{x_0} (cm⁴)	i_{x_0} (cm)	W_{x_0} (cm³)	I_{y_0} (cm⁴)	i_{y_0} (cm)	W_{y_0} (cm³)	I_{x_1} (cm⁴)	
14	140	10	14	27.373	21.488	0.551	514.65	4.34	50.58	817.27	5.46	82.56	212.04	2.78	39.20	915.11	3.82
		12		32.512	25.522	0.551	603.68	4.31	59.80	958.79	5.43	96.85	248.57	2.76	45.02	1099.28	3.90
		14		37.567	29.490	0.550	688.81	4.28	68.75	1093.56	5.40	110.47	284.06	2.75	50.45	1284.22	3.98
		16		42.539	33.393	0.549	770.24	4.26	77.46	1221.81	5.36	123.42	318.67	2.74	55.55	1470.07	4.06
16	160	10	16	31.502	24.729	0.630	779.53	4.98	66.70	1237.30	6.27	109.36	321.76	3.20	52.76	1365.33	4.31
		12		37.441	29.391	0.630	916.58	4.95	78.98	1455.68	6.24	128.67	377.49	3.18	60.74	1639.57	4.39
		14		43.296	33.987	0.629	1048.36	4.92	90.95	1665.02	6.20	147.17	431.70	3.16	68.244	1914.68	4.47
		16		49.067	38.518	0.629	1175.08	4.89	102.63	1865.57	6.17	164.89	484.59	3.14	75.31	2190.82	4.55
18	180	12	18	42.241	33.159	0.710	1321.35	5.59	100.82	2100.10	7.05	165.00	542.61	3.58	78.41	2332.80	4.89
		14		48.896	38.388	0.709	1514.48	5.56	116.25	2407.42	7.02	189.14	625.53	3.56	88.38	2723.48	4.97
		16		55.467	43.542	0.709	1700.99	5.54	131.13	2703.37	6.98	212.40	698.60	3.55	97.83	3115.29	5.05
		18		61.955	48.634	0.708	1875.12	5.50	145.64	2988.24	6.94	234.78	762.01	3.51	105.14	3502.43	5.13
20	200	14	18	54.642	42.894	0.788	2103.55	6.20	144.70	3343.26	7.82	236.40	863.83	3.98	111.82	3734.10	5.46
		16		62.013	48.680	0.788	2366.15	6.18	163.65	3760.89	7.79	265.93	971.41	3.96	123.96	4270.39	5.54
		18		69.301	54.401	0.787	2620.64	6.15	182.22	4164.54	7.75	294.48	1076.74	3.94	135.52	4808.13	5.62
		20		76.505	60.056	0.787	2867.30	6.12	200.42	4554.55	7.72	322.06	1180.04	3.93	146.55	5347.51	5.69
		24		90.661	71.168	0.785	3338.25	6.07	236.17	5294.97	7.64	374.41	1381.53	3.90	166.55	6457.16	5.87

注：截面图中的 $r_1 = \frac{1}{3}d$ 及表中 r 值的数据用于孔型设计，不做交货条件。

表 2 热轧不等边角钢 (GB 9788—88)

符号意义：

B——长边宽度； b——短边宽度；
d——边厚度； r——内圆弧半径；
r₁——边端内圆弧半径； I——惯性矩；
i——惯性半径； W——截面系数；
x₀——重心距离； y₀——重心距离。

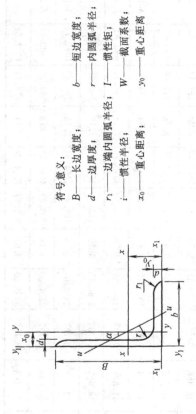

角钢号数	尺寸(mm)				截面面积 (cm²)	理论重量 (kg/m)	外表面积 (m²/m)	参考数值														
								$x-x$			$y-y$			x_1-x_1		y_1-y_1		$u-u$				
	B	b	d	r				I_x (cm⁴)	i_x (cm)	W_x (cm³)	I_y (cm⁴)	i_y (cm)	W_y (cm³)	I_{x_1} (cm⁴)	y_0 (cm)	I_{y_1} (cm⁴)	x_0 (cm)	I_u (cm⁴)	i_u (cm)	W_u (cm³)	$\tan\alpha$
2.5/1.6	25	16	3	3.5	1.162	0.912	0.080	0.70	0.78	0.43	0.22	0.44	0.19	1.56	0.86	0.43	0.42	0.14	0.34	0.16	0.392
			4		1.499	1.176	0.079	0.88	0.77	0.55	0.27	0.43	0.24	2.09	0.90	0.59	0.46	0.17	0.34	0.20	0.381
3.2/2	32	20	3	3.5	1.492	1.171	0.102	1.53	1.01	0.72	0.46	0.55	0.30	3.27	1.08	0.82	0.49	0.28	0.43	0.25	0.382
			4		1.939	1.522	0.101	1.93	1.00	0.93	0.57	0.54	0.39	4.37	1.12	1.12	0.53	0.35	0.42	0.32	0.374
4/2.5	40	25	3	4	1.890	1.484	0.127	3.08	1.28	1.15	0.93	0.70	0.49	6.39	1.32	1.59	0.59	0.56	0.54	0.40	0.386
			4		2.467	1.936	0.127	3.93	1.26	1.49	1.18	0.69	0.63	8.53	1.37	2.14	0.63	0.71	0.54	0.52	0.381
4.5/2.8	45	28	3	5	2.149	1.687	0.143	4.45	1.44	1.47	1.34	0.79	0.62	9.10	1.47	2.23	0.64	0.80	0.61	0.51	0.383
			4		2.806	2.203	0.143	5.69	1.42	1.91	1.70	0.78	0.80	12.13	1.51	3.00	0.68	1.02	0.60	0.66	0.380
5/3.2	50	32	3	5.5	2.431	1.908	0.161	6.24	1.60	1.84	2.02	0.91	0.82	12.49	1.60	3.31	0.73	1.20	0.70	0.68	0.404
			4		3.177	2.494	0.160	8.02	1.59	2.39	2.58	0.90	1.06	16.65	1.65	4.45	0.77	1.53	0.69	0.87	0.402

| 角钢号数 | 尺寸(mm) | | | | 截面面积 (cm²) | 理论重量 (kg/m) | 外表面积 (m²/m) | 参考数值 | | | | | | | | | | | | | | | |
| | B | b | d | r | | | | x-x | | | y-y | | | x₁-x₁ | | y₁-y₁ | | u-u | | | |
								I_x (cm⁴)	i_x (cm)	W_x (cm³)	I_y (cm⁴)	i_y (cm)	W_y (cm³)	I_{x1} (cm⁴)	y_0 (cm)	I_{y1} (cm⁴)	x_0 (cm)	I_u (cm⁴)	i_u (cm)	W_u (cm³)	tanα
5.6/3.6	56	36	3	6	2.743	2.153	0.181	8.88	1.80	2.32	2.92	1.03	1.05	17.54	1.78	4.70	0.80	1.73	0.79	0.87	0.408
			4		3.590	2.818	0.180	11.45	1.79	3.03	3.76	1.02	1.37	23.39	1.82	6.33	0.85	2.23	0.79	1.13	0.408
			5		4.415	3.466	0.180	13.86	1.77	3.71	4.49	1.01	1.65	29.25	1.87	7.94	0.88	2.67	0.78	1.36	0.404
6.3/4	63	40	4	7	4.058	3.185	0.202	16.49	2.02	3.87	5.23	1.14	1.70	33.30	2.04	8.63	0.92	3.12	0.88	1.40	0.398
			5		4.993	3.920	0.202	20.02	2.00	4.74	6.31	1.12	2.71	41.63	2.08	10.86	0.95	3.76	0.87	1.71	0.396
			6		5.908	4.638	0.201	23.36	1.96	5.59	7.29	1.11	2.43	49.98	2.12	13.12	0.99	4.34	0.86	1.99	0.393
			7		6.802	5.339	0.201	26.53	1.98	6.40	8.24	1.10	2.78	58.07	2.15	15.47	1.03	4.97	0.86	2.29	0.389
7/4.5	70	45	4	7.5	4.547	3.570	0.226	23.17	2.26	4.86	7.55	1.29	2.17	45.92	2.24	12.26	1.02	4.40	0.98	1.77	0.410
			5		5.609	4.403	0.225	27.95	2.23	5.92	9.13	1.28	2.65	57.10	2.28	15.39	1.06	5.40	0.98	2.19	0.407
			6		6.647	5.218	0.225	32.54	2.21	6.95	10.62	1.26	3.12	68.35	2.32	18.58	1.09	6.35	0.98	2.59	0.404
			7		7.657	6.011	0.225	37.22	2.20	8.03	12.01	1.25	3.57	79.99	2.36	21.84	1.13	7.16	0.97	2.94	0.402
(7.5/5)	75	50	5	8	6.125	4.808	0.245	34.86	2.39	6.83	12.61	1.44	3.30	70.00	2.40	21.04	1.17	7.41	1.10	2.74	0.435
			6		7.260	5.699	0.245	41.12	2.38	8.12	14.70	1.42	3.88	84.30	2.44	25.37	1.21	8.54	1.08	3.19	0.435
			8		9.467	7.431	0.244	52.39	2.35	10.52	18.53	1.40	4.99	112.50	2.52	34.23	1.29	10.87	1.07	4.10	0.429
			10		11.590	9.098	0.244	62.71	2.33	12.79	21.96	1.38	6.04	140.80	2.60	43.43	1.36	13.10	1.06	4.99	0.423
8/5	80	50	5	8	6.375	5.005	0.255	41.96	2.56	7.78	12.82	1.42	3.32	85.21	2.60	21.06	1.14	7.66	1.10	2.74	0.388
			6		7.560	5.935	0.255	49.49	2.56	9.25	14.95	1.41	3.91	102.53	2.65	25.41	1.18	8.85	1.08	3.20	0.387
			7		8.724	6.848	0.255	56.16	2.54	10.58	16.96	1.39	4.48	119.33	2.69	29.82	1.21	10.18	1.08	3.70	0.384
			8		9.867	7.745	0.254	62.83	2.52	11.92	18.85	1.38	5.03	136.41	2.73	34.32	1.25	11.38	1.07	4.16	0.381

角钢号数	尺寸(mm)				截面面积 (cm²)	理论重量 (kg/m)	外表面积 (m²/m)	参考数值														
								x—x			y—y			x₁—x₁		y₁—y₁		u—u			
	B	b	d	r				I_x (cm⁴)	i_x (cm)	W_x (cm³)	I_y (cm⁴)	i_y (cm)	W_y (cm³)	I_{x_1} (cm⁴)	y_0 (cm)	I_{y_1} (cm⁴)	x_0 (cm)	I_u (cm⁴)	i_u (cm)	W_u (cm³)	$\tan\alpha$
9/5.6	90	56	5	9	7.212	5.661	0.287	60.45	2.90	9.92	18.32	1.59	4.21	121.32	2.91	29.53	1.25	10.98	1.23	3.49	0.385
			6		8.557	6.717	0.286	71.03	2.88	11.74	21.42	1.58	4.96	145.59	2.95	35.58	1.29	12.90	1.23	4.18	0.384
			7		9.880	7.756	0.286	81.01	2.86	13.49	24.36	1.57	5.70	169.66	3.00	41.71	1.33	14.67	1.22	4.72	0.382
			8		11.183	8.779	0.286	91.03	2.85	15.27	27.15	1.56	6.41	194.17	3.04	47.93	1.36	16.34	1.21	5.29	0.380
10/6.3	100	63	6	10	9.617	7.550	0.320	99.06	3.21	14.64	30.94	1.79	6.35	199.71	3.24	50.50	1.43	18.42	1.38	5.25	0.394
			7		11.111	8.722	0.320	113.45	3.29	16.88	35.26	1.78	7.29	233.00	3.28	59.14	1.47	21.00	1.38	6.02	0.393
			8		12.584	9.878	0.319	127.37	3.18	19.08	39.39	1.77	8.21	266.32	3.32	67.88	1.50	23.50	1.37	6.78	0.391
			10		15.467	12.142	0.310	153.81	3.15	23.32	47.12	1.74	9.98	333.06	3.40	85.73	1.58	28.33	1.35	8.24	0.387
10/8	100	80	6	10	10.637	8.350	0.354	107.04	3.17	15.19	61.24	2.40	10.16	199.83	2.95	102.68	1.97	31.65	1.72	8.37	0.627
			7		12.301	9.656	0.354	122.73	3.16	17.52	70.08	2.39	11.71	233.20	3.00	119.98	2.01	36.17	1.72	9.60	0.626
			8		13.944	10.946	0.353	137.92	3.14	19.81	78.58	2.37	13.21	266.61	3.04	137.37	2.05	40.58	1.71	10.80	0.625
			10		17.167	13.476	0.353	166.87	3.12	24.24	94.65	2.35	16.12	333.63	3.12	172.48	2.13	49.10	1.69	13.12	0.622
11/7	110	70	6	10	10.673	8.350	0.354	133.37	3.54	17.85	42.92	2.01	7.90	265.78	3.53	69.08	1.57	25.36	1.54	6.53	0.403
			7		12.301	9.656	0.354	153.00	3.53	20.60	49.01	2.00	9.09	310.07	3.57	80.82	1.61	28.95	1.53	7.50	0.402
			8		13.944	10.946	0.353	172.04	3.51	23.30	54.87	1.98	10.25	354.39	3.62	92.70	1.65	32.45	1.53	8.45	0.401
			10		17.167	13.476	0.353	208.39	3.48	28.54	65.88	1.96	12.48	443.13	3.70	116.83	1.72	39.20	1.51	10.29	0.397
12.5/8	125	80	7	11	14.096	11.066	0.403	227.98	4.02	26.86	74.42	2.30	12.01	454.99	4.01	120.32	1.80	43.81	1.76	9.92	0.408
			8		15.989	12.551	0.403	256.77	4.01	30.41	83.49	2.28	13.56	519.99	4.06	137.85	1.84	49.15	1.75	11.18	0.407
			10		19.712	15.474	0.402	312.04	3.98	37.33	100.67	2.26	16.56	650.09	4.14	173.40	1.92	59.45	1.74	13.64	0.404
			12		23.351	18.330	0.402	364.41	3.95	44.01	116.67	2.24	19.43	780.39	4.22	209.67	2.00	69.35	1.72	16.01	0.400

角钢号数	尺寸(mm)				截面面积 (cm²)	理论重量 (kg/m)	外表面积 (m²/m)	参 考 数 值														
	B	b	d	r				x—x			y—y			x₁—x₁		y₁—y₁		u—u			
								I_x (cm⁴)	i_x (cm)	W_x (cm³)	I_y (cm⁴)	i_y (cm)	W_y (cm³)	I_{x_1} (cm⁴)	y_0 (cm)	I_{y_1} (cm⁴)	x_0 (cm)	I_u (cm⁴)	i_u (cm)	W_u (cm³)	$\tan\alpha$
14/9	140	90	8	12	18.038	14.160	0.453	365.64	4.50	38.48	120.69	2.59	17.34	730.53	4.50	195.79	2.04	70.83	1.98	14.1	0.411
			10		22.261	17.475	0.452	445.50	4.47	47.31	146.03	2.56	21.22	913.20	4.58	245.92	2.12	85.82	1.96	17.48	0.409
			12		26.400	20.724	0.451	521.59	4.44	55.87	169.79	2.54	24.95	1096.09	4.66	296.89	2.19	100.21	1.95	20.54	0.406
			14		30.456	23.908	0.451	594.10	4.42	64.18	192.10	2.51	28.54	1279.26	4.74	348.82	2.27	114.13	1.94	23.52	0.403
16/10	160	100	10	13	25.315	19.872	0.512	668.69	5.14	62.13	205.03	2.85	26.56	1362.89	5.24	336.59	2.28	121.74	2.19	21.92	0.390
			12		30.054	23.592	0.511	784.91	5.11	73.49	239.06	2.82	31.28	1635.56	5.32	405.94	2.36	142.33	2.17	25.79	0.388
			14		34.709	27.247	0.510	896.30	5.08	84.56	271.20	2.80	35.83	1908.50	5.40	476.42	2.43	162.2	2.16	29.56	0.385
			16		39.281	30.835	0.510	1003.04	5.05	95.33	301.60	2.77	40.24	2181.79	5.48	548.22	2.51	182.57	2.16	33.44	0.382
18/11	180	110	10	14	28.373	22.273	0.571	956.25	5.80	78.96	278.11	3.13	32.49	1940.40	5.89	447.22	2.44	166.50	2.42	26.88	0.376
			12		33.712	26.464	0.571	1124.72	5.78	93.53	325.03	3.10	38.32	2328.38	5.98	538.94	2.52	194.87	2.40	31.66	0.374
			14		38.967	30.589	0.570	1286.91	5.75	107.76	369.55	3.08	43.97	2716.60	6.06	631.92	2.59	222.30	2.39	36.32	0.372
			16		44.139	34.649	0.569	1443.06	5.72	121.64	411.85	3.06	49.44	3105.15	6.14	726.46	2.67	248.94	2.38	40.87	0.369
20/12.5	200	125	12	14	37.912	29.761	0.641	1570.90	6.44	116.73	483.16	3.57	49.99	3193.85	6.54	787.74	2.83	285.79	2.74	41.23	0.392
			14		43.867	34.436	0.640	1800.97	6.41	134.65	550.83	3.54	57.44	3726.17	6.62	922.47	2.91	326.58	2.73	47.34	0.390
			16		49.739	39.045	0.639	2023.35	6.38	152.18	615.44	3.52	64.69	4258.86	6.70	1058.86	2.99	366.21	2.71	53.32	0.388
			18		55.526	43.588	0.639	2238.30	6.35	169.33	677.19	3.49	71.74	4792.00	6.78	1197.13	3.06	404.83	2.70	59.18	0.385

注: 1. 括号内型号不推荐使用。

2. 截面图中的 $r_1 = \frac{1}{3}d$ 及表中 r 的数据用于孔型设计，不做交货条件。

表 3 热轧槽钢 (GB 707—88)

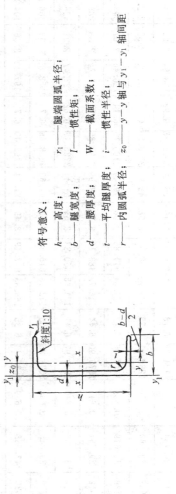

符号意义:

h——高度;
b——腿宽度;
d——腰厚度;
t——平均腿厚度;
r——内圆弧半径;
r_1——腿端圆弧半径;
I——惯性矩;
W——截面系数;
i——惯性半径;
z_0——$y-y$ 轴与 y_1-y_1 轴间距

型号	尺寸 (mm)						截面面积 (cm²)	理论重量 (kg/m)	参 考 数 值							
									$x-x$			$y-y$			y_0-y_0	z_0 (cm)
	h	b	d	t	r	r_1			W_x (cm³)	I_x (cm⁴)	i_x (cm)	W_y (cm⁴)	I_y (cm⁴)	i_y (cm)	I_{y_0} (cm⁴)	
5	50	37	4.5	7	7	3.5	6.93	5.44	10.4	26	1.94	3.55	8.3	1.1	20.9	1.35
6.3	63	40	4.8	7.5	7.5	3.75	8.444	6.63	16.123	50.786	2.453		11.872	1.185	28.38	1.36
8	80	43	5	8	8	4	10.24	8.04	25.3	101.3	3.15	5.79	16.6	1.27	37.4	1.43
10	100	48	5.3	8.5	8.5	4.25	12.74	10	39.7	198.3	3.95	7.8	25.6	1.41	54.9	1.52
12.6	126	53	5.5	9	9	4.5	15.69	12.37	62.137	391.466	4.953	10.242	37.99	1.567	77.09	1.59
14a	140	58	6	9.5	9.5	4.75	18.51	14.53	80.5	563.7	5.52	13.01	53.2	1.7	107.1	1.71
14b	140	60	8	9.5	9.5	4.75	21.31	16.73	87.1	609.4	5.35	14.12	61.1	1.69	120.6	1.67
16a	160	63	6.5	10	10	5	21.95	17.23	108.3	866.2	6.28	16.3	73.3	1.83	144.1	1.8
16	160	65	8.5	10	10	5	25.15	19.74	116.8	934.5	6.1	17.55	83.4	1.82	160.8	1.75
18a	180	68	7	10.5	10.5	5.25	25.69	20.17	141.4	1272.7	7.04	20.03	98.6	1.96	189.7	1.88
18	180	70	9	10.5	10.5	5.25	29.29	22.99	152.2	1369.9	6.84	21.52	111	1.95	210.1	1.84

型号	尺寸 (mm)						截面面积 (cm²)	理论重量 (kg/m)	参 考 数 值							
									x—x			y—y			y0—y0	z0
	h	b	d	t	r	r_1			W_x (cm³)	I_x (cm⁴)	i_x (cm)	W_y (cm³)	I_y (cm⁴)	i_y (cm)	I_{y_0} (cm⁴)	(cm)
20a	200	73	7	11	11	5.5	28.83	22.63	178	1780.4	7.86	24.2	128	2.11	244	2.01
20	200	75	9	11	11	5.5	32.83	25.77	191.4	1913.7	7.64	25.88	143.6	2.09	268.4	1.95
22a	220	77	7	11.5	11.5	5.75	31.84	24.99	217.6	2393.9	8.67	28.17	157.8	2.23	298.2	2.1
22	220	79	9	11.5	11.5	5.75	36.24	28.45	233.8	2571.4	8.42	30.05	176.4	2.21	326.3	2.03
a	250	78	7	12	12	6	34.91	27.47	269.597	3369.62	9.823	30.607	175.529	2.243	322.256	2.065
25b	250	80	9	12	12	6	39.91	31.39	282.402	3530.04	9.405	32.657	196.421	2.218	353.187	1.982
c	250	82	11	12	12	6	44.91	35.32	295.236	3690.45	9.065	35.926	218.415	2.206	384.133	1.921
a	280	82	7.5	12.5	12.5	6.25	40.02	31.42	340.328	4764.59	10.91	35.718	217.989	2.333	387.566	2.097
28b	280	84	9.5	12.5	12.5	6.25	45.62	35.81	366.46	5130.45	10.6	37.929	242.144	2.304	427.589	2.016
c	280	86	11.5	12.5	12.5	6.25	51.22	40.21	392.594	5496.32	10.35	40.301	267.602	2.286	426.597	1.951
a	320	88	8	14	14	7	48.7	38.22	474.879	7598.06	12.49	46.473	304.787	2.502	552.31	2.242
32b	320	90	10	14	14	7	55.1	43.25	509.012	8144.2	12.15	49.157	336.332	2.471	592.933	2.158
c	320	92	12	14	14	7	61.5	48.28	543.145	8690.33	11.88	52.642	374.175	2.467	643.299	2.092
a	360	96	9	16	16	8	60.89	47.8	659.7	11874.2	13.97	63.54	455	2.73	818.4	2.44
36b	360	98	11	16	16	8	68.09	53.45	702.9	12651.8	13.63	66.85	496.7	2.7	880.4	2.37
c	360	100	13	16	16	8	75.29	50.1	746.1	13429.4	13.36	70.02	536.4	2.67	947.9	2.34
a	400	100	10.5	18	18	9	75.05	58.91	878.9	17577.9	15.30	78.83	592	2.81	1067.6	2.49
40b	400	102	12.5	18	18	9	83.05	65.19	932.2	18644.5	14.98	82.52	640	2.78	1135.6	2.44
c	400	104	14.5	18	18	9	91.05	71.47	985.6	19711.2	14.71	86.19	687.8	2.75	1220.7	2.42

注：截面图和表中标注的圆弧半径 r、r_1 的数据用于孔型设计，不做交货条件。

表 4 热轧工字钢 (GB 706—88)

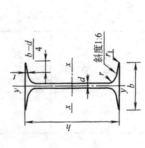

符号意义:
h——高度;
b——腿宽度;
d——腰厚度;
t——平均腿厚度;
r——内圆弧半径;
r₁——腿端圆弧半径;
I——惯性矩;
W——截面系数;
i——惯性半径;
S——半截面的静矩;

型号	尺寸(mm)						截面面积 (cm²)	理论重量 (kg/m)	参考数值						
									$x-x$				$y-y$		
	h	b	d	t	r	r_1			I_x (cm⁴)	W_x (cm³)	i_x (cm)	$I_x:S_x$ (cm)	I_y (cm⁴)	W_y (cm³)	i_y (cm)
10	100	68	4.5	7.6	6.5	3.3	14.3	11.2	245	49	4.14	8.59	33	9.72	1.52
12.6	126	74	5	8.4	7	3.5	18.1	14.2	488.43	77.529	5.195	10.58	46.906	12.677	1.609
14	140	80	5.5	9.1	7.5	3.8	21.5	16.9	712	102	5.76	12	64.4	16.1	1.73
16	160	88	6	9.9	8	4	26.1	20.5	1130	141	6.58	13.8	93.1	21.2	1.89
18	180	94	6.5	10.7	8.5	4.3	30.6	24.1	1660	185	7.36	15.4	122	26	2
20a	200	100	7	11.4	9	4.5	35.5	27.9	2370	237	8.15	17.2	158	31.5	2.12
20b	200	102	9	11.4	9	4.5	39.5	31.1	2500	250	7.96	16.9	169	33.1	2.06
22a	220	110	7.5	12.3	9.5	4.8	42	33	3400	309	8.99	18.9	225	40.9	2.31
22b	220	112	9.5	12.3	9.5	4.8	46.4	36.4	3570	325	8.78	18.7	239	42.7	2.27
25a	250	116	8	13	10	5	48.5	38.1	5023.54	101.88	10.8	21.58	280.046	47.283	2.403
25b	250	118	10	13	10	5	53.5	42	5283.96	422.72	9.938	21.27	309.297	52.423	2.404
28a	280	122	8.5	13.7	10.5	5.3	55.45	43.4	7114.14	508.15	11.32	24.62	345.051	56.565	2.495
28b	280	124	10.5	13.7	10.5	5.3	61.05	47.9	7480	534.29	11.08	24.24	379.496	61.209	2.493

型号	尺寸(mm)						截面面积 (cm²)	理论重量 (kg/m)	参 考 数 值						
									$x-x$				$y-y$		
	h	b	d	t	r	r_1			I_x (cm⁴)	W_x (cm³)	i_x (cm)	$I_x:S_x$ (cm)	I_y (cm⁴)	W_y (cm³)	i_y (cm)
32a	320	130	9.5	15	11.5	5.8	67.05	52.7	11075.5	692.2	12.84	27.46	459.93	70.758	2.619
32b	320	132	11.5	15	11.5	5.8	73.45	57.7	11621.4	726.33	12.58	27.09	501.53	75.989	2.614
32c	320	134	13.5	15	11.5	5.8	79.95	62.8	12167.5	760.47	12.34	26.77	543.81	81.166	2.608
36a	360	136	10	15.8	12	6	76.3	59.9	15760	875	14.4	30.7	552	81.2	2.69
36b	360	138	12	15.8	12	6	83.5	65.6	16530	919	14.1	30.3	582	84.3	2.64
36c	360	140	14	15.8	12	6	90.7	71.2	17310	962	13.8	29.9	612	87.4	2.6
40a	400	142	10.5	16.5	12.5	6.3	86.1	67.6	21720	1090	15.9	34.1	660	93.2	2.77
40b	400	144	12.5	16.5	12.5	6.3	94.1	73.8	22780	1140	15.6	33.6	692	96.2	2.71
40c	400	146	14.5	16.5	12.5	6.3	102	80.1	23850	1190	15.2	33.2	727	99.6	2.65
45a	450	150	11.5	18	13.5	6.8	102	80.4	32240	1430	17.7	38.6	855	144	2.89
45b	450	152	13.5	18	13.5	6.8	111	87.4	33760	1500	17.4	38	894	118	2.84
45c	450	154	15.5	18	13.5	6.8	120	94.5	35280	1570	17.1	37.6	938	122	2.79
50a	500	158	12	20	14	7	119	93.6	46470	1860	19.7	42.8	1120	142	3.07
50b	500	160	14	20	14	7	129	101	48560	1940	19.4	42.4	1170	146	3.01
50c	500	162	16	20	14	7	139	109	50640	2080	19	41.8	1220	151	2.96
56a	560	166	12.5	21	14.5	7.3	135.25	106.2	65585.6	2342.31	22.02	47.73	1370.16	165.08	3.182
56b	560	168	14.5	21	14.5	7.3	146.45	115	68512.5	2446.69	21.63	47.17	1486.75	174.25	3.162
56c	560	170	16.5	21	14.5	7.3	157.85	123.9	71439.4	2551.41	21.27	46.66	1558.39	183.34	3.158
63a	630	176	13	22	15	7.5	154.9	121.6	93916.2	2981.47	24.62	54.17	1700.55	193.24	3.314
63b	630	178	15	22	15	7.5	167.5	131.5	98083.6	3163.98	24.2	53.51	1812.07	203.6	3.289
63c	630	180	17	22	15	7.5	180.1	141	102251.1	3298.42	23.82	52.92	1924.91	213.88	3.268

注：截面图和表中标注的圆弧半径 r、r_1 的数据用于孔型设计，不做交货条件。

附录二 矩形板在分布荷载下作用的静力计算表

符号说明：

M_x、M_{xmax}——分别为平行于 l_x 方向板中心点的弯矩和板跨内的最大弯矩；

M_y、M_{ymax}——分别为平行于 l_y 方向板中心点的弯矩和板跨内的最大弯矩；

M_{0x}、M_{0y}——分别为平行于 l_x 方向和 l_y 方向自由边的中点弯矩；

M_x^0、M_y^0——分别为固定边中点沿 l_x 方向和 l_y 方向的弯矩；

M_{xz}^0——平行 l_x 方向自由边上固定端的支座弯矩；

μ——泊松比

⊓⊓⊓⊓⊓ 代表固定边　═════ 代表简支边　　　　代表自由边

弯矩符号——是板的受载荷面受压者为正。

表中的弯矩系数均为单位板宽的弯矩系数。

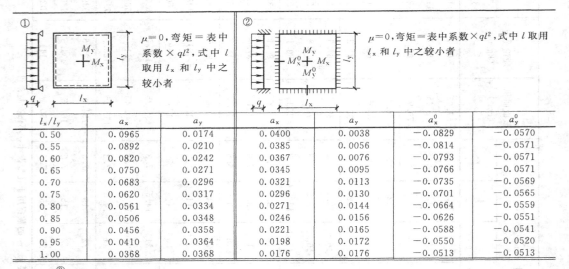

① $\mu=0$，弯矩＝表中系数×ql^2，式中 l 取用 l_x 和 l_y 中之较小者

② $\mu=0$，弯矩＝表中系数×ql^2，式中 l 取用 l_x 和 l_y 中之较小者

l_x/l_y	a_x	a_y	a_x	a_y	a_x^0	a_y^0
0.50	0.0965	0.0174	0.0400	0.0038	−0.0829	−0.0570
0.55	0.0892	0.0210	0.0385	0.0056	−0.0814	−0.0571
0.60	0.0820	0.0242	0.0367	0.0076	−0.0793	−0.0571
0.65	0.0750	0.0271	0.0345	0.0095	−0.0766	−0.0571
0.70	0.0683	0.0296	0.0321	0.0113	−0.0735	−0.0569
0.75	0.0620	0.0317	0.0296	0.0130	−0.0701	−0.0565
0.80	0.0561	0.0334	0.0271	0.0144	−0.0664	−0.0559
0.85	0.0506	0.0348	0.0246	0.0156	−0.0626	−0.0551
0.90	0.0456	0.0358	0.0221	0.0165	−0.0588	−0.0541
0.95	0.0410	0.0364	0.0198	0.0172	−0.0550	−0.0520
1.00	0.0368	0.0368	0.0176	0.0176	−0.0513	−0.0513

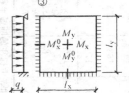

③ $\mu=0$，弯矩＝表中系数×ql^2，式中 l 取用 l_x 和 l_y 中之较小者

l_x/l_y	l_y/l_x	a_x	a_{xmax}	a_y	a_{ymax}	a_x^0	a_y^0
0.50		0.0408	0.0409	0.0028	0.0089	−0.0836	−0.0569
0.55		0.0398	0.0399	0.0042	0.0093	−0.0827	−0.0570
0.60		0.0384	0.0386	0.0059	0.0105	−0.0814	−0.0571
0.65		0.0368	0.0371	0.0076	0.0116	−0.0796	−0.0572
0.70		0.0350	0.0354	0.0093	0.0127	−0.0774	−0.0572

③

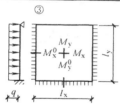

$\mu=0$，弯矩＝表中系数$\times ql^2$，式中 l 取用 l_x 和 l_y 中之较小者

l_x/l_y	l_y/l_x	a_x	a_{xmax}	a_y	a_{ymax}	a_x^0	a_y^0
0.75		0.0331	0.0335	0.0109	0.0137	−0.0750	−0.0572
0.80		0.0310	0.0314	0.0124	0.0147	−0.0722	−0.0570
0.85		0.0289	0.0293	0.0138	0.0155	−0.0693	−0.0567
0.90		0.0268	0.0273	0.0159	0.0163	−0.0663	−0.0563
0.95		0.0247	0.0252	0.0160	0.0172	−0.0631	−0.0558
1.00	1.00	0.0227	0.0231	0.0168	0.0180	−0.0600	−0.0550
	0.95	0.0229	0.0234	0.0194	0.0207	−0.0629	−0.0599
	0.90	0.0228	0.0234	0.0223	0.0238	−0.0656	−0.0653
	0.85	0.0225	0.0231	0.0255	0.0273	−0.0683	−0.0711
	0.80	0.0219	0.0224	0.0290	0.0311	−0.0707	−0.0772
	0.75	0.0208	0.0214	0.0329	0.0354	−0.0729	−0.0837
	0.70	0.0194	0.0200	0.0370	0.0400	−0.0748	−0.0903
	0.65	0.0175	0.0182	0.0412	0.0446	−0.0762	−0.0970
	0.60	0.0153	0.0160	0.0454	0.0493	−0.0773	−0.1033
	0.55	0.0127	0.0133	0.0496	0.0541	−0.0780	−0.1093
	0.50	0.0099	0.0103	0.0534	0.0588	−0.0784	−0.1146

④

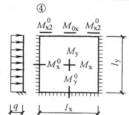

$\mu=\dfrac{1}{6}$，弯矩＝表中系数$\times ql_x^2$

l_y/l_x	a_x^u	a_y^u	a_x^0	a_y^0	a_{xz}^0	a_{0x}
0.30	0.0018	−0.0039	−0.0135	−0.0344	−0.0345	0.0068
0.35	0.0039	−0.0026	−0.0179	−0.0406	−0.0432	0.0112
0.40	0.0063	−0.0008	−0.0227	−0.0454	−0.0506	0.0160
0.45	0.0090	0.0014	−0.0275	−0.0489	−0.0564	0.0207
0.50	0.0116	0.0034	−0.0322	−0.0513	−0.0607	0.0250
0.55	0.0142	0.0054	−0.0368	−0.0530	−0.0635	0.0288
0.60	0.0166	0.0072	−0.0412	−0.0541	−0.0652	0.0320
0.65	0.0188	0.0087	−0.0453	−0.0548	−0.0661	0.0347
0.70	0.0209	0.0100	−0.0490	−0.0553	−0.0663	0.0368
0.75	0.0228	0.0111	−0.0526	−0.0557	−0.0661	0.0385
0.80	0.0246	0.0119	−0.0558	−0.0560	−0.0656	0.0399
0.85	0.0262	0.0125	−0.0588	−0.0562	−0.0651	0.0409
0.90	0.0277	0.0129	−0.0615	−0.0563	−0.0644	0.0417
0.95	0.0291	0.0132	−0.0639	−0.0564	−0.0638	0.0422
1.00	0.0304	0.0135	−0.0662	−0.0565	−0.0632	0.0427
1.10	0.0327	0.0133	−0.0701	−0.0566	−0.0623	0.0431
1.20	0.0345	0.0130	−0.0732	−0.0567	−0.0617	0.0433
1.30	0.0361	0.0125	−0.0758	−0.0568	−0.0614	0.0434
1.40	0.0374	0.0119	−0.0778	−0.0568	−0.0614	0.0433
1.50	0.0384	0.0113	−0.0794	−0.0569	−0.0616	0.0433
1.75	0.0402	0.0099	−0.0819	−0.0569	−0.0625	0.0431
2.00	0.0411	0.0087	−0.0832	−0.0569	−0.0637	0.0431

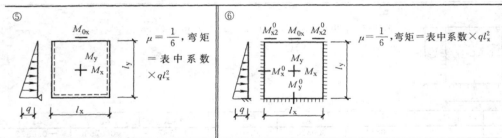

⑤ $\mu=\dfrac{1}{6}$，弯矩 = 表中系数 × ql_x^2

⑥ $\mu=\dfrac{1}{6}$，弯矩 = 表中系数 × ql_x^2

l_y/l_x	a_x^u	a_y^u	a_x^0	a_{xz}^0	a_{0x}	a_x^u	a_y^u	a_x^0	a_y^0
0.30	0.0052	0.0052	0.0083	−0.0079	0.0019	0.0007	0.0001	−0.0050	−0.0122
0.35	0.0069	0.0067	0.0109	−0.0098	0.0031	0.0014	0.0008	−0.0067	−0.0149
0.40	0.0088	0.0083	0.0135	−0.0112	0.0044	0.0022	0.0017	−0.0085	−0.0173
0.45	0.0108	0.0098	0.0161	−0.0121	0.0056	0.0031	0.0028	−0.0104	−0.0195
0.50	0.0128	0.0111	0.0186	−0.0126	0.0068	0.0040	0.0038	−0.0124	−0.0215
0.55	0.0148	0.0124	0.0210	−0.0126	0.0078	0.0050	0.0048	−0.0144	−0.0232
0.60	0.0168	0.0135	0.0231	−0.0122	0.0085	0.0059	0.0057	−0.0164	−0.0249
0.65	0.0188	0.0145	0.0250	−0.0116	0.0091	0.0069	0.0065	−0.0183	−0.0264
0.70	0.0208	0.0154	0.0266	−0.0107	0.0095	0.0078	0.0071	−0.0202	−0.0279
0.75	0.0227	0.0161	0.0281	−0.0098	0.0098	0.0087	0.0077	−0.0220	−0.0292
0.80	0.0246	0.0167	0.0263	−0.0089	0.0099	0.0096	0.0081	−0.0237	−0.0305
0.85	0.0264	0.0172	0.0302	−0.0079	0.0099	0.0105	0.0085	−0.0254	−0.0317
0.90	0.0281	0.0176	0.0310	−0.0070	0.0097	0.0114	0.0087	−0.0270	−0.0329
0.95	0.0297	0.0179	0.0316	−0.0061	0.0096	0.0122	0.0088	−0.0284	−0.0340
1.00	0.0313	0.0181	0.0321	−0.0053	0.0093	0.0129	0.0089	−0.0298	−0.0350
1.10	0.0343	0.0184	0.0325	−0.0040	0.0088	0.0144	0.0088	−0.0323	−0.0368
1.20	0.0371	0.0184	0.0325	−0.0030	0.0082	0.0156	0.0085	−0.0344	−0.0384
1.30	0.0396	0.0183	0.0322	−0.0023	0.0075	0.0167	0.0081	−0.0361	−0.0398
1.40	0.0419	0.0180	0.0316	−0.0018	0.0070	0.0176	0.0076	−0.0376	−0.0420
1.50	0.0441	0.0177	0.0308	−0.0015	0.0065	0.0184	0.0071	−0.0387	−0.0421
1.75	0.0486	0.0166	0.0285	−0.0011	0.0054	0.0197	0.0059	−0.0406	−0.0442
2.00	0.0521	0.0155	0.0260	−0.0011	0.0047	0.0204	0.0050	−0.0415	−0.0458

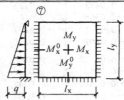

⑦ $\mu=0$，弯矩 = 表中系数 × ql^2，式中 l 取用 l_x 和 l_y 中之较小者

l_x/l_y	l_y/l_x	a_x	a_{xmax}	a_y	a_{ymax}	a_x^0	a_y^0
	0.50	0.0044	0.0045	0.0252	0.0253	−0.0367	−0.0622
	0.55	0.0056	0.0059	0.0235	0.0235	−0.0365	−0.0599
	0.60	0.0068	0.0071	0.0217	0.0217	−0.0362	−0.0572
	0.65	0.0079	0.0081	0.0198	0.0198	−0.0357	−0.0543
	0.70	0.0087	0.0089	0.0178	0.0178	−0.0351	−0.0513
	0.75	0.0094	0.0096	0.0160	0.0160	−0.0343	−0.0483
	0.80	0.0099	0.0100	0.0142	0.0144	−0.0383	−0.0453
	0.85	0.0103	0.0103	0.0126	0.0129	−0.0322	−0.0424
	0.90	0.0105	0.0105	0.0111	0.0116	−0.0311	−0.0397
	0.95	0.0106	0.0106	0.0097	0.0105	−0.0298	−0.0371

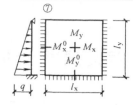

⑦ $\mu=0$，弯矩＝表中系数×ql^2，式中 l 取用 l_x 和 l_y 中之较小者

l_x/l_y	l_y/l_x	a_x	a_{xmax}	a_y	a_{ymax}	a_x^0	a_y^0
1.00	1.00	0.0105	0.0105	0.0085	0.0095	−0.0286	−0.0347
0.95		0.0115	0.0115	0.0082	0.0094	−0.0301	−0.0358
0.90		0.0125	0.0125	0.0078	0.0094	−0.0318	−0.0369
0.85		0.0136	0.0136	0.0072	0.0094	−0.0333	−0.0381
0.80		0.0147	0.0147	0.0066	0.0093	−0.0349	−0.0392
0.75		0.0158	0.0159	0.0059	0.0094	−0.0364	−0.0403
0.70		0.0168	0.0171	0.0051	0.0093	−0.0373	−0.0414
0.65		0.0178	0.0183	0.0043	0.0092	−0.0390	−0.0425
0.60		0.0187	0.0197	0.0034	0.0093	−0.0401	−0.0436
0.55		0.0195	0.0211	0.0025	0.0092	−0.0410	−0.0447
0.50		0.0202	0.0225	0.0017	0.0088	−0.0416	−0.0458

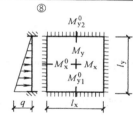

⑧ $\mu=0$，弯矩＝表中系数×ql^2，式中 l 取用 l_x 和 l_y 中之较小者

l_x/l_y	l_y/l_x	a_x	a_{xmax}	a_y	a_{ymax}	a_x^0	a_{y1}^0	a_{y2}^0
	0.50	0.0019	0.0050	0.0200	0.0207	−0.0285	−0.0498	−0.0331
	0.55	0.0028	0.0051	0.0193	0.0198	−0.0285	−0.0490	−0.0324
	0.60	0.0038	0.0052	0.0183	0.0188	−0.0286	−0.0480	−0.0313
	0.65	0.0048	0.0055	0.0172	0.0179	−0.0286	−0.0466	−0.0300
	0.70	0.0057	0.0058	0.0161	0.0168	−0.0284	−0.0451	−0.0285
	0.75	0.0065	0.0066	0.0148	0.0156	−0.0283	−0.0433	−0.0268
	0.80	0.0072	0.0072	0.0135	0.0144	−0.0280	−0.0414	−0.0250
	0.85	0.0078	0.0078	0.0123	0.0133	−0.0276	−0.0394	−0.0232
	0.90	0.0082	0.0082	0.0111	0.0122	−0.0270	−0.0374	−0.0214
	0.95	0.0086	0.0086	0.0099	0.0111	−0.0264	−0.0354	−0.0196
1.00	1.00	0.0088	0.0088	0.0088	0.0100	−0.0257	−0.0334	−0.0179
0.95		0.0099	0.0100	0.0086	0.0100	−0.0275	−0.0348	−0.0179
0.90		0.0111	0.0112	0.0082	0.0100	−0.0294	−0.0362	−0.0178
0.85		0.0123	0.0125	0.0078	0.0100	−0.0313	−0.0376	−0.0175
0.80		0.0135	0.0138	0.0072	0.0098	−0.0332	−0.0389	−0.0171
0.75		0.0148	0.0152	0.0065	0.0097	−0.0350	−0.0401	−0.0164
0.70		0.0161	0.0166	0.0057	0.0096	−0.0368	−0.0413	−0.0156
0.65		0.0172	0.0181	0.0048	0.0094	−0.0383	−0.0425	−0.0146
0.60		0.0183	0.0195	0.0038	0.0094	−0.0396	−0.0436	−0.0135
0.55		0.0193	0.0210	0.0028	0.0092	−0.0407	−0.0447	−0.0123
0.50		0.0200	0.0225	0.0019	0.0088	−0.0414	−0.0458	−0.0112

附录三 钢筋混凝土清

总说明

一、主编单位

上海市政工程设计研究院。

二、适用范围

(1) 本图集为钢筋混凝土清水池，分设圆形清水池、矩形清水池两大类。适用于贮盛常温、无侵蚀性的水。

(2) 适用条件：

抗震设防烈度：8度（Ⅰ～Ⅱ类场地土）；

7度（Ⅰ～Ⅳ类场地土）；

6度以下地区。

覆土条件：本图集中的水池池顶及池壁外均考虑覆土，分为池顶覆土厚500mm，1000mm两种。

地下水位：地下水允许高出底板面上的高度，详见各有关水池结构图。

地基承载力设计值：池顶覆土厚500mm，$f \geqslant 80 \text{kPa}$；

池顶覆土厚1000mm，$f \geqslant 100 \text{kPa}$。

(3) 本图集不适用于湿陷性黄土、多年冻土、膨胀土、淤泥和淤泥质土、冲填土、杂填土或其他高压缩性土层构成的地基，如需在以上地区选用必须按有关规范对地基进行处理并对基础结构进行修正。

(4) 本图集中工艺管道及附属设备布置仅作典型表示，选用时可根据具体情况作相应的调整。

三、设计依据

(1) 室外给水设计规范（GBJ 13—86）

(2) 室外给水排水和煤气热力工程抗震设计规范（TJ 32—78）

(3) 建筑结构荷载规范（GBJ 9—87）

(4) 混凝土结构设计规范（GBJ 10—89）

(5) 建筑地基基础设计规范（GBJ 7—89）

(6) 建筑抗震设计规范（GBJ 11—89）

(7) 给水排水工程结构设计规范（GBJ 69—84）

(8) 建筑结构制图标准（GBJ 105—87）

水池结构施工图

四、可根据不同的容积和工程地质等条件选用本图集有关图纸

五、设计条件

（1）池顶活荷载标准值取 $2.0kN/m^2$，池边活荷载标准值取 $5.0kN/m^2$。

（2）土壤条件：抗浮验算池顶覆土重度取 $16kN/m^3$；

强度计算池顶覆土重度取 $20kN/m^3$（饱和重度）；

池壁侧向土压力计算，填土重度取 $18kN/m^3$，填土折算内摩擦角 $\varphi=25°$。

六、工艺布置

管道口径的选择应根据实际需要决定，为选用方便，本图集提供下表供选用参考：

管道口径选用表 单位：mm

类别 \ 容量(m³)	50	100	150	200	300	400	500	600	800	1000	2000	3000	4000	5000
进水管	100	150	150	200	250	250	300	300	400	400	600	800	900	900
出水管	150	200	250	250	300	300	300	300	400	400	700	900	1000	1000
溢水管	100	150	150	200	250	250	300	300	400	400	600	800	900	900
排水管	100	100	100	100	150	150	150	150	200	200	300	300	300	300

表中所列管径系按以下工艺条件确定：

（1）调节容量为制水量的 10％～15％；

（2）时变化系数：制水能力小于等于 $3000m^3/d$ 时取 2；

制水能力大于等于 $3000m^3/d$ 时取 1.5；

（3）管道流速采用 0.5～1.2m/s，小口径取低值，大口径取高值；

（4）溢水管口径与进水管相同；

（5）排水管按 1 小时内放空池内 500mm 储水深度计算。

七、材料

（1）工艺管道：

1）钢制管件、管道支架等均先刷底漆一道，再刷防锈漆两道（无毒）；

2）铸铁直管及管件规格按中华人民共和国标准《灰口铸铁管件》（GB 3420—82）采用；

3）承插铸铁管道采用石棉水泥接口。

（2）混凝土：

1）垫层为 C10；

总说明（一）	图集号	96S824

总说明

2）池体为 C25；

3）池体抗渗强度等级 S6。

(3) 钢筋：直径小于等于 10mm 时用 I 级钢筋；直径大于 10mm 时用 II 级钢筋。

(4) 钢梯、预埋件采用 Q235A 钢（原 A3 钢）。

(5) 粉刷：

1）水池内壁、顶板底面和底板顶面，用 1：2 防水水泥砂浆抹面，厚 20mm；

2）水池外壁、支柱和其他表面用 1：2 水泥砂浆抹面，厚 15mm。

(6) 砖砌体：

导流墙为 240mm 厚黏土烧结砖砖墙，砖块强度等级为 MU10，用 M5 水泥砂浆砌筑，1：2 水泥砂浆双面抹面，厚 15mm。

八、使用本图集时，有关检修孔、集水坑、铁梯、穿墙管、穿墙管加固、水管吊架、通风孔等均另见钢筋混凝土清水池附属构配件图 96S821

九、施工制作要求

(1) 本图集尺寸均以 mm 为单位，标高以 m 为单位。

(2) 水池施工、安装及验收均应遵照现行建筑施工验收规范进行。

(3) 混凝土：

1）水池混凝土浇筑时必须振捣密实，不得漏振；

2）池壁施工缝的位置可以设在以下两处：

（a）底板与池壁连接的斜托上部；

（b）池壁与顶板连接的斜托下部。

3）当水池长度超过 25m 时，水池混凝土可选用下列方法施工：

（a）采用补偿收缩混凝土（可在混凝土中掺用 UEA 膨胀剂），限制膨胀率 $2 \times 10^{-4} \sim 5 \times 10^{-4}$，自应力值 $0.2 \sim 0.7\text{MPa}$；

（b）在水池长度中部处（若遇柱子，可错开一个区格），设 1m 宽的后浇带（含顶、壁、底板），间隔 30 天后，再用 C30 补偿收缩混凝土浇捣。

4）采用 UEA 微膨胀剂拌制补偿收缩混凝土时，应注意下列各项：

（a）混凝土配合比设计要经试验确定；

（b）水泥采用不低于 42.5 级的普通硅酸盐水泥为宜；

（c）混凝土浇捣完毕后，应在 12 小时内加以覆盖和浇水；

（d）混凝土浇水养护不得少于 14 昼夜，亦可采用蓄水或涂刷薄膜养生液养护；

（e）平均气温低于 5℃时，不得浇水，应采用保温措施，在炎热气候条件下
应采取降温措施；

（f）拆膜后，混凝土表面应加覆盖，防止阳光暴晒和寒潮袭击；

（g）混凝土搅拌时间，应比普通混凝土延长一分钟，以保证搅拌均匀；

（h）混凝土其他施工注意事项与一般混凝土相同。

5）为提高水池的不透水性，池内的 1:2 防水水泥砂浆抹面，应分层紧密连续
涂抹，每层的接缝需上下左右错开，并应与混凝土的施工缝错开。

6）浇筑水池混凝土前应将铁梯、墙管和吊攀等预埋件按图预先埋设牢固，防止
浇筑混凝土时松动，安装附属设备之预留孔洞亦应事先留出，不得事后
敲凿。

7）水池混凝土抗渗强度等级为 S6，如无抗渗试验条件时，则应符合以下施工
要求：

（a）水泥采用不低于 32.5 级普通硅酸盐水泥；

（b）每立方米混凝土的水泥用量宜控制在 300～350kg；

（c）水灰比宜控制在 0.55 以下；

（d）混凝土需有良好级配，严格控制砂石的含泥量，并振捣密实和加强养护。

（4）钢筋：

1）主钢筋混凝土保护层：柱为 35mm；底板、顶板和池壁为 25mm；其余
为 20mm；

2）钢筋的接头可采用搭接，受拉钢筋搭接长度除图中注明外，Ⅰ 级钢 $30d$，Ⅱ
级钢 $42d$，钢筋搭接的接头应相互错开，同一截面处钢筋接头数量应不大于
总数量的 25%；

3）钢筋遇到孔洞时应尽量绕过，不得截断，如必须截断时，应与孔洞口加固环
筋焊接锚固。

（5）施工期间注意基坑排水，防止水池上浮。

（6）水池土建完成后，覆土回填工作应沿水池四周及池顶分层均匀回填，防止超填。
顶板表面覆土时要避免大力夯打。对于设置在地下水地区的水池应在试水合格
后立即回填，先填池顶土，后填四周土。

（7）水池抹面之前先做充水试验，充水分三次，每次充水 1/3 水深，每次充水结束
稳定两天，观察和测定渗漏情况，扣除管道的渗漏因素，24 小时渗漏率应小于
1/1000，根据观察到的渗漏，视具体情况修补。

（8）本图集未考虑冬期施工，冬期施工应按有关规定执行。

总说明（二）	图集号	96S824

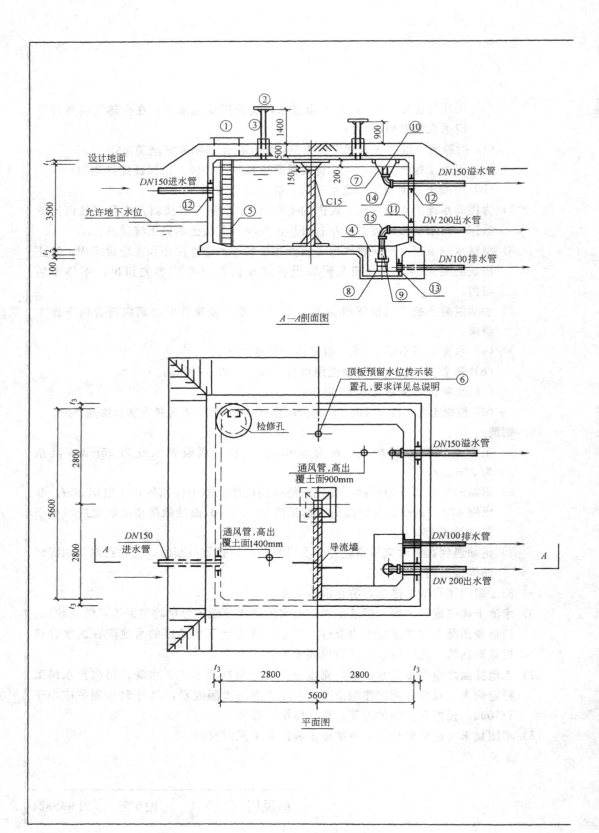

设计地面

t_1

3500

DN150进水管

允许地下水位

⑫

100

t_2

①

③

②

1400

500

150

⑤

C15

⑦

⑭

200

900

⑩

DN150溢水管

⑫

⑧

④

⑮

⑨

⑪

DN200出水管

⑬

DN100排水管

A—A剖面图

t_3

2800

5600

2800

t_3

DN150
进水管

A

检修孔

顶板预留水位传示装
置孔,要求详见总说明
⑥

DN150溢水管

通风管,高出
覆土面900mm

通风管,高出
覆土面1400mm

导流墙

DN100排水管

DN200出水管

A

t_3

2800

2800

t_3

5600

平面图

工程数量表

编号	名 称	规 格	材料	单位	数量	备 注
①	检修孔	DN1000		只	1	
②	通风帽	DN200		只	2	A型B型可任选
③	通风管	DN200	钢	根	2	详见96S821
④	集水坑					规格数量视实际要求而定
⑤	铁梯			座	1	详见96S821
⑥	水位传示仪	水深3300		套	1	
⑦	水管吊架		钢	付	1	详见96S821
⑧	喇叭口支架		钢	只	1	详见90S319
⑨	喇叭口	DN200×300	钢	只	1	详见90S319
⑩	喇叭口	DN150×225	钢	只	1	详见90S319
⑪	穿墙套管	DN200	钢	只	1	详见96S821
⑫	穿墙套管	DN150	钢	只	2	详见96S821
⑬	穿墙套管	DN100	钢	只	1	详见96S821
⑭	钢制弯头	DN150×90°	钢	只	1	详见S311,32-4
⑮	钢制弯头	DN200×90°	钢	只	1	详见S311,32-4
⑯	法兰	DN150	钢	片	2	详见S311,32-30
⑰	法兰	DN200	钢	片	4	详见S311,32-30
⑱	钢管	DN100	钢	m	3	
⑲	钢管	DN150	钢	m	4	
⑳	钢管	DN200	钢	m	3	

说明：

（1）本图尺寸单位均以 mm 计。

（2）池顶覆土高度为 500mm。

（3）本图中 t_1 为顶板厚度，t_2 为底板厚度，t_3 为池壁厚度。

（4）本图所注管径可根据设计需要作修改。

（5）有关工艺布置详细说明见总说明。

（6）导流墙布置可视进出水管位置进行修改。

（7）导流墙顶距池顶板底 200，导流墙底部每隔 2000 开流水孔 120×120。

（8）池底排水坡 $i=0.005$，坡向集水坑。

（9）检修孔、水位尺、各种附属设备和水管管径、根数、平面位置、高程以及与出水管管径、根数有关的集水坑布置应按具体工程情况，另见工程布置图。

100m³ 矩形清水池总布置图	图集号	96S824

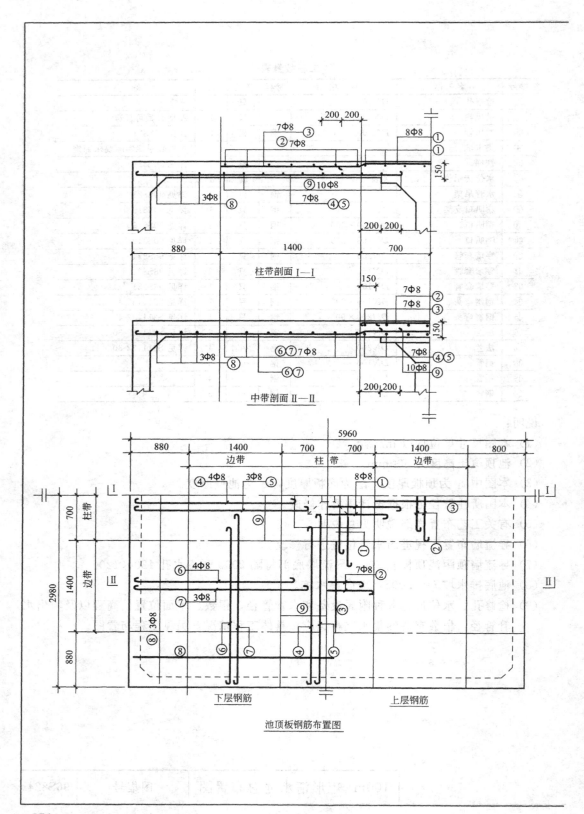

柱带剖面 I—I

中带剖面 II—II

池顶板钢筋布置图

下层钢筋

上层钢筋

钢筋及材料表

构件名称	编号	略 图	直径 (mm)	长度 (mm)	根数	总长度 (m)	各构件材料用量			
							钢筋			混凝土 C25 (m³)
							直径 (mm)	总长度 (m)	重量 (kg)	
顶 板	1	⊏2000⊐	8	2120	16	34	8	461	182	5.3
	2	⊏1250⊐	8	1370	28	38				
	3	1400	8	1400	28	39	共计Ⅰ级钢筋(≤φ10)182kg			
	4	⊏2455⊐	8	2575	16	41				
	5	⊏2655⊐	8	2775	12	33				
	6	⊏2455⊐	8	2575	32	82				
	7	⊏2655⊐	8	2775	24	67				
	8	5910	8	5910	12	71				
	9	1400	8	1400	40	56				

说明

(1) 本图尺寸均以 mm 为单位。

(2) 本图适用池顶覆土 500mm。

(3) 允许最高地下水位在水池底板以上 2100mm。

(4) 钢筋在板带内均匀分布。

100m³ 矩形清水池顶板配筋图	图集号	96S824

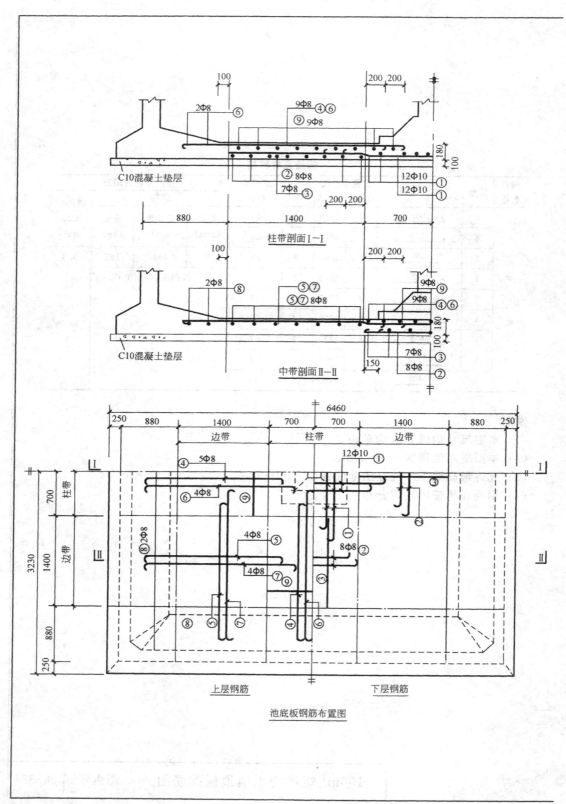

柱带剖面Ⅰ—Ⅰ

中带剖面Ⅱ—Ⅱ

上层钢筋　　　　　下层钢筋

池底板钢筋布置图

钢筋及材料表

构件名称	编号	略　图	直径(mm)	长度(mm)	根数	总长度(m)	各构件材料用量			混凝土 C25(m³)
							钢筋			
							直径(mm)	总长度(m)	重量(kg)	
底板	1	⌐ 2000 ⌐	10	2140	24	51	8	411	162	7.5
	2	⌐ 1250 ⌐	8	1370	32	44				
	3	___ 1400 ___	8	1400	28	39	10	51	31	
	4	⌐ 2100 ⌐	8	2220	20	45	共计Ⅰ级钢筋(≤φ10)193kg			
	5	⌐ 2100 ⌐	8	2220	32	72				
	6	⌐ 2300 ⌐	8	2420	16	39				
	7	⌐ 2300 ⌐	8	2420	32	77				
	8	___ 5600 ___	8	5600	8	45				
	9	___ 1400 ___	8	1400	36	50				

说明

（1）本图尺寸均以 mm 为单位。

（2）本图适用池顶覆土 500mm。

（3）允许最高地下水位在水池底板以上 2100mm。

（4）钢筋在板带内均匀分布。

100m³ 矩形清水池底板配筋图	图集号	96S824

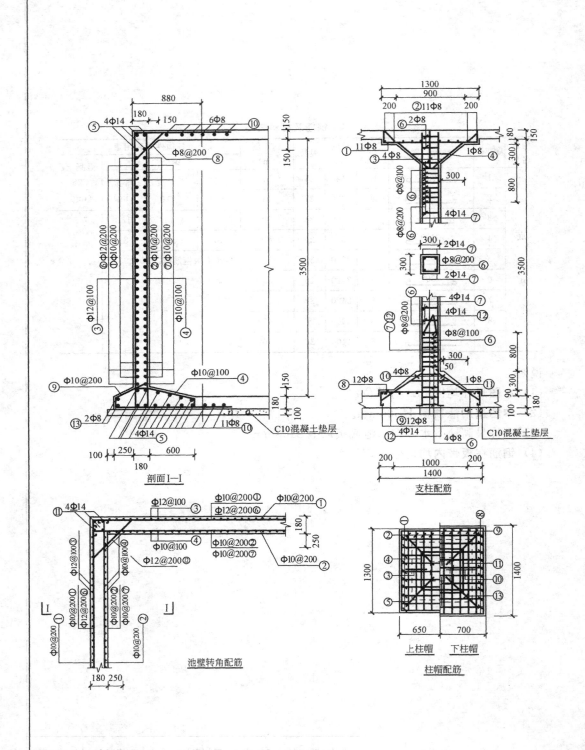

剖面 I—I

支柱配筋

池壁转角配筋

柱帽配筋

上柱帽　下柱帽

C10混凝土垫层

钢筋及材料表

构件名称	编号	略图	直径(mm)	长度(mm)	根数	总长度(m)	直径(mm)	总长度(m)	重量(kg)	混凝土 C25 (m³)
池壁	1	250 ⌐5910⌐ 250	10	6550	64	419	8	581	229	16.2
	2	110 ⌐5910⌐ 110	10	6270	64	401	10	2405	1473	
	3	1355 3780 1355	12	6490	228	1480	12	1846	1628	
	4	130 3780 640 280 83.4° 130 130	10	5230	212	1109	14	265	318	
	5	250 ⌐5910⌐ 250	14	6410	32	205	共计Ⅰ级钢筋(≤φ10)1702kg Ⅱ级钢筋(≥φ12)1946kg			
	6	2305 2305	12	4610	64	295				
	7	105 2305 105 2305	10	4960	64	317				
	8	200 564 200	8	1080	108	117				
	9	443 130 530	10	1243	128	159				
	10	5910	8	6030	68	410				
	11	3780	14	3780	16	60				
	12	200 710 200	12	1110	64	71				
	13	120 6390 120	8	6750	8	54				
支柱 计 1 根	1	180 1250 180	8	1730	11	19	8	137	54	0.9
	2	170 1250 170	8	1710	11	19	14	19	23	
	3	800	8	800	4	3	共计Ⅰ级钢筋(≤φ10)54kg Ⅱ级钢筋(≥φ12)23kg			
	4	530 590 530 590	8	2240	1	2				
	5	1130	8	1130	4	5				
	6	230 335 230 335	8	1130	33	34				
	7	3230	14	3230	4	13				
	8	220 1350 220	8	1910	12	23				
	9	210 1350 210	8	1890	12	23				
	10	810	8	810	4	3				
	11	580 640 580 640	8	2440	1	2				
	12	1350 100	14	1450	4	6				
	13	1000	8	1000	4	4				

各构件材料用量 / 钢筋

说明

(1) 本图尺寸均以 mm 为单位。

(2) 本图适用池顶覆土 500mm。

(3) 允许最高地下水位在水池底板以上 2100mm。

100m³ 矩形清水池池壁及支柱配筋图	图集号	96S824

参 考 文 献

1. 刘明威等主编. 建筑力学. 北京：中国建筑工业出版社，1991

2. 干光瑜. 秦惠民编. 建筑力学. 北京：高等教育出版社，1999

3. 葛若东主编. 建筑力学. 北京：中国建筑工业出版社，2004

4. 杨禹门. 给水排水工程结构. 北京：中国建筑工业出版社，1988

5. 田金信主编. 建设工程质量控制. 北京：中国建筑工业出版社，2003

6. 房屋建筑工程管理与实务. 一级建造师执业资格考试用书. 中国建筑工业出版社，2004

7. 乐嘉龙主编. 学看建筑结构施工图. 北京：中国建筑工业出版社，2001

8. 罗国强. 罗刚编著. 建筑结构施工中的结构问题. 北京：中国建筑工业出版社，1997

9. 邱忠良主编. 建筑材料. 北京：中国建筑工业出版社，2000

10. 孙沛平编著. 建筑施工技术. 北京：中国建筑工业出版社，1998

11. 宁仁岐. 杨跃主编. 建筑施工技术与质量检验. 黑龙江科学技术出版社，1997

12. 张曦主编. 建筑力学. 北京：中国建筑工业出版社，2002

13. 刘丽华. 王晓天. 李九阳. 建筑力学与建筑结构. 北京：中国电力出版社，2004

14. 刘健行. 郭先瑚等. 给水排水工程结构. 北京：中国建筑工业出版社，1994

15. 张健. 建筑材料与检测. 北京：化学工业出版社，2003

16. 沈德植. 土建工程基础. 北京：中国建筑工业出版社，2003

17. 张学宏. 建筑结构（第二版）. 北京：中国建筑工业出版社，2004

18. 张建勋. 砌体结构（第二版）. 武汉：武汉工业大学出版社，2002

19. 于英主编. 工程力学. 北京：中国建筑工业出版社，2005

20. 矩形钢筋混凝土清水池. 北京：中国建筑标准设计研究院工业出版社，2004